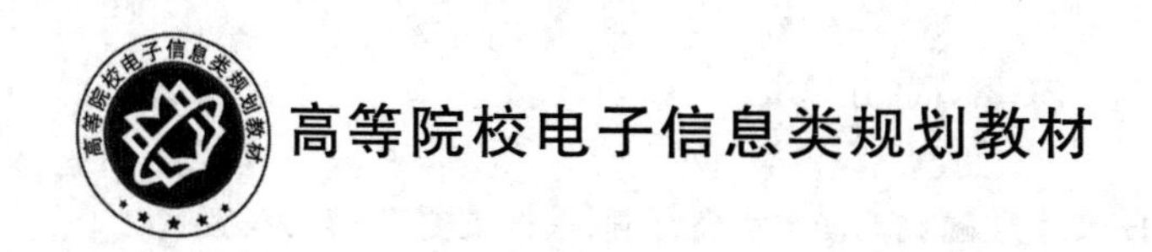

电工电子实验教程

主　编　晏黑仂
副主编　陈崇辉　郭志雄　邓　琨

北京邮电大学出版社
www.buptpress.com

内容简介

本书系统地介绍了电工技术和电子技术的实验内容，涵盖电路基础、电动机控制、模拟与数字电子技术等。每个实验项目都配有详细的操作步骤、原理说明和安全指南，旨在培养学生的实践技能和工程应用能力。通过规范的实验报告撰写指导，本书还有助于提升学生的科学素养和研究能力。

本书可作为高等学校应用型本科工科类相关专业的实验指导书，也可作为相关工程技术人员的参考书。

图书在版编目(CIP)数据

电工电子实验教程 / 晏黑仂主编. -- 北京 : 北京邮电大学出版社, 2025. -- ISBN 978-7-5635-7479-7

Ⅰ. TM; TN-33

中国国家版本馆 CIP 数据核字第 2025CY1037 号

策划编辑：刘纳新　刘蒙蒙　**责任编辑：**满志文　**责任校对：**张会良　**封面设计：**七星博纳

出版发行：北京邮电大学出版社
社　　址：北京市海淀区西土城路 10 号
邮政编码：100876
发 行 部：电话：010-62282185　传真：010-62283578
E-mail：publish@bupt. edu. cn
经　　销：各地新华书店
印　　刷：保定市中画美凯印刷有限公司
开　　本：787 mm×1 092 mm　1/16
印　　张：20
字　　数：441 千字
版　　次：2025 年 1 月第 1 版
印　　次：2025 年 1 月第 1 次印刷

ISBN 978-7-5635-7479-7　　定　价：48.00 元

前　言

随着科技的不断进步，电工电子技术在现代工业和日常生活中扮演着越来越重要的角色。为了适应这一趋势，培养具有扎实电工电子技术基础和实践能力的高素质人才，我们编写了本书。本书旨在通过实验教学，帮助学生深入理解电工电子技术的基本理论和应用方法，提高实际操作技能和工程实践能力。

本书是作者在多年教学实践和实验教学改革的基础上编写而成的。我们结合广州城市理工学院电工电子实验中心的教学特点和实验设备，系统地整合了电工技术和电子技术的实验内容。本书不仅涵盖了电路、电动机及其控制、模拟电子技术、数字电子技术等基础科目，而且注重实验的系统性和实用性，力求使学生在动手操作中掌握理论知识，培养解决实际问题的能力。

本书的内容丰富，结构合理。全书分为电路基础部分、模拟电子技术部分和数字电子技术部分。每个部分都包含若干个实验项目，每个实验项目都配有详细的实验目的、实验原理、实验设备与器材、实验步骤和实验数据记录表格。此外，我们还提供了实验注意事项和实验报告要求，以指导学生规范地进行实验操作和撰写实验报告。

本书编写的教师团队由广州城市理工学院电气工程学院实验教学经验较丰富的教师组成。晏黑仂负责全书的策划、组织和定稿，编写电路基础实验（实验 8～实验 10）和模拟电子技术实验（实验 11～实验 14）；陈崇辉编写数字电子技术实验（实验 21～实验 29）、郭志雄编写模拟电子技术实验（实验 15～实验 20）、邓琨编写电路基础实验（实验 1～实验 7）。另外，四位作者也分别编写了附录里相应的实验报告。

在本书的编写过程中，我们得到了电气工程学院各位领导的大力支持以及邓筠、冯瑞珏等教师的帮助，特别是电工电子实验中心的叶成彬、孔令棚和刘玉芬老师对实验内容进行了测试和验证，提出了许多宝贵的建议。作者在本书编写过程中得到了广州风标教育技术服务有限公司的鼓励和大力支持，在此表示衷心感谢！编写本书时，参考和借鉴了许多公开出版与发布的文献，在此表示真诚的谢意。

由于编写时间仓促，加之作者水平有限，书中难免存在疏漏和不足之处，敬请广大读者批评指正。

作　者

2024 年 7 月

学生实验规则

一、准时(最好提前 5 分钟)进入实验室。迟到超过 10 分钟者,不得参加该次实验。

二、实验前必须按指导书规定的预习要求,认真做好预习并写出预习报告。不预习或预习不合格者,不得参加该次实验。

三、实验过程应严肃认真。接线、查线、改接线及拆线均须在断电情况下进行。接好线路后,先自行检查是否正确,再经指导教师复查认可后,方能接通电源。实验过程中,如有不正常情况或事故发生,必须立即切断电源,然后根据现象查找原因,必要时报告指导教师协助处理。

四、实验完毕,学生应自行检查并整理好实验数据,请教师审查。经教师验收签名后,才可断开电源,拆除线路,整理好仪器设备,搞好座位上的清洁卫生,然后才能离开实验室。

五、不允许赤足或穿拖鞋进入实验室。严格遵守安全操作规程,确保人身及国家财产安全。不允许带食物进入实验室,严禁在实验室内进食。实验室内不得大声喧哗,不得乱扔废纸杂物和随地吐痰,禁止吸烟,保持安静、整洁的学习环境。

六、爱护公物。不乱动与本次实验无关的仪器设备。实验室的一切公物,均不得擅自带出实验室。仪器设备和实验器材如有损坏,必须报告指导教师和管理人员,照章处理。

实验课要求及方法指导

一、实验课的作用和目的

实验教学课是高等教育的一个重要教学环节，是理论联系实际的重要手段。对电工技术与电子技术实验课来说，主要是通过学生自己的实践，巩固所学的理论知识，训练和掌握基本实验技能，培养学生分析问题和解决问题的实际工作能力。因此，要求通过实验课的学习，达到以下目的：

(1) 训练学生的基本实验技能。学习基本的电量和非电量的电工测试技术，学习各种常用的电子仪器、电工仪表、电机电器等的使用方法，掌握基本的电工电子测试技术、试验方法和数据分析处理方法。

(2) 巩固、加深所学到的理论知识，培养运用基本理论分析、解决实际问题的能力。

(3) 培养学生严肃认真、实事求是、细致踏实的科学作风和良好的实验习惯。

二、 实验课的要求

1. 实验课前的准备工作

为了使实验课能顺利进行和达到预期的效果，务必做好充分的预习准备工作。课前的预习要求有：

(1) 认真阅读实验指导书，重点是实验内容和仪器仪表的使用方法部分；明确实验的目的和要求，并结合实验原理复习有关理论，了解完成实验的方法和步骤；按要求设计好实验线路和实验数据记录表格，认真解答“预习要求”中的思考题。

(2) 理解并记住实验指导书中提出的注意事项，初步了解实验中所用仪器设备的作用和使用方法。

① 必须在做好预习的基础上写出预习报告。

② 不做预习或预习不合格者，不得参加该次实验。

2. 实验过程中的工作

(1) 应按规定时间准时到实验室参加实验，认真听取指导老师的讲解，迟到 10 分钟以上者，不得参加实验。

(2) 到指定的位置后，首先按设备清单清点设备和实验器材，仔细查对电源和仪器设备是否与指导书上的要求相符并完好无损。把实物与理论上的线路图一一对照，按方便操作、便于观察与读数、保证安全的原则，合理布置好各种仪器设备的位置。

(3) 接线时，一般按先串联后并联或先并联后串联或先组合成块状后连成整体电路的原则，在断开电源的情况下，先接无源部分，再接电源部分。线路接好后，仔细检查无误，并经指导教师复查确认，才能接通电源。

(4) 实验操作过程中，要胆大心细，用理论指导实践，遵循规定的(或自拟经批准的)实验步骤独立操作。测试数据应在电路正常工作之后进行，仪表的连接应注意先选仪表的种类，再选量程，后测量(读数或看图)，应特别注意仪表量程的选择。遇有疑难问题或设备故障时，应请教师指导。要注重培养自己独立分析问题和解决问题的能力。

(5) 实验过程中要注意观察现象，仔细读取数据，随时分析实验结果的合理性。如发现异常现象或故障，应立即切断电源，然后根据现象查找原因，必要时报告指导教师协助处理。因事故损坏仪器设备者，要填写事故报告单。对违反操作规程引起的责任事故，要酌情赔偿经济损失。

(6) 一项内容完成以后，应切断电源，分析实验数据是否合理，发现数据异常应重新测量或请教师指导，获得正确结果后才改接线路进行下一项内容。实验完毕，实验数据经教师审查并签名确认后，才可拆除线路，并把仪器设备摆放整齐，做好桌面和环境清洁工作，经教师同意后方可离开实验室。

(7) 拆线时，先拆电源连线，后拆其他连线，再整理好设备。

(8) 对于需使用调压器的实验，做实验前，先将调压器调到最小位置(零)；做实验时，先开启电源，后升压，达到要求为止；实验完毕，同样先将调压器调整到最小(零)，然后再断开电源。

3. 实验课后的工作

实验课后的工作主要是写实验报告，这是实验的重要环节之一，是对实验过程的全面总结。要按实验指导书的具体要求，用简明的形式，将实验结果完整、真实地表达出来。实验报告必须独立完成。学生做完实验后，应及时写好实验报告，交给指导教师批改。不交实验报告者，该次实验以0分计。

三、实验报告要求

一份完整的实验报告分两次完成，其中实验报告Ⅰ在做实验前完成，实验报告Ⅱ在做完实验后完成。

实验报告Ⅰ又称预习报告，是在认真阅读实验指导书有关内容后，按照其中的要求，在实验前完成。实验报告Ⅰ的内容详见每个实验的“实验报告”的要求，如画电路图，写出实验步骤，预习思考题等。

实验报告Ⅱ是在做完实验后，在实验报告Ⅰ的基础上，按照实验指导书中“实验报告要求”完成。实验报告Ⅱ应包括如下内容：

(1) 整理实验数据,进行误差分析。

(2) 若报告要求画波形图,建议使用坐标纸完成。

(3) 根据实验结果,检验“预习要求”中的思考题回答是否正确,若回答错误,请予以纠正,并回答“实验报告要求”中提出的问题。

四、 实验考核

实验总成绩由预习报告完成情况、课堂操作表现和实验报告成绩三部分组成。

五、 几个必须特别注意的事项

1. 安全操作须知

要严格遵守实验室的各项安全操作规程,以确保实验过程人身和设备的安全。

(1) 接线、改接线和拆线,均应在断开电源的状态下进行,不得带电操作,不能触及带电部分。

(2) 发现异常情况(声响、过热、焦臭味等)应立即断开电源,切不可惊慌失措,以防事故扩大。

(3) 注意仪器设备的规格、量程和使用方法。不了解仪器设备的性能和使用方法时,不得使用该仪器设备。不要随意摆弄与本次实验无关的仪器设备。

(4) 凡学生自拟的实验内容,须经教师同意后方可进行实验。

2. 线路的连接

(1) 了解所用仪器设备的铭牌数据,注意工作电压、电流不能超过额定值。选用的仪表类型、量程、准确度等级要合适,注意测量仪表对被测电路工作状态的影响。

(2) 合理布置仪器设备及实验装置。

应遵循的原则是:利于走线,方便操作和测试,防止相互影响。

(3) 正确连线。

① 根据电路的结构特点,选择合理的接线步骤。一般是“先串后并”“先分后合”或“先主后辅”。接线时先接负载侧连线,后接电源线;拆线时先拆电源线,后拆负载线。

② 养成良好的接线习惯,走线要合理,防止连线短路。接线片不宜过于集中在一点,电表接头上非不得已不接两根导线,接线松紧应适当。

(4)仔细调整。电路参数应调整到实验所需值,调压器、分压器等可调设备的起始位置要放在最安全处。

3. 操作、观察、读数和记录

操作前要做到心中有数,目的明确。两人一组时,应明确分工,密切配合。

操作时应做到:手合电源,眼观全局,先看现象,待电路正常工作后,再测数据。测数据时,对机械仪器,应选准仪表的挡位、量程及刻度尺,读数时姿势要正确,做到“眼、针、影成一线”。

对数字表，要合理取舍有效数字（最后一位为估计数字）。数据记录应表格化（预习时应事先拟好记录表格），实验后不能随意涂改。

4. 图表、曲线的绘制

实验报告中的波形、曲线均应画在坐标纸上，比例应适当。坐标轴上应注明物理量的符号和单位，标明比例尺。

作曲线应使用曲线板绘制，力求曲线光滑，而不必强求经过所有测试点。

5. 故障现象的检查及排除

实验中常会遇到因断线、接错线等原因造成的故障，致使电路工作不正常，严重时可损坏设备，甚至危及人身安全。

为避免接错线造成事故，线路接好后一定要反复仔细检查，包括自查、同学互查和教师复查，确认无误后方可合上电源开关进行实验。

实验所用电源一般都是可以调节的。实验时电压应从零缓慢升高，并密切注视各仪表指示有无异常。如发现声响、冒烟、焦臭味及设备发烫、仪表指针超量程等异常情况，应立即切断电源，或把电压调节手轮（或旋钮）退回零位再切断电源，然后根据现象查找故障原因，必要时报告指导教师协助处理。

6. 实验内容的取舍

在本实验教程中，有些实验环节前面标注了“※”符号，说明该环节为选做内容，师生可以根据实验课时的多少、实验进度的快慢进行取舍。

目　录

电路基础部分

模拟电子技术部分

数字电子技术部分

附录　实验报告

电路基础部分

实验1　直流电路的认识实验

一、 实验目的

(1) 熟悉并掌握实验室相关仪器仪表的使用方法。

(2) 练习使用直流稳压源、直流恒流源。

(3) 练习使用直流电压表、电流表、手持式万用表。

(4) 用实验数据证明电路中电位的相对性、电压的绝对性。

二、 实验原理

1. QS-NDG3型现代电工技术实验台介绍

QS-NDG3型现代电工技术实验台为实验提供交流电源、交流电压表、交流电流表、交流功率表、直流恒压源、恒流源、直流电压表、直流电流表等。配合实验箱、连接线,可完成本书的电路基础部分全部实验。实验台面板可分为多个区域,具体如下:

(1) 电源总开关:实验台的电源总开关,具有多重保护功能。

(2) 三相电压指示:经电网输入并调压后输出的三相电源的线电压。

(3) 交流输出:三相调压输出插孔。

(4) 直流输出电源:包括直流恒流源、直流恒压源、直流稳压电源(±12 V电源)。

(5) 交流电表:包括3个智能交流电表,可实现真有效值交流电压、真有效值交流电流、智能交流功率的测量。

(6) 直流仪表:包括智能直流电压表、电流表。

(7) 可调电阻箱:由带过流保护电阻器组成的智能可调负载。

(8) 实验电路模块:包括日光灯组件、三相交流电路、受控源、电路原理、继电接触控制、元件组等。

(9) 测电流插座:包括8组辅助测量电流的插孔。

(10) 其他:包括30 W日光灯灯管及灯座、保险管和信号源。

2. 电流插座

实验台上提供了3个多功能交流电表、1个直流电流表,但有时一个电路需要测量多个电流,为了避免测量电流时频繁断电、换接线,实验台提供了多组电流插座。

实验台上"NDG-09交流电路模块"和"NDG-12A电路原理(一)模块"的面板上都分别提供了4组电流插座。每组电流插座可辅助一组交流电或一组直流电的电流测量。每组电流插座中各部分与电路图的对应关系如图1-1所示,其中大的一对电流输入插孔用于交流电,小的一对电流插孔用于直流电。不接入电流插座专用线时,电流插座两端口之间导通。测量电流时，只需将电流插座专用线（如图 1-2 所示）接线端按正确极性接入电流表，测试插头接入待测电流插孔，电流表就可按实验箱上所标方向串联入电路，测量电流，如图 1-1、图 1-2 所示。

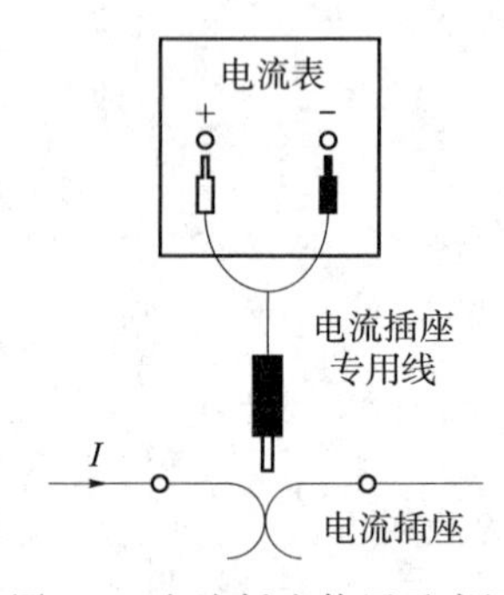

图 1-1　电流插座使用示意图

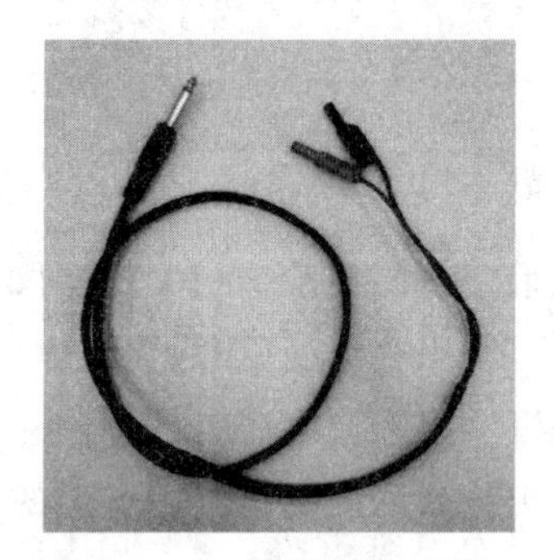
图 1-2　电流插座专用线

3. 电位与电压

电位与电压是相对值与绝对值的关系。电位的定义为，电路中某一点的电位等于该点与参考点之间的电压。电位用 V 表示。如图 1-3(a)所示，设 b 点为参考点，用接地符号⊥表示（并不一定真实接地，只作为参考点），则 b 点电位为 0 V，a 点电位为2 V；如图 1-3(b)b 点所示，设 a 点为参考点，用接地符号⊥表示，则 a 点电位为 0 V，b 点电位为 −2 V。可见，选取的参考点不同，电路中各点的电位也不同，所以说电位是一个相对值。

对比图 1-3(a)、图 1-3(b)，无论参考点如何选择，a、b 两点之间的电位差都是 2 V，这个电位差就是常说的电压，用 U 表示。可见，电压与参考点无关，是一个绝对值。电压与电位之间的关系为 $U_{ab}=V_a-V_b$。

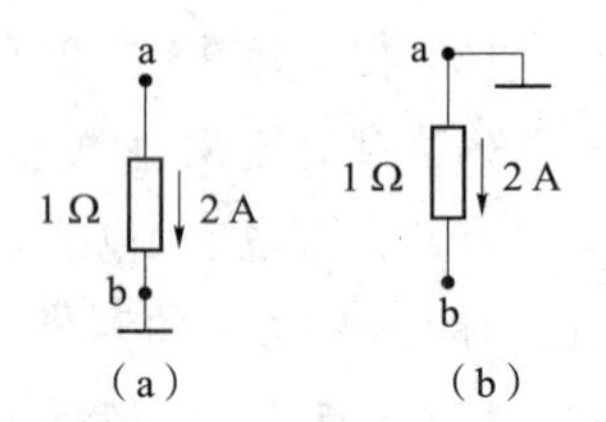

图 1-3　电位与电位差（电压）

三、实验设备

实验仪器与元器件如表 1-1 所示。

表 1-1　实验仪器与元器件

序号	名称	型号与规格	数量	备注
1	QS-DY03 交流电源模块	0～450 V	1	实验台
2	NDG-02 直流电源模块	0～200 mA，0～30 V	1	实验台
3	NDG-03A 智能直流仪表模块	0～750 V，0～3 A	1	实验台
4	NDG-06 智能可调电阻箱模块	0～9999 Ω/2W	1	实验台
5	NDG-12A 电路原理(一)模块		1	实验台
6	NDG-13A 元件组模块		1	实验台
7	手持式数字万用表		1	外设

四、 注意事项

(1) 在进行实验操作之前,请对实验仪器设备进行检测,确保仪器仪表工作正常,元器件参数值和电路图所标参数吻合。

(2) 注意用电安全,严格遵守“先接线,后通电;先断电,后拔线”的操作原则。

(3) 恒压源不可短路,恒流源不可开路。

(4) 习惯上直流电源、电表的正极用红色导线连接,负极用黑色导线连接。

(5) 如遇到实验台或仪表发出不正常响声、烧焦味、异常灯光报警等紧急情况,应立即将交流电源模块的空气断路开关下拉至“OFF”关闭状态,并向老师报告。

五、 实验步骤

1. 认识实验台

对照 QS-NDG3 型现代电工技术实验台,填写图 1-4 实验台各部分的名称。

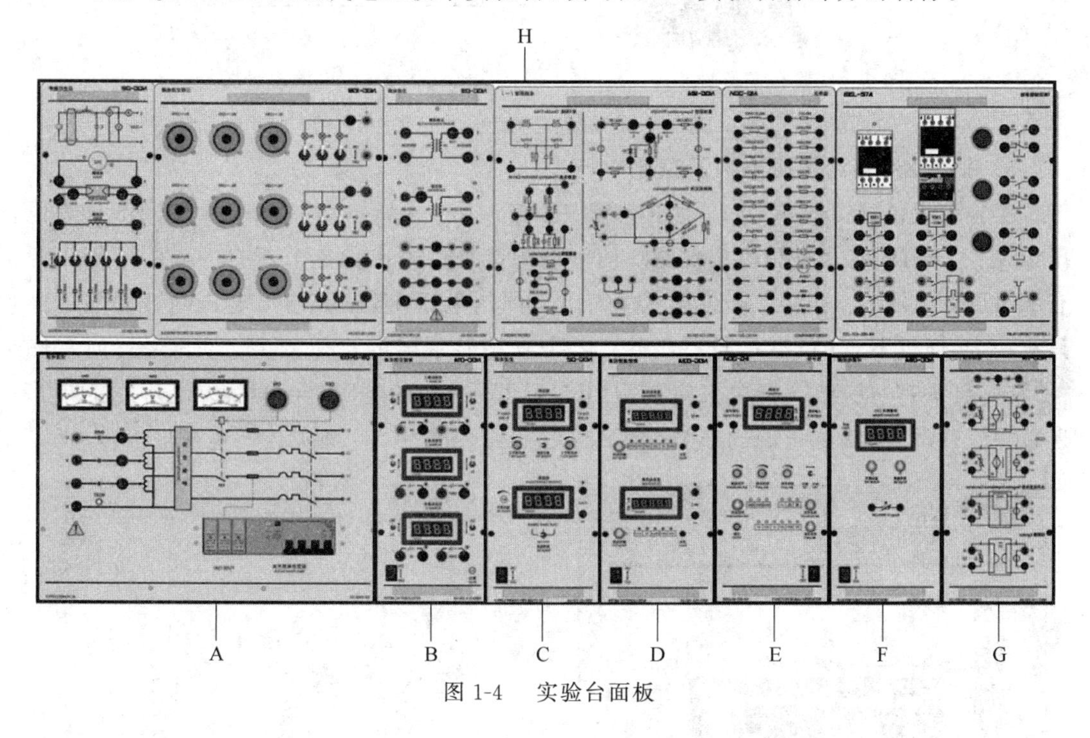

图 1-4　实验台面板

(1) A:______________。

(2) B:______________。

(3) C:______________。

(4) D:______________。

(5) E:______________。

(6) F:______________。

(7) G:______________。

(8) H:______________。

2. 开启实验台电源

（1）将 QS-DY03 交流电源模块左侧三相自耦调压旋钮按逆时针方向旋至零位，如图 1-5 所示。

（2）将空气断路开关手柄上推至“ON”位置，如图 1-6 所示。

（3）将直流电源模块开关打开至“ON”位置，即可启动直流电源输出。

（4）按下交流电源模块“ON”按钮，按钮绿灯亮起，即可启动交流电源输出。

图 1-5　实验台左侧面板

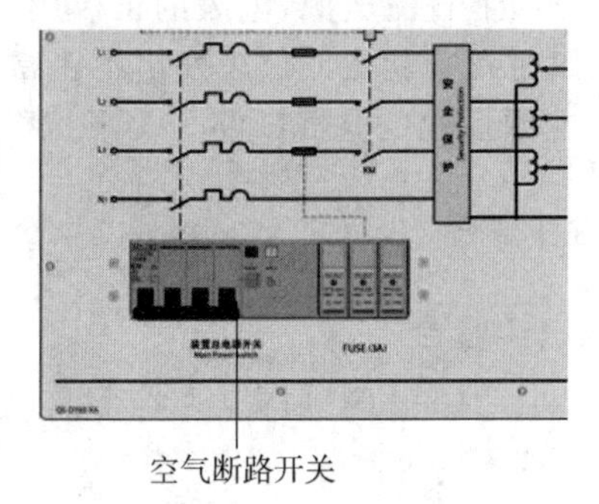

图 1-6　电源总开关

3. 练习使用直流恒压电源及直流电压表

实验台提供的恒压源/直流稳压电源如图 1-7、图 1-8 所示，其中图 1-7 上半部分为恒压源，图 1-8 为固定式直流稳压电源。两种电源都可以输出稳定电压，区别在于：恒压源有两组可调电源 U_1、U_2，可分别调节并输出不同的电压，但显示输出电压的液晶显示屏只有一个，通过下方的“显示选择”开关切换液晶显示屏的指示对象，即开关打向左侧“Ⅰ”时，显示 U_1 的电压；开关打向右侧“Ⅱ”时，显示 U_2 的电压。（注意：无论开关打向“Ⅰ”还是“Ⅱ”，只要恒压源的电源的开关是“ON”状态，那么 U_1 和 U_2 都始终有电压输出。）

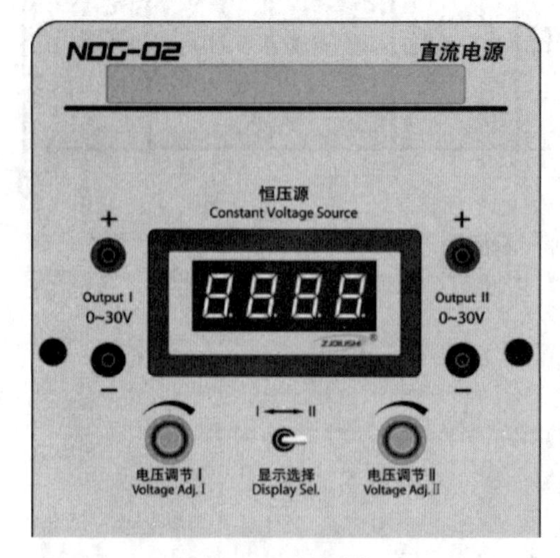

图 1-7　恒压源

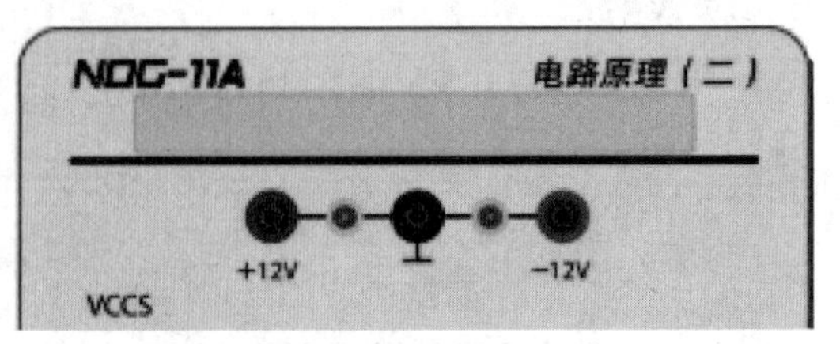

图 1-8　直流稳压电源

直流稳压电源(固定电源)按输出端标注的数值输出固定的电压,不可调节。

直流电压表的使用如图 1-9 所示。与手持式万用表类似,使用时可将两根导线分别接入左侧两个电压输入端子,且整个实验过程中无须拔出,两根导线悬空的两端就像手持式万用表的两支表笔,分别接入被测点,电压表就可测量被测点之间的电压。

参照以上说明,按下列步骤练习使用恒压源和直流电压表。

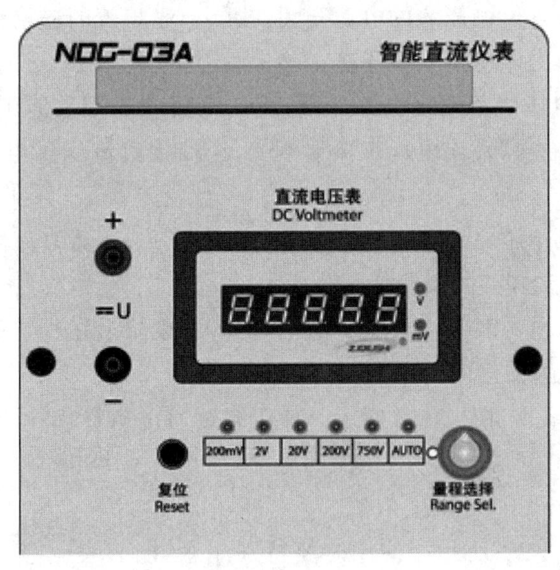

图 1-9　智能直流电压表

(1) 恒压源(可调电源 U_1)

① 将恒压源"显示切换"开关拨至左侧"Ⅰ"位置。

② 将左侧"OUTPUT Ⅰ"的两输出端子按正确极性连接至直流电压表的输入端子。

③ 将直流电源模块和直流电表模块电源开关打至"ON"位置。

④ 观察恒压源显示屏,按表 1-2 的数据调节恒压源"电压调节Ⅰ"调节旋钮设定 U_1 输出电压,查看直流电压表显示的实测数值并记录在表 1-2 的"可调电源 U_1 实测值"部分。

⑤ 测量完毕后,请将直流电源模块及直流电表模块电源开关关至"OFF"位置。

表 1-2　恒压源电压测量

	可调电源 U_1			可调电源 U_2			固定电源	
设定值/V							+12	−12
实测值/V								

注:设定值可由上课教师自行设定。

(2) 恒压源(可调电源 U_2)

① 将恒压源"显示选择"开关拨至右侧"Ⅱ"位置。

② 将左侧"OUTPUT Ⅱ"的两输出端子按正确极性连接至直流电压表的输入端子。

③ 将直流电源模块和直流电表模块电源开关打至"ON"位置。

④ 观察恒压源显示屏，按表 1-2 的数据调节恒压源“电压调节Ⅱ”调节旋钮设定 U_2 输出电压，查看直流电压表显示的实测数值并记录在表 1-2 的“可调电源 U_2 实测值”部分。

⑤ 测量完毕后，请将直流电源模块及直流电表模块电源开关关至“OFF”位置。

(3) 直流稳压电源(固定电源)

① 关闭恒压源及直流电压表的电源开关，拔除上述步骤的连接线。

② 将直流电压表的电压输入端子按正确极性并联至直流稳压电源(固定电源)的输出端子。例如，直流电压表负端接电源地端，直流电压表正端接直流稳压电源的＋12 V 端，测量＋12 V 电压输出；直流电压表负端不变，正端接直流稳压电源的－12 V 端，测量－12 V电压输出。

③ 分别打开直流稳压电源及直流电压表的电源开关，查看直流电压表显示的实测数值，记录在表 1-1“固定电源”的实测值部分。

④ 关闭直流稳压电源及直流电压表的电源开关，拔除上述步骤的连接线。

4. 练习使用恒流源及直流电流表

实验台提供的恒流源如图 1-10 所示。使用时可通过调整“范围选择”开关，得到所需的电流范围：“2 mA”挡可输出 0～2 mA 的电流，“20 mA”挡可输出 0～20 mA 的电流，“200 mA”挡可输出 0～200 mA 的电流。

直流电流表如图 1-11 所示。使用时要特别注意：电流表应串联接入电路。如若并联接入电路则可能发生短路而烧毁器件。也可以使用实验台配备的电流测量专用线(如图 1-2 所示)与电流插座，减少在测量电流时短路事故的发生。

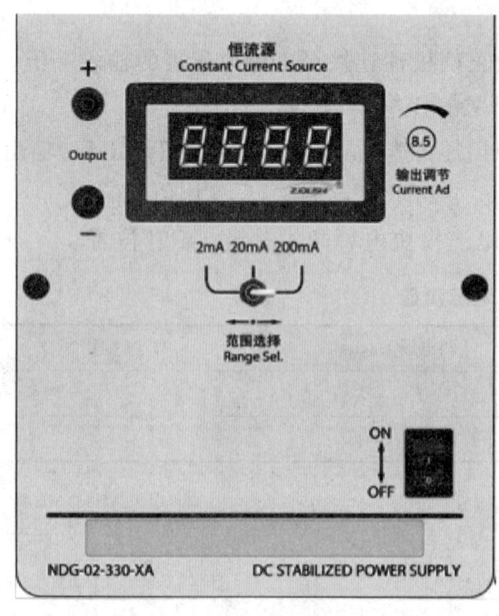

图 1-10　恒流源

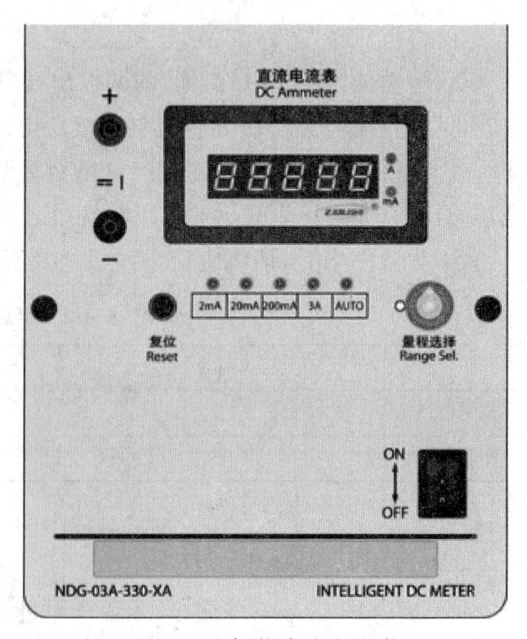

图 1-11　智能直流电流表

参照以上说明，练习使用恒流源及直流电流表。

（1）关闭直流电源模块及直流电表模块电源开关。

（2）用一根导线将恒流源输出的两个端子短接，开启直流电源模块电源。

（3）将“范围选择”开关切换至 2 mA 挡，调整右侧“输出调节”旋钮，将液晶屏显示输出电流值调为 1.5 mA。

（4）保持右侧“输出调节”旋钮不变，若此时直接将“范围选择”开关切换至 20 mA 量挡，输出电流将突增/缓慢变化至______mA。如果此时恒流源输出的两端子不是短接而是接了负载，则可能导致负载______。因此，此步骤的操作正确/不正确。

（5）将“输出调节”旋钮调至最小（逆时针旋到尽头），调节“范围选择”开关，选择 200 mA 量程挡，再调整“输出调节”旋钮至输出为 150 mA。此过程中输出电流会/不会突增，因此，该操作正确/不正确。

在实际操作中，调整好输出电流后，应关闭恒流源开关，拔掉短接线，把恒流源接入实验电路，再开启恒流源开关。

（6）关闭恒流源及直流电流表的电源开关，拔除上述步骤的连接线。将恒流源的输出端子按正确极性连接至任意一组电流插座的左右插孔中；将电流插座专用线输入端按正确极性连接至电流表的输入端子（红色插头接电流表正极，黑色插头接电流表负极）。

（7）将直流电源模块和直流电表模块电源开关打至“ON”位置。

※（8）观察恒压源显示屏，参考步骤（5），按正确步骤调节恒流源输出为表 1-2 的数据的输出设定值（即令恒流源的液晶屏显示值等于设定值），将电流插座专用线测量插头插入电流插座中间的待测电流插孔中，观察直流电流表显示的实际测量值，记入表 1-3。

电流插座与专用线

具体操作步骤可扫描右侧二维码观看视频。

（9）测量完毕后，请将直流电源模块及直流电表模块电源开关关至“OFF”位置。

表 1-3　恒流源电流测量数值

	2 mA 挡			20 mA 挡			200 mA 挡		
设定值/mA									
实测值/mA									

5. 直流仪表综合运用——直流电路电位、电压和电流的测量

实验电路如图 1-12 所示，使用 NDG-12A 电路原理（一）模块中的叠加原理电路，图中的电源 U_{s1} 用恒压源 I 输出端，电源 U_{s2} 用恒流源输出。

（1）保持恒压源 I 输出端子开路，调节输出至 6 V；用导线将恒流源输出端子短接，调节输出至 6 mA，关闭直流电源模块电源开关，拔掉恒流源短接导线。

（2）分别将恒压源 I 并联接至 U_{s1}（E、F 点）；将恒流源串联接至 U_{s2}（B、C 点），用导线将 R_3 与 D 点短接。

（3）打开直流电源模块、直流电表模块电源开关。

（4）分别以图 1-12 电路中的 A 点、D 点作为电位参考点，用电压表分别测量 A、B、D、F 各点的电位，并计入表 1-4“实际测量值”一栏。注意：测量电位时应将电压表的负极

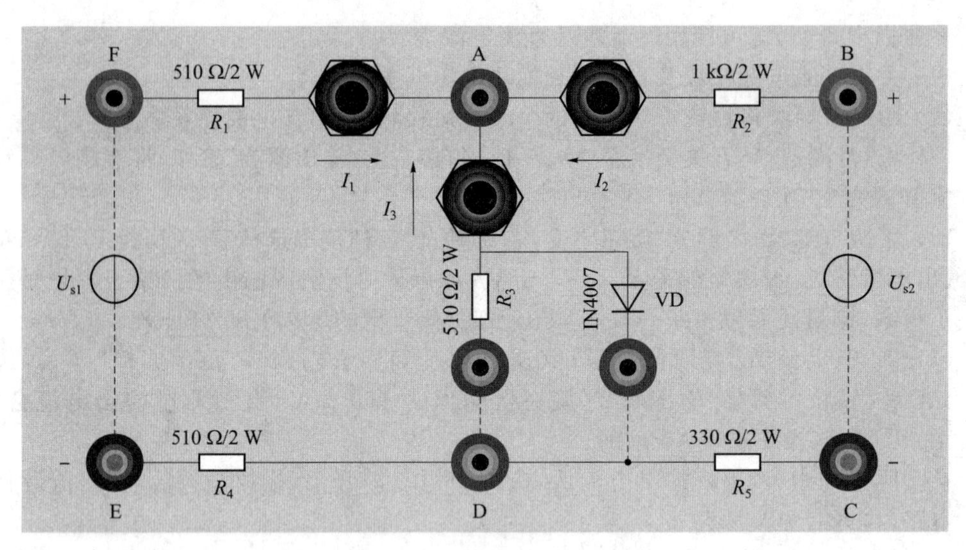

图 1-12　直流电路电位的测量

接至电位参考点，正极接待测电位点。根据表 1-4 的实测数据，计算并填写表 1-5 中“根据电位测量值计算”一栏的电压值。

表 1-4　电位测量数据

电位参考点	项目	电位			
		V_A	V_B	V_D	V_F
A	理论计算值/V				
	实际测量值/V				
	相对误差				
D	理论计算值/V				
	实际测量值/V				
	相对误差				

(5) 测量两点之间的电压值 U_{AB}、U_{BD}、U_{DF} 及 U_{FA}，将数据记入表 1-5“实际测量值”一栏中。注意：测量电压时，如 U_{AB}，应将电压表正极接 A 点，负极接 B 点。

表 1-5　电压测量数据

项目		电压			
		U_{AB}	U_{BD}	U_{DF}	U_{FA}
理论计算值/V					
根据电位测量值计算/V	参考点为 A				
	参考点为 D				
实际测量值/V					

(6) 参考图 1-1、图 1-2，将电流插座专用线（如图 1-2 所示）按正确极性接入电流表（红接正，黑接负）和实验电路中的待测电流插孔，分别测量 I_1、I_2、I_3 的电流值，将结果记入表 1-6“实际测量值”一栏。此时电流表显示的电流值以图 1-12 中的电流方向为参考方向。

表 1-6　电流测量数据

项目	电流		
	I_1	I_2	I_3
理论计算值/mA			
实际测量值/mA			
相对误差			

6. 关闭电源

(1) 将 QS-DY03 交流电源模块左侧三相自耦调压旋钮按逆时针方向旋至零位。

(2) 将直流电表模块开关打开至“OFF”位置，关闭直流电表电源输出。

(3) 按下交流电源模块“OFF”按钮，按钮红灯亮起，关闭交流电源输出。

(4) 将直流电源模块开关打开至“OFF”位置，关闭直流电源输出。

(5) 将空气断路开关手柄下拉至“OFF”位置。

六、 预习要求

复习教材上关于电压、电位的相关内容，提前了解实验台相关设备的基本情况，并完成本次实验报告上的预习思考题。

七、 实验报告要求及实验结果分析题

实验步骤、数据必需手写在实验报告上，原始测量数据需在课堂上由指导教师确认并盖章。

(1) 根据实验数据，填写表格 1-4，表 1-6 的“相对误差”一栏，相对误差$=\dfrac{\text{测量值}-\text{计算值}}{\text{计算值}}\times 100\%$。表 1-4 中“根据电位测量值计算”一栏，依据表 1-4 的实际测量值计算，$U_{AB}=U_A-U_B$，$U_{CD}=U_C-U_D$，以此类推。

(2) 以其中一组数据说明电路中电位的相对性、电压的绝对性。例如，参考点不同时，对比表 1-4 中 V_A 的实测值，说明电位的相对性；参考点不同时，对比表 1-5“根据电位测量值计算”一栏的两个 U_{AB}，说明电压的绝对性。

实验2　电路元件伏安特性的测量

一、实验目的

(1) 学会识别常用电路元件的方法。

(2) 掌握线性元件、非线性元件以及二极管元件的伏安特性的测量方法。

(3) 学习和掌握常用电工电子仪器仪表的使用方法。

二、实验原理

任一二端元件的特性可用该元件上的端电压 U 与通过该元件的电流 I 之间的函数关系 $U=f(I)$ 来表示，即用 $U-I$ 平面上的一条曲线来表征，这条曲线称为该元件的伏安特性曲线。

根据伏安特性的不同，电阻元件分两大类：线性电阻和非线性电阻。

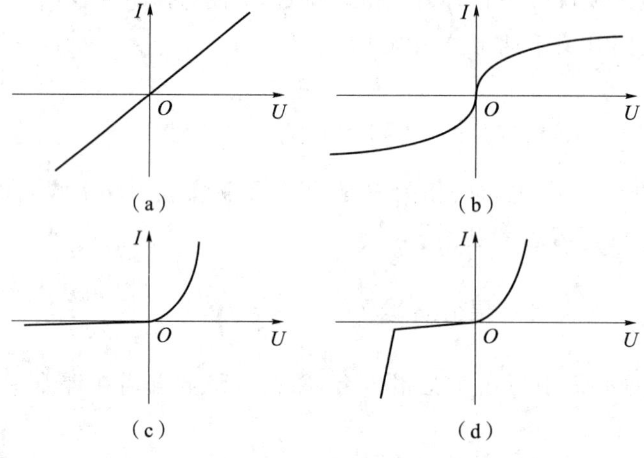

图 2-1　常用二端元件的伏安特性曲线

(1) 线性电阻

线性电阻元件的伏安特性曲线是一条通过坐标原点的直线，如图 2-1 中(a)所示，该直线的斜率只由电阻元件的电阻值 R 决定，其阻值为常数，与元件两端的电压 U 和通过该元件的电流 I 无关。

(2) 非线性电阻

非线性电阻元件的伏安特性是一条经过坐标原点的曲线，其阻值 R 不是常数，即在不同的电压作用下，电阻值是不同的，常见的非线性电阻如白炽灯丝、普通二极管、稳压二极管等，它们的伏安特性如图 2-1 中(b)、(c)、(d)所示。

(3) 普通二极管

普通二极管也是一种非线性元件，其正向导通压降很小(一般锗管为0.2～0.3 V，硅管为0.5～0.7 V)，正向电流随正向压降的升高而急剧上升，而反向电压从零一直增加到十几乃至几十伏时，反向电流增加很小，粗略地的可视为零，可见二极管具有单向导电性，但是如果反向电压过高，超过二极管的极限值，就会导致二极管反向击穿而损坏。

(4) 稳压二极管

稳压二极管是一种特殊的非线性电阻器件，其伏安特性如图2-1(d)所示。当施加在其两端的反向电压较小时，通过的电流几乎为零；当反向电压增大到一定数值时，通过的电流会急剧增加，稳压管反向击穿；当反向电流在较大范围内变化时，稳压管两端的电压基本保持不变，利用这一特性可以起到稳定电压的作用。稳压二极管与普通二极管的主要区别在于稳压二极管工作在PN结的反向击穿状态，其反向击穿是可逆的，只要不超过稳压二极管的允许值，PN结就不会过热损坏，当外加反向电压去除后，稳压二极管恢复原性能，所以具有良好的重复击穿特性。当稳压二极管正偏时，相当于一个普通二极管。

绘制伏安特性曲线通常采用逐点测试法，即在不同的端电压作用下，测量出相应的电流，然后逐点绘制出伏安特性曲线，根据伏安特性曲线便可计算其电阻值。

三、实验设备

实验仪器与元器件如表2-1所示。

表2-1 实验仪器与元器件

序号	名称	型号与规格	数量	备注
1	QS-DY03交流电源模块	0～450 V	1	实验台
2	NDG-02直流电源模块	0～200 mA，0～30 V	1	实验台
3	NDG-03A智能直流仪表模块	0～750 V，0～3 A	1	实验台
4	NDG-06智能可调电阻箱模块	0～9999 Ω/2 W	1	实验台
5	NDG-12A电路原理(一)模块		1	实验台
6	NDG-13A元件组模块		1	实验台
7	手持式数字万用表		1	外设

四、实验注意事项

(1) 在进行实验操作之前，请对实验仪器设备进行检测，确保仪器仪表工作正常，元器件参数值和电路图所标参数吻合。

(2) 恒压源输出端不能短接(否则极易造成设备损坏)。

(3) 测白炽灯伏安特性时，请注意加在白炽灯两端最大电压不要超过6.3 V，以免烧坏灯泡。

(4) 测普通二极管正向特性时,恒压源输出应由小至大逐渐增加,应时刻注意电流表读数不得超过 35 mA。

五、 实验步骤

(1) 测定线性电阻的伏安特性

按图 2-2 接线,图中的电源 U_s 选用恒压源的可调稳压输出端,通过直流电流表与 1 kΩ 线性电阻相连,电阻两端的电压用直流电压表测量。

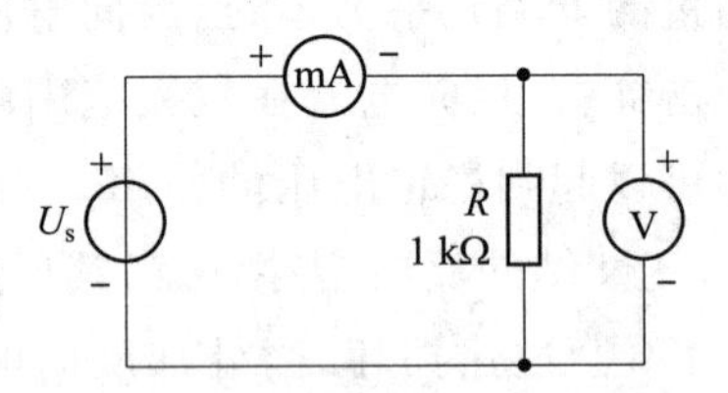

图 2-2 线性电阻伏安特性的测量

调节恒压源可调稳压输出端的输出电压 U,从 0 V 开始缓慢地增加(不能超过 10 V),在表 2-2 中记下相应的电压表和电流表的读数。

表 2-2 线性电阻伏安特性数据

U_R/V	0	2	4	6	8	10
I/mA						

(2) 测定非线性电阻(白炽灯)的伏安特性

按图 2-3 接线,图中的电源 U_s 选用恒压源的可调稳压输出端,通过直流电流表与 6.3 V 白炽灯灯泡相连,白炽灯泡两端的电压用直流电压表测量。

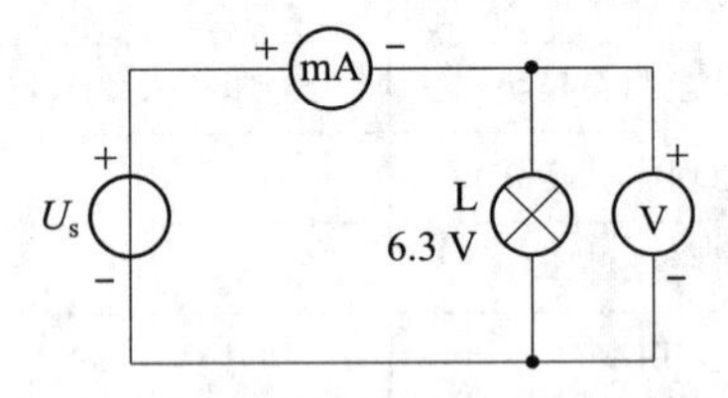

图 2-3 白炽灯伏安特性的测量

重复实验步骤 1,注意输出电压不能超过 6.3 V,在表 2-3 中记下相应的电压表和电流表的读数。

表 2-3 6.3 V 白炽灯泡伏安特性数据

U_L/V	0	1	2	3	4	5	6
I/mA							

(3) 测定普通二极管的伏安特性

按图 2-4 接线，R 为限流电阻，阻值取 200 Ω(可选用 NDG-13A 元件组、十进制可调电阻箱或其他外接元器件)，二极管的型号为 1N4007。

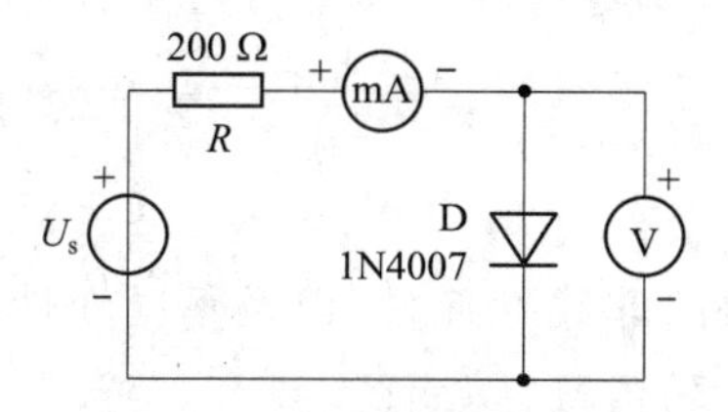

图 2-4　普通二极管正向特性的测量

注意在测量二极管的正向特性时，其正向电流不得超过 25 mA，二极管 VD 的正向压降可在 0～0.75 V 之间取值；测反向特性时，将可调恒压电源的输出端正、负连线互换，调节可调恒压源输出电压 U，使二极管端电压从 0 V 开始缓慢地减少(不能超过 −30 V)，将数据分别记入表 2-4 和表 2-5 中。

表 2-4　二极管正向特性实验数据(U 为电压表读数)

U_{D+}/V	0	0.2	0.4	0.45	0.5	0.55	0.60	0.65	0.70	0.75
I/mA										

表 2-5　二极管反向特性实验数据(U 为电源电压)

U_{D-}/V	0	−5	−10	−15	−20	−25	−30
I/mA							

(4) 测定稳压二极管的伏安特性

将图 2-4 中的二极管 1N4007 换成稳压管 1N4728(图 2-5)，重复实验内容 3 的测量，注意其正、反向电流不得超过±20 mA，将数据分别记入表 2-6 和表 2-7 中。

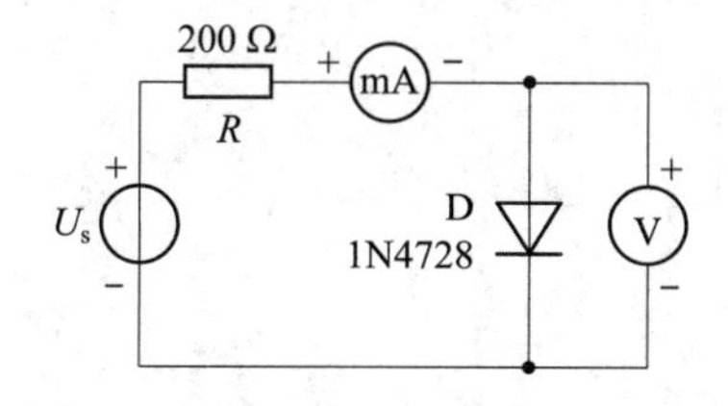

图 2-5　稳压二极管正向特性的测量

表 2-6　稳压管正向特性实验数据(U 为电压表读数)

U_{D+}/V	0	0.2	0.4	0.45	0.5	0.55	0.60	0.65	0.70	0.75
I/mA										

表 2-7　稳压管反向特性实验数据(U 为电压表读数)

U_{D-}/V	0	-1	-1.5	-2	-2.5	-2.8	-3	-3.2	-3.5	-3.55
I/mA										

六、预习要求

复习教材上关于线性元件、非线性元件,以及不同元件伏安特性曲线的特点等相关内容,并完成本次实验报告上的预习思考题。

七、实验报告要求及实验结果分析题

实验步骤、数据必需手写在实验报告上,原始测量数据需在课堂上由指导教师确认并盖章。

(1) 根据各实验结果数据,分别绘制出线性电阻、白炽灯、普通二极管、稳压二极管的伏安特性曲线。

(2) 将以上各伏安特性曲线与图 2-1 对比,试分析各元件的伏安特性的特点。

实验3 线性电路叠加原理和齐次性的验证

一、实验目的

了解基尔霍夫电路定律，验证线性电路叠加原理的正确性，加深对线性电路的叠加定理和齐次性定理的认识和理解。

二、实验原理

叠加定理：在有多个独立源共同作用下的线性电路中，通过每一个元件的电流或其两端的电压，可以看成由每一个独立源单独作用时在该元件上所产生的电流或电压的代数和。

齐次性定理：在只有一个激励 X 作用的线性电路中，设任一响应为 Y，记作 $Y=f(X)$，若将该激励乘以常数 K，则对应的响应 Y' 也等于原来响应乘以同一常数，即 $Y'=f(KX)=Kf(X)=KY$。对于线性直流电路，其电路方程为线性代数方程，此时齐次性定理可直观表述为：若电路中只有一个激励，则响应与激励成正比。

三、实验设备

实验仪器与元器件如表3-1所示。

表3-1 实验仪器与元器件

序号	名称	型号与规格	数量	备注
1	QS-DY03 交流电源模块	0～450 V	1	实验台
2	NDG-02 直流电源模块	0～200 mA，0～30 V	1	实验台
3	NDG-03A 智能直流仪表模块	0～750 V，0～3 A	1	实验台
4	NDG-12A 电路原理(一)模块		1	实验台
5	NDG-13A 元件组模块		1	实验台

四、实验注意事项

在进行实验操作之前，请对实验仪器及元器件进行检测，确保仪器仪表工作正常，元器件参数值和电路图所标参数吻合。

检测内容包括：

(1) 直流电压源、直流电流源工作是否正常。

(2) 用万用表检测电流插头的通断。

完成上述工作后，才能进行实验；接线、拆线前，应先断开相关电源。

五、 实验内容

实验电路如图 3-1 所示，使用 NDG-12A 模块中的叠加原理实验电路。

(1) 将 U_{s1} 接至恒压源输出Ⅰ“0～+30 V”输出端，并将输出电压调到 U_{s1} = __ V，将 U_{s2} 接至恒压源输出Ⅱ“0～+30 V”输出端，并将输出电压调到 U_{s2} = __ V(以直流电压表读数为准)。

(2) 用导线将电阻 R_3 与 D 点相连。

(3) 令电源 U_{s1} 单独作用(U_{s2} 不接至恒压源输出，并用导线将 B、C 两点短接)，打开恒压源的电源开关。使用 NDG-03A 直流电压表和直流电流表(接电流插头)测量各点电压、电流值，并将数据记入表 3-2。

(4) 令电源 U_{s2} 单独作用(U_{s1} 不接至恒压源输出，并用导线将 F、E 两点短接)，测量各点电压、电流值，并将数据记入表 3-2。

(5) 令电源 U_{s1}、U_{s2} 共同作用(即 U_{s1} 接至恒压源输出Ⅰ、U_{s2} 接至恒压源输出Ⅱ)，测量各点电压、电流值，并将数据记入表 3-2。

(6) 将电源 U_{s2} 的数值调为 __ V 并单独作用，重复实验步骤(3)的测量和记录。

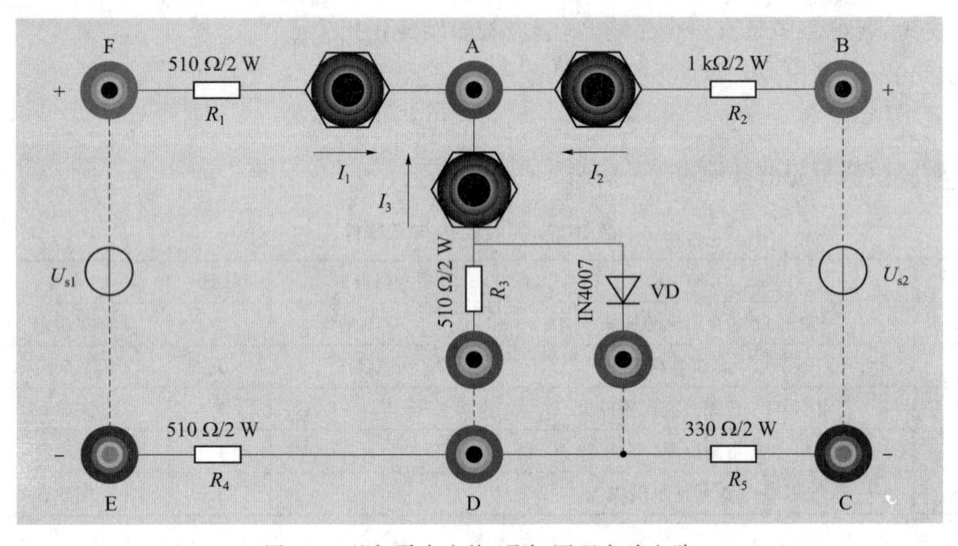

图 3-1 基尔霍夫定律/叠加原理实验电路

注意：

① 用直流电流表接电流插头测量各支路电流：先将电流插头的红接线端插入数字电流表的红(正)接线端，电流插头的黑接线端插入数字电流表的黑(负)接线端；再将测量插头接入测量插座，测量各支路电流。

② 用直流电压表测量各电阻元件两端电压：电压表的红(正) 接线端应插入被测电阻元件电压参考方向的正端，电压表的黑(负)接线端插入电阻元件的另一端(电阻元件电压参考方向与电流参考方向一致)，测量各电阻元件两端电压。

表 3-2　叠加定理实验数据　　(U_{S_1} = __V, U_{S_2} = __V)

测量项目 实验内容	U_{FE}/V	U_{BC}/V	I_1/mA	I_2/mA	I_3/mA	U_{FA}/V	U_{AD}/V	U_{DE}/V	U_{BA}/V	U_{DC}/V
U_{S_1} = ___单独作用										
U_{S_2} = ___单独作用										
U_{S_1} = ___、 U_{S_2} = ___共同作用										
U_{S_2} = ___单独作用										

(7) 将 R_3 换成一个 1N4007 型二极管(用导线将 D 点与 1N4007 型二极管相连),其他不变,分别测量电源处于各种情况时各点电压、电流值(方法及电源参数与步骤(1)～步骤(6)相同),并将数据记入表 3-3。

表 3-3　二极管电路实验数据　　(U_{S_1} = __V, U_{S_2} = __V)

测量项目 实验内容	U_{FE}/V	U_{BC}/V	I_1/mA	I_2/mA	I_3/mA	U_{FA}/V	U_{AD}/V	U_{DE}/V	U_{BA}/V	U_{DC}/V
U_{s_1} = ___单独作用										
U_{S_2} = ___单独作用										
U_{S_1} = ___、 U_{S_2} = ___共同作用										
U_{S_2} = ___单独作用										

六、 预习要求

复习基尔霍夫定律中(KVL)定律和(KCL)定律的相关内容,熟悉叠加定理、齐次性定理的相关内容,并完成本次实验报告上的预习思考题。

七、 实验报告要求及实验结果分析题

实验步骤、数据必需手写在实验报告上,原始测量数据需在课堂上由指导教师确认并盖章。

(1) 根据表 3-2 实验数据,通过求各支路电流和各电阻元件两端电压,验证线性电路的叠加性与齐次性。

(2) 用表 3-3 中的几组数据验证非线性电路的叠加性或齐次性是否成立。

(3) 各电阻所消耗的功率是否也符合叠加定理? 试用表 3-1 中的一个电阻的电压、电流数据进行计算并作出结论。

实验 4　戴维南定理和诺顿定理

一、 实验目的

（1）通过实验加深对戴维南定理和诺顿定理的理解。

（2）掌握测量有源二端网络等效参数的一般方法。

二、 实验原理

1. 相关定理

线性电路指完全由线性元件、独立源或线性受控源构成的电路，其输入、输出之间的关系可以用线性函数表示。线性有源二端网络也称为线性含源一端口网络，是指线性的、含有电源的、具有两个出线端的电路，如图 4-1 所示。如果仅研究其中一条支路的电压和电流，那么可将电路的其余部分看作是一个线性有源二端网络。

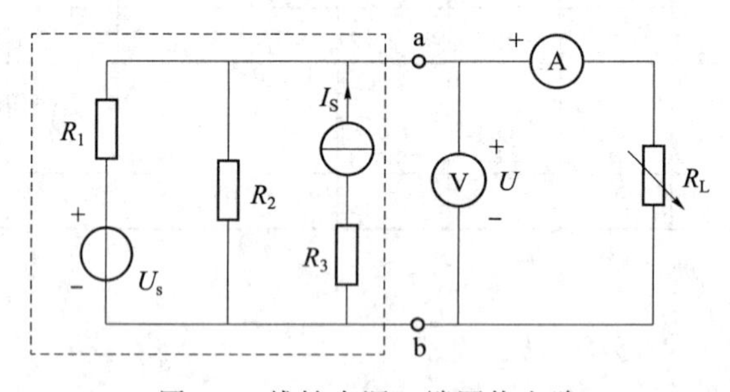

图 4-1　线性有源二端网络电路

戴维南定理：线性含源二端网络的对外作用可以用一个等效电压源串联电阻的电路来等效代替。其中电压源的源电压 U_s 等于此一端口网络的开路电压 U_{OC}，而电阻等于此一端口网络内部各独立电源置零（电压源处短路，电流源处开路）后所得无独立源一端口网络的等效电阻 R_0。戴维南定理示意图如图 4-2 所示。

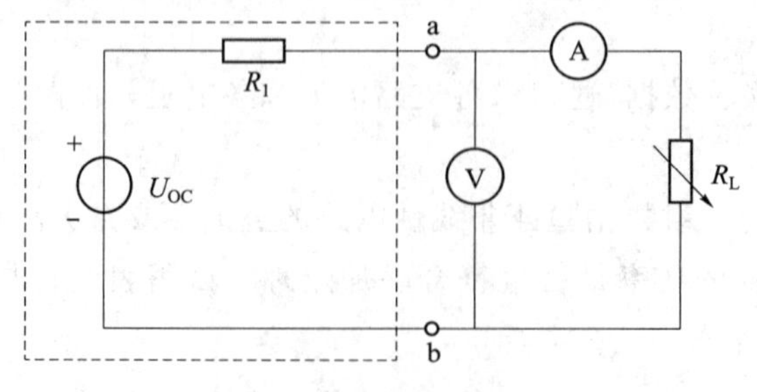

图 4-2　戴维南等效电路

诺顿定理：线性含源二端网络的对外作用可以用一个等效电流源并联电阻的电路来等效代替。其中电流源的源电流 I_{SC} 等于此一端口网络的短路电流 I_{SC}，而电导等于此一端口网络内部各独立电源置零（电压源处短路，电流源处开路）后所得无独立源一端口网络的等效电导 R_0。诺顿定理示意图如图 4-3 所示。

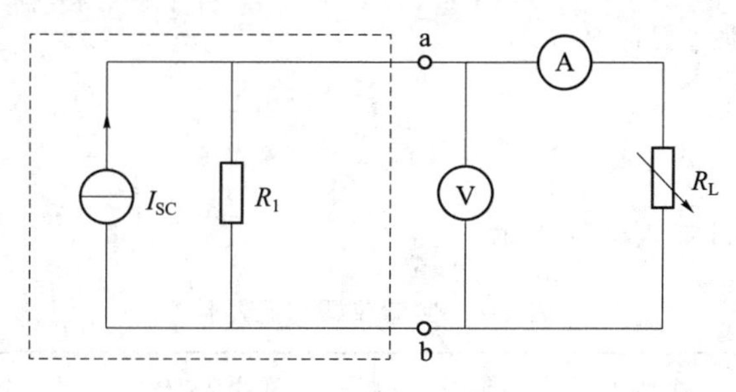

图 4-3　诺顿等效电路

U_{OC}、I_{SC} 和 R_0 称为线性有源二端网络的等效参数，有时表示为 U_S、I_S、R_S。

2. 线性有源二端网络等效参数的测量方法

(1) 开路电压、短路电流法

在有源二端网络输出端开路时，用电压表直接测量其输出端的开路电压 U_{OC}，然后再将其输出端短路，用电流表测量其短路电流 I_{SC}，则等效内阻 R_0 为

$$R_0=\frac{U_{OC}}{I_{SC}}$$

如果二端网络的内阻很小，若将其输出端短路、则容易损坏其内部元件，故此时不宜用此法测等效内阻。

(2) 伏安法测 R_0

若在有源二端网络的两出线端接上一电阻 R_L，如图 4-1 所示，则有伏安特性方程 $U_L=U_{OC}-I_LR_0$，或者 $U_L=(I_{SC}-I_L)R_0$，由此算出有源二端网络的伏安特性曲线，如图 4-4 所示。由于伏安特性方程及伏安特性曲线可知 $R_0=\tan\varphi=\dfrac{\Delta U_L}{\Delta I_L}=\dfrac{U_{LA}-U_{LB}}{I_{LA}-I_{LB}}$。因此，只需去 A、B 两个不同值的 R_L 接在网络的两处出线端上，分别测出此时 R_L 两端的电压和流过的电流，就可以依据上式求出 R_0。

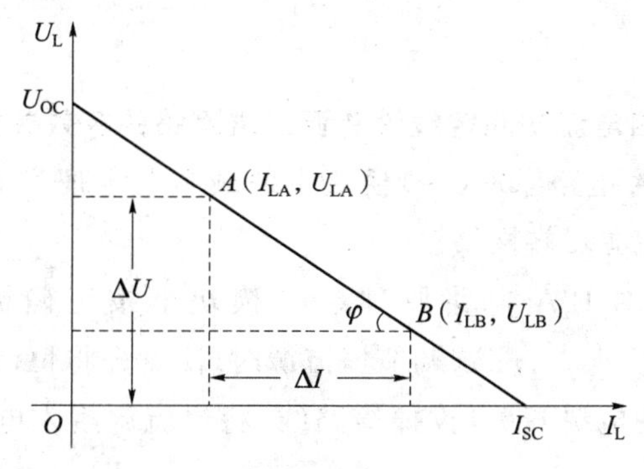

图 4-4　伏安特性曲线

(3) 直接法测 R_0

根据戴维南定理和诺顿定理,线性有源二端网络的等效内阻 R_0 等于该网络除源(将其中恒压源全部用短路线代替,恒流源全部用开路代替)后所得到的线性无源二端网络的两出线端之间的等效内阻。因此,只需将线性有源二端网络除源,用万用表测量网络两出线端间的阻值,即为 R_0。

三、 实验设备

实验仪器与元器件如表 4-1 所示。

表 4-1 实验仪器与元器件

序号	名称	型号与规格	数量	备注
1	QS-DY03 交流电源模块	0～450 V	1	实验台
2	NDG-02 直流电源模块	0～200 mA,0～30 V	1	实验台
3	NDG-03A 智能直流仪表模块	0～750 V,0～3 A	1	实验台
4	NDG-06 智能可调电阻箱模块	0～9999 Ω/2 W	1	实验台
5	NDG-12A 电路原理(一)模块		1	实验台
6	手持式数字万用表		1	外设

四、 实验注意事项

(1) 在进行实验操作之前,请对实验仪器进行检测,确保仪器仪表工作正常,元器件参数值和电路图所标参数吻合。

(2) 改接线前,应先断开相关电源。

(3) 用手持式万用表直接测量二端口网络内阻 R_0 时,必须先除源,再测试,以免损坏万用表。

五、 实验步骤

1. 用开路电压、短路电流法测定线性有源二端网络的等效参数

实验使用 NDG-12A 电路原理(一)模块中的戴维南定理实验电路,其电路如图 4-5 所示,虚线框内为线性有源二端网络。

根据图 4-5,在 NDG-12A 电路原理(一)模块上按正确极性接入恒压源 U_s = ______ V和恒流源 I_S = ______ mA(调节恒流源时,注意先将恒流源的输出端子短接,调到需要的电流值后,关闭电源开关,拔掉短路线,将恒流源接入电路,再开启电源),先不接入 R_L。

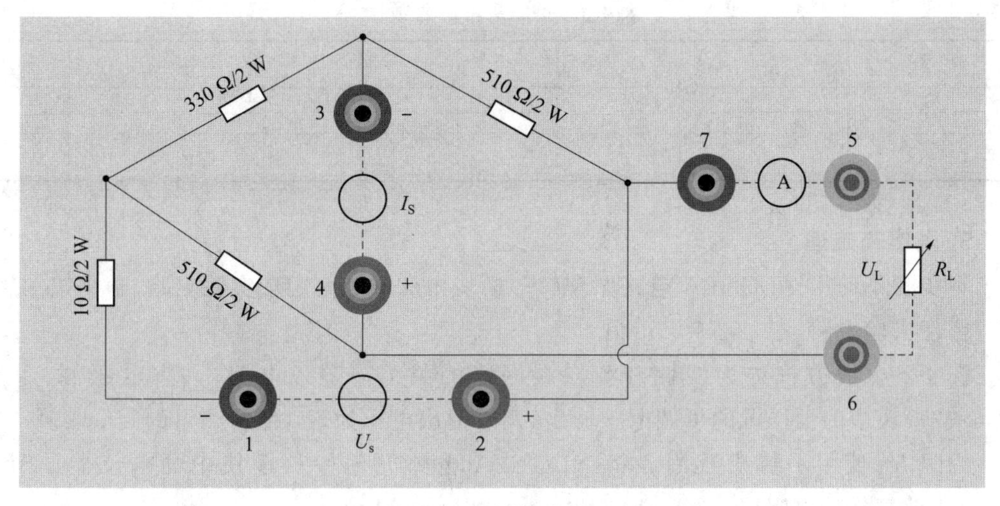

图 4-5 戴维南/诺顿等效定理实验电路

(1) 开路电压法测 U_{OC}

用导线将接线柱 7 和接线柱 5 短接,并用导线将直流电压表接在接线柱 5 和接线柱 6之间(注意正负极),因电压表内阻很大,接线柱 5 和接线柱 6 之间仍可认为处于断开状态,测量出此刻的开路电压 U_{OC},并将结果记录至表 4-2 中。

(2) 短路电流法测 I_{SC}

用导线将直流电流表串联接线柱 7 和接线柱 5 之间(注意正负极),并用导线将接线柱 5 和接线柱 6 短接,测量出此刻的短路电流 I_{SC},计算出内阻 R_0($R_0=U_{OC}/I_{SC}$),将结果记录至表 4-2 中。

(3) 用直接测量法测量内阻 R_0

先将线性有源二端网络(NDG-12A 电路原理(一)模块中的戴维南定理实验电路)除源,即断开与恒压源 U_s、恒流源 I_S 的连接,并在原接恒压源的两端(接线柱 1、接线柱 2)用导线短接。使用手持式万用表的欧姆挡测量此刻线性无缘二端网络两出线端(接线柱 5、接线柱 6)开路时的电阻,此电阻即为被测网络的等效内阻 R_0,将结果记录至表 4-2 中。

表 4-2 线性有源二端网络的等效参数测量数据

U_{OC}/V	I_{SC}/mA	R_0/Ω(计算值)	R_0/Ω(直测法)

2. 负载实验

按图 4-5,用导线将直流电流表串联接线柱 7 和接线柱 5 之间,将 NDG-06A 可调电阻箱作为负载 R_L 接入电路中(接线柱 5、接线柱 6),并用导线将直流电压表并联至可调电阻箱的两端。改变负载 R_L 的阻值,测量负载 R_L 的输出电压、输出电流,将结果记录至表 4-3 中。

表 4-3　负载实验测量数据

R_L/Ω									
U_L/V									
I_L/mA									

3. 戴维南定理

本步骤不使用 NDG-12A 电路原理(一)模块中的戴维南定理实验电路,学生按图 4-2 自行搭建实验电路。

图 4-2 虚线方框内为线性有源二端网络的戴维南等效电路;其中电压源 U_S 用 NDG-02模块中的恒压源的可调电压输出,调节输出电压为表 4-2 所测得的 U_{OC}取值。

内阻 R_0 使用手持式万用表将 NDG-12A 电路原理(一)模块中的电位器调节至表 4-1所计算出的电阻值获得。

R_L 使用 NDG-06A 可调电阻箱;电压、电流表可使用 NDG-03B 电压、电流表模块。

※连接好电路后,打开电源开关,改变 R_L 阻值(与表 4-3 一致),测量 R_L 的输出电压、输出电流,将结果记录至表 4-4 中。具体操作步骤可扫描右侧二维码观看视频。

戴维南定理

表 4-4　戴维南等效电路实验测量数据

R_L/Ω									
U_L/V									
I_L/mA									

4. 验证诺顿定理

本步骤不使用 NDG-12A 电路原理(一)模块中的戴维南定理实验电路,学生按图 4-3 自行搭建实验电路。

图 4-3 虚线方框内为线性有源二端网络的诺顿等效电路;其中电流源 I_S 用 NDG-02 中的恒流源的可调电流输出,调节输出电流为表 4-2 所测得的 I_{SC}取值;其余各模块选取与实验步骤 3 一致。

连接好电路后,打开电源开关,改变 R_L 阻值(与表 4-3 一致),测量 R_L 的输出电压、输出电流,将结果记录至表 4-5 中。

表 4-5　诺顿等效电路实验测量数据

R_L/Ω									
U_L/V									
I_L/mA									

六、预习要求

复习线性有源二端网络、戴维南定理、诺顿定理的相关内容，熟悉测量线性有源二端网络等效参数的几种方法，并完成本次实验报告上的预习思考题。

七、实验报告要求及实验结果分析题

实验步骤、数据必需手写在实验报告上，原始测量数据需在课堂上由指导教师确认并盖章。

（1）根据表 4-3、表 4-4、表 4-5 的实验数据，绘出本实验的线性有源二端网络及其戴维南等效电路、诺顿等效电路 3 条伏安特性曲线，用实验数据以及 3 条伏安特性曲线作比较，验证戴维南定理和诺顿定理的正确性。

（2）将用开路电压、短路电流法测得的 U_{OC}、I_{SC} 与预习时电路计算的结果作比较，计算误差并分析误差产生的主要原因。

（3）根据实验的测得的 R_0 值，与预习时电路计算的结果作比较，计算误差并分析误差产生的主要原因。

实验 5　交流电路的认识实验

一、 实验目的

(1) 练习使用试电笔和三相自耦调压器。

(2) 练习使用交流电流表、电压表和功率表。

(3) 研究同频率正弦量有效值的关系。

二、 实验原理

1. 三相交流输出及电压指示

实验台的三相电源由电网的三相四线电源经三相自耦调压器之后输出，三相输出端子为 U、V、W、N(如图 5-1 所示)。通过转动实验台左侧三相调压旋钮(如图 5-2 所示)，可使输出相电压在 0～250 V 之间调节，三相输出线电压可通过面板上的三相电源线电压指示表(如图 5-1 所示)粗略得出测量结果。

另外，实验台左侧还提供了两组单相三线插座和两组单相两孔插座。

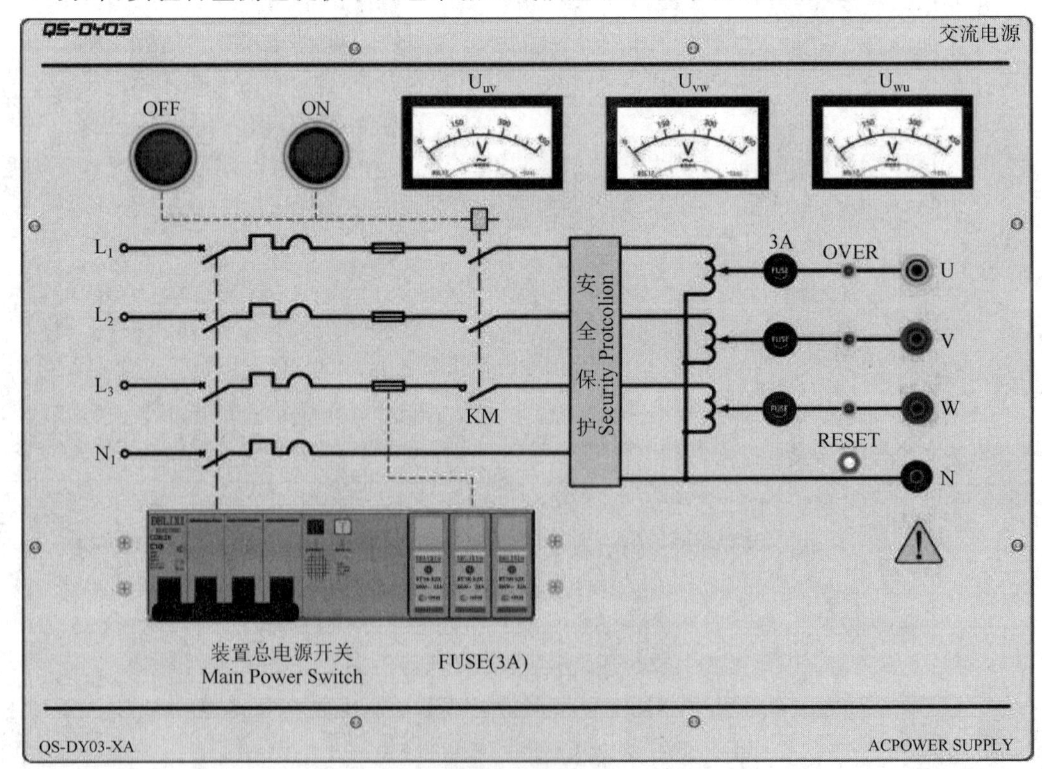

图 5-1　三相电压显示及输出

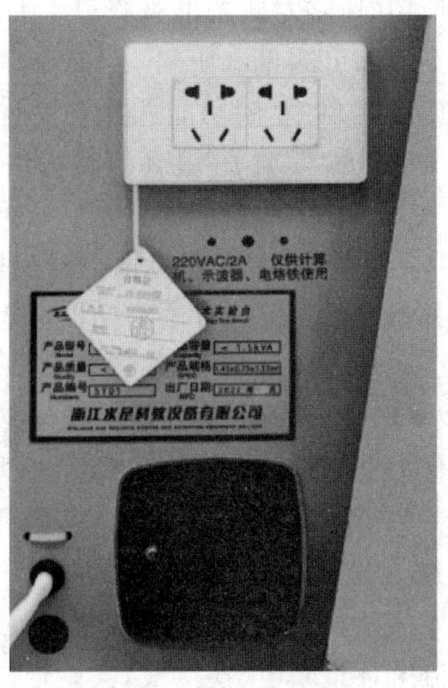

图 5-2　实验台左侧面板

2. 交流电表

实验台的交流电表模块提供了三组相同的交流电表,可测量交流电压、电流、功率和功率因数等多种参数。如图 5-3、图 5-4 所示,分别为交流电表实物图、作为功率表时的内部结构及连接电路图。

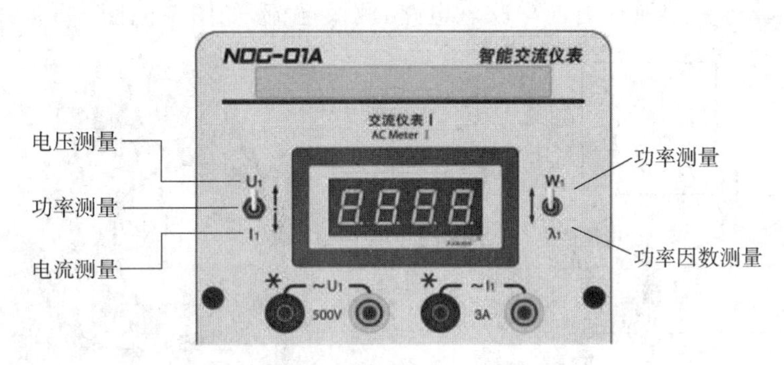

图 5-3　交流电表

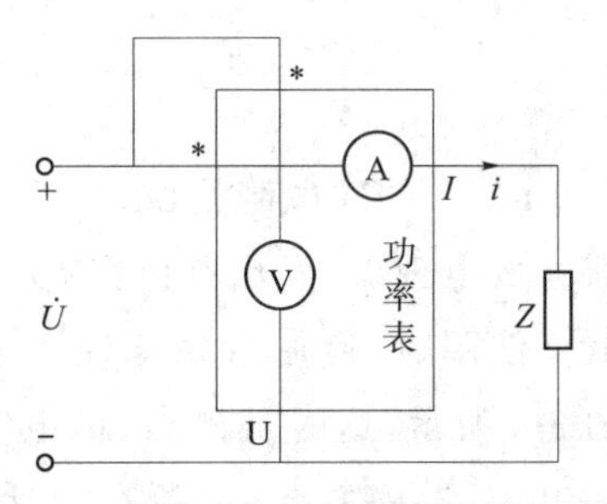

图 5-4　功率表内部结构及连接电路图

当交流电表作为电压表使用时，将左侧功能选择开关打至上方电压挡 U_1，将左下方电压测量输入端子并联至待测端即可测量电压。

当交流电表作为电流表使用时，将左侧功能选择开关打至下方电流挡 I_1，将电流测试线的输入端接至右下方电流测量输入端子，具体测量方法见第 5 章电流插座及电流插座线的使用。

※当交流电表作为功率表使用时，将左侧功能选择开关打至中间功率挡，并将右侧功率测量开关打至上方 W_1 挡，并按图 5-4 所示方法将交流电表的电压输入端子与负载并联，相当于把交流电压表与负载并联；按图 5-4 所示方法将交流电表的电流输入端子与负载串联，相当于把交流电流表与负载串联，经过交流电表的计算，数显会显示出负载的有功功率；若想测量功率因数，只需将右侧开关打至下方 λ_1 即可。具体操作步骤可扫描右侧二维码观看视频。

交流电表使用

3. 电流插座及电流测试线

实验台提供了 3 组交流电表，但有时一个电路需要同时测量多个电压、电流值，为了避免测量电流时频繁断电、换接线，实验台提供了电流插座。

实验台上交流电路模块和电路原理(一)模块的面板上分别提供了各 4 组共 8 个电流插座。每组电流插座可辅助一组交流电或一组直流电的电流测量。每组电流插座中各部分与电路图的对应关系如图 5-5 所示，其中大的一对电流输入插孔用于交流电，小的一对电流插孔用于直流电。不接入电流插座专用线时，电流插座两端口之间导通。测量电流时，只需将电流测试专用线接线端接入交流电流表，测试插头接入待测电流插孔，电流表就可按实验电路上所标方向串联入电路，测量电流，如图 5-5、图 5-6 所示。

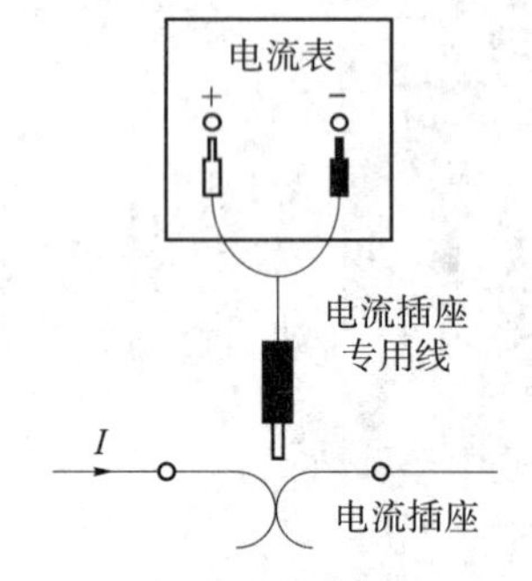

图 5-5　电流插座使用示意图

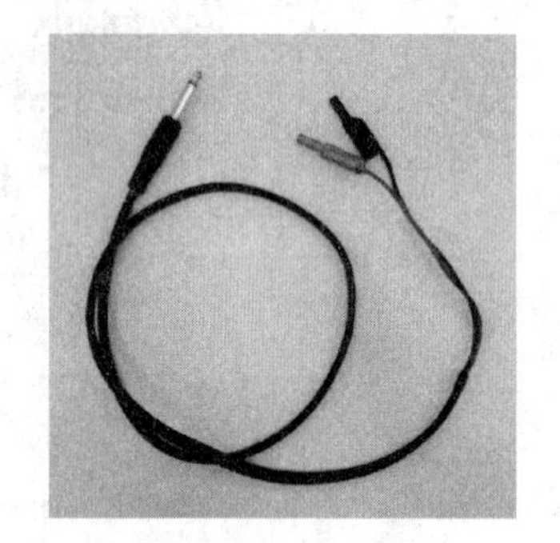
图 5-6　电流插座专用线

4. 试电笔

试电笔主要由氖泡和大于 10 MΩ 的碳电阻构成，如图 5-7 所示。当氖泡两端所加电压达到 60～65 V 时，将产生辉光放电现象，发出红色光亮。使用试电笔可以粗略估计导线或其他导体对地电压的高低。使用时，使用者站在地面上，手握试电笔笔尾金属体导电部分，笔尖接触被测点，如图 5-8 所示，这时被测点、试电笔、人体、地构成了一个回路。如果被测电压达到氖泡的启辉电压，氖泡发光，电流在包括人体电阻的回路中流通。由于试电笔中的限流电阻阻值很大，导致流经人体电阻的电流很小，可以保证人身安全。

试电笔常用来区分市电电源的火线与中线。用试电笔测火线，氖泡发光；测中线，氖泡不发光。图 5-8 表示试电笔使用手势。

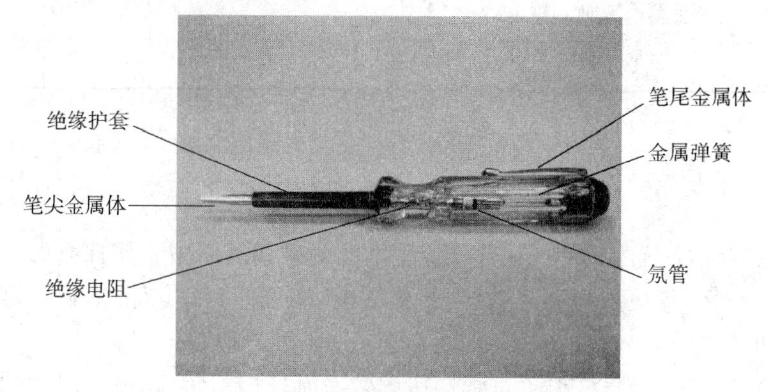

图 5-7　试电笔实物图

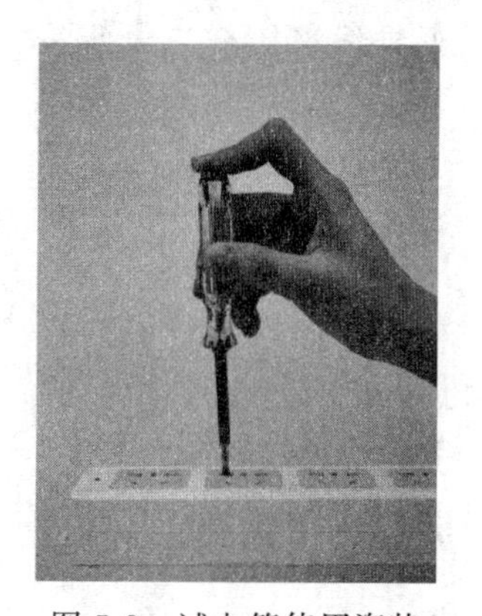

图 5-8　试电笔使用姿势

一般试电笔的测量范围为 100～500 V，氖泡亮度越大，说明被测导体对地电压越大，所以用试电笔可以粗略地估计导体对地电压的高低。一定要注意，不能用普通试电笔测 500 V 以上的高压，否则可能造成人身伤亡事故。另除了笔尾金属体导电部分外，试电笔的其他金属部分不可触碰，否则也容易造成触电事故。

三、实验设备

实验仪器与元器件如表 5-1 所示。

表 5-1　实验仪器与元器件

序号	名称	型号与规格	数量	备注
1	QS-DY03 交流电源模块	0～450 V	1	实验台
2	NDG-09 交流电路模块		1	实验台
3	NDG-01A 智能交流仪表模块	0～500 V,0～3 A	1	实验台

续 表

序号	名称	型号与规格	数量	备注
4	NDG-13A 元件组模块		1	实验台
5	试电笔		1	外设

四、 实验注意事项

(1) 强电实验,注意接线和操作安全,手不能触碰到线路中金属裸露的地方。实验中需测试的数据较多,需更换电路也较多,拔插线时,先按下"OFF"按钮断电,再更换电路,检查完毕后再按下"ON"按钮通电。

(2) 在接通电源前,应确保将自耦调压旋钮逆时针调至零位,调节时使其输出电压从零开始逐渐升高。实验完毕后,必须先将自耦调压旋钮调回零位,再关闭实验台电源。

(3) 测电流时不允许使用普通导线连接交流电流表,必须使用强电专用电流测试线及测电流插孔。

五、 实验步骤

1. 开启三相电源

(1) 将 QS-DY03 交流电源模块左侧三相自耦调压旋钮按逆时针方向旋至零位;

(2) 将空气断路开关手柄上推至"ON"位置;

(3) 按下交流电源模块"ON"按钮,按钮绿灯亮起,即可启动交流电源输出。

2. 了解实验室电源

用试电笔测试单相三线插座和单相两孔插座的插孔(如图 5-9 所示),以及三相输出端子 U、V、W、N(如图 5-10 所示),观察并记录试电笔氖泡是否发光。

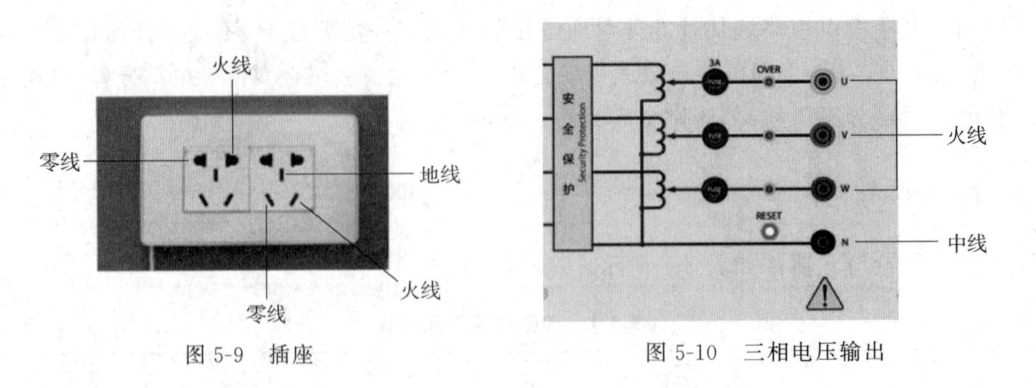

图 5-9 插座　　图 5-10 三相电压输出

单相三线插座:测火线时氖泡________________,测中线时氖泡________________。

单相两孔插座:测火线时氖泡________________,测零线时氖泡________________,测地线时氖泡________________。

三相电压输出端子：测 U 相时氖泡____________________，测 V 相时氖泡____________________，测 W 相时氖泡____________________，测 N 相时氖泡____________________。

用试电笔测量三相电压输出端子中的 U 相，同时顺时针调节实验台左侧自耦调压旋钮，使输出电压缓慢增加。当试电笔氖泡开始发光，撤出试电笔，用交流电压表测量 U_{UN}。

三相电压输出端子 U：当氖泡发光时 U_{UN} 为________________。

3. 认识三相自耦调压器

（1）用交流电压表测量 U_{UV} 时，顺时针调节实验台左侧自耦调压旋钮，使输出电压缓慢增加，注意观察上方 3 块“三相调压输出指示表”中对应的线电压和交流电压表示值的不同。当 $U_{UV}=100$ V 时，测量三相输出端子 U、V、W、N 两两间的电压，观察“三相调压输出指示表”的 3 个电压表示值，并记录在表 5-2 中。

表 5-2　三相调压输出测量数据

被测项	线电压			相电压		
	U_{UV}	U_{VW}	U_{WU}	U_{UN}	U_{VN}	U_{WN}
测量值/V						
三相电源线电压指示	U_{UV}	U_{VW}	U_{WU}			
测量值/V						

（2）先将自耦调压旋钮调回零位，再用交流电压表测量 U_{UN}，将此刻 U_{UNmin} 记录在表格 5-3 中；顺时针调节实验台左侧自耦调压旋钮，使输出电压缓慢增加至最大，用交流电压表测量 U_{UN}，将此刻 U_{UNmax} 记录在表 5-3 中。

表 5-3　三相调压输出范围的测量

被测项	U_{UNmin}	U_{UNmax}
测量值/V		

4. 交流仪表综合运用——同频率正弦量有效值的关系

（1）RC 串联电路

将调压旋钮逆时针调回零位，按下交流电源“OFF”按钮，拔除上述步骤的连接导线。按图 5-11 接线，交流电压表接 U、N 端，检查无误后按下交流电源“ON”按钮开启电源。转动左侧调压旋钮并观察交流电压表。使得三相输出电压 $U_{UN}=$__________V 保持不变。用交流电压表、交流电流表，交流功率表测量相关数据并记录在表 5-4 中。

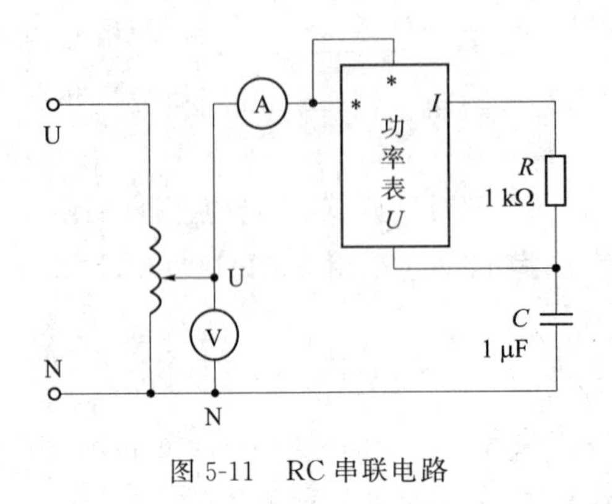

图 5-11　RC 串联电路

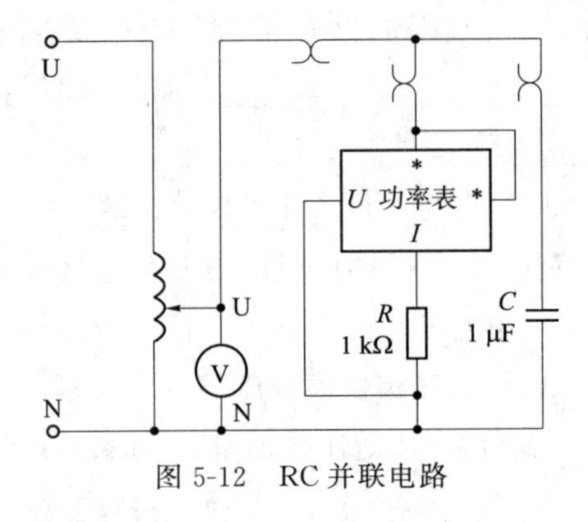

图 5-12　RC 并联电路

表 5-4　RC 串联电路测量数据

被测项	U_{UN}/V	U_R/V	U_C/V	I/A	P_R/W
测量值					

(2) RC 并联电路

将调压旋钮逆时针调回零位，按下交流电源“OFF”按钮，拔除上述步骤的连接导线。按图 5-12 接线，交流电压表接 U、N 端，检查无误后按下交流电源“ON”按钮开启电源。转动左侧调压旋钮并观察交流电压表。使得三相输出电压 $U_{UN}=$ ________ V 保持不变。用交流电压表、交流电流表，交流功率表测量相关数据并记录在表 5-5 中。

表 5-5　RC 并联电路测量数据

被测项	U_{UN}/V	I/A	I_R/A	I_C/A	P_R/W
测量值					

5. 关闭电源

(1) 将 QS-DY03 交流电源模块左侧三相自耦调压旋钮按逆时针方向旋至零位。

(2) 将交流电表模块开关打开至“OFF”位置，关闭交流电表电源输出。

(3) 按下交流电源模块“OFF”按钮，按钮红灯亮起，关闭交流电源输出。

(4) 将空气断路开关手柄下拉至“OFF”位置。

六、 预习要求

复习教材上交流电路基本知识，提前了解实验台三相交流电各个模块的相关功能，并完成本次实验报告上的预习思考题。

七、 实验报告要求

(1) 表 5-4 中，$U_{UN}=U_R+U_C$ 成立吗？为什么？

*(2) 表 5-5 中，$I=I_R+I_C$ 吗？为什么？

实验 6　日光灯电路及功率因数的提高

一、实验目的

（1）进一步理解交流电路中电压、电流的向量关系。

（2）掌握日光灯电路的连线及测量方法，熟悉日光灯的工作原理和有功功率表的使用。

（3）通过实验掌握提高感性负载电路功率因数的方法。

二、实验原理

（1）本实验中 RL 串联电路用日光灯代替，由灯管、镇流器和启辉器 3 个器件组成日光灯线路，如图 6-1 所示。

灯管工作时，可以认为是一个电阻负载；镇流器是一个铁心线圈，可以认为是一个电感量较大的感性负载，两者串联构成 RL 串联电路。日光灯的启动过程如下：当接通电源后，由于灯管不导电，电源电压全部加在启辉器内两个金属片之间，启辉器内双金属片（动片与定片）间的气隙（氖气）被击穿，连续产生辉光放电，双金属片受热伸长，使动片与定片接触。使得灯管灯丝被接通，灯丝被加热而发射电子，此时，启辉器两端电压下降，双金属片冷却，动片与定片分开。镇流器线圈因灯丝电路断电而感应出很高的感应电动势，与电源电压串联加到灯管两端，使管内水银气体电离产生弧光放电而发光，此时启辉器停止工作（因启辉器两端所加电压值等于灯管点燃后的管压降，对 40 W 管电压，只有 100 V 左右，这个电压不再使双金属片产生辉光放电）。镇流器在正常工作时起限流作用，如图 6-2 所示。

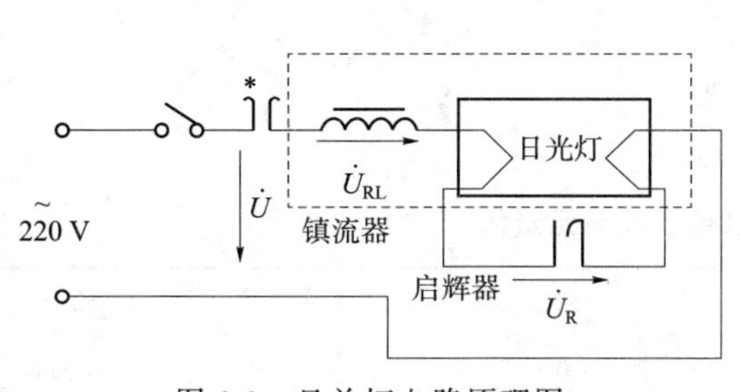

图 6-1　日关灯电路原理图

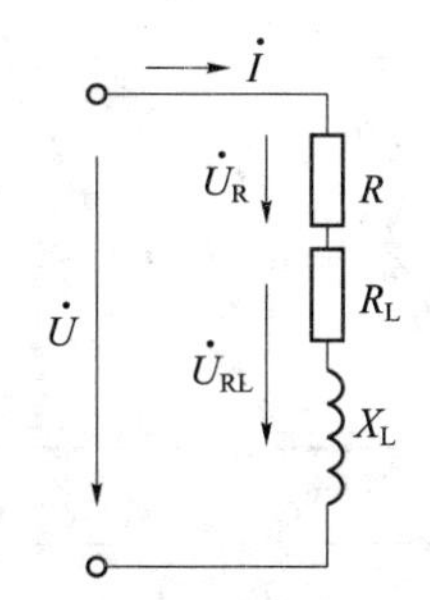

图 6-2　日光灯原理等效电路图

电路消耗的有功功率为

$$P = UI\cos\varphi$$

式中，$\cos\varphi$ 为电路的功率因数。上式又可写成：

$$\cos\varphi=\frac{P}{UI}=\frac{P}{S}$$

可见，只要测出电路的电压、电流和有功功率的数值，即可求得电路的功率因数。

（2）由于日光灯电路的功率因数较低，一般在 0.5 以下，为了提高电路的功率因数，一般采用与感性负载并联电容器的方法。此时总电流 I 是日光灯电流 I_{RL} 和电容器电流 I_C 的相量和，即 $\dot{I}=\dot{I}_C+\dot{I}_{RL}$（日光灯电路并联电容器调节功率因数原理如图 6-3 所示）。由于电容支路的电流 I_C 超前于电压 U 90°角，抵消掉了一部分日光灯支路电流中的无功分量，使电路的总电流 I 减小，从而提高了电路的功率因数。电压与电流的相位差角由原来的 φ_1 减小为 φ_C，故有 $\cos\varphi_1>\cos\varphi_C$。当电容量增加到一定值时，电容电流 I_C 等于日光灯电流中的无功分量，此时 $\varphi_C=0$，$\cos\varphi_C=1$，此时总电流下降到最小值，整个电路呈电阻性。若继续增加电容量，总电流 I 反而增大，整个电路变为容性负载，功率因数反而下降。

需要注意的是，由于本实验使用的日光灯电路是近似于 RL 串联电路，且日光灯灯管是带感性的非线性电阻元件，当电路输入正弦交流电压时，其电流响应式非正弦的。本实验将其按正弦电路测算，会有一定误差存在。

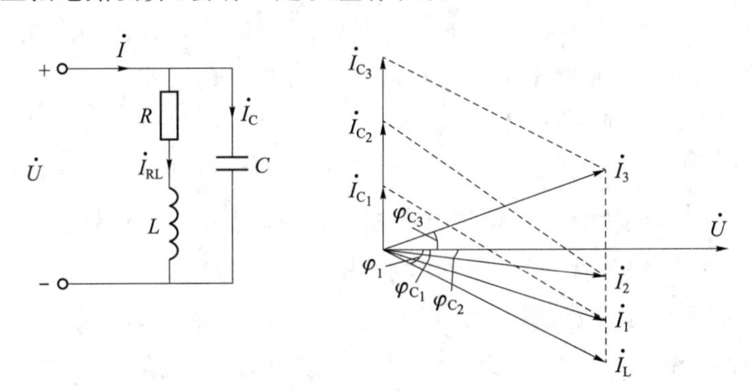

图 6-3　日光灯并联电容器调节功率因数原理

三、 实验设备

实验仪器与元器件如表 6-1 所示。

表 6-1　实验仪器与元器件

序号	名称	型号与规格	数量	备注
1	QS-DY03 交流电源模块	0～450 V	1	实验台
2	NDG-09 交流电路模块		1	实验台
3	NDG-01A 智能交流仪表模块	0～500 V，0～3 A	1	实验台
4	NDG-08 日光灯组件模块		1	实验台

四、 实验注意事项

(1) 强电实验,注意接线和操作安全,手不能触碰到线路中金属裸露的地方。实验中需测试的数据较多,需更换电路也较多,拔插线时,先按下“OFF”按钮断电,再更换电路,检查完毕后再按下“ON”按钮通电。

(2) 本次实验电压较高,连接电路应使用强电专用导线,并严格遵守“先接线后通电”“先断电后拆线”的操作顺序。日光灯灯管与镇流器必须串联,以免损坏灯管。

(3) 在接通电源前,应确保将自耦调压旋钮逆时针调至零位,调节时使其输出电压从零开始逐渐升高。实验完毕后,必须先将自耦调压旋钮调回零位,再关闭实验台电源。

(4) 测电流时不允许使用普通导线连接交流电流表,必须使用强电专用电流测试线及测电流插孔。

(5) 为避免损坏电容器,并联电容时,一定要先关闭电容器开关,再并联电容器。

五、 实验步骤

1. 日光灯电路接线

先将 QS-DY03 交流电源左侧三相自耦调压旋钮逆时针调至零位,在断电情况下,按图 6-4 接线。

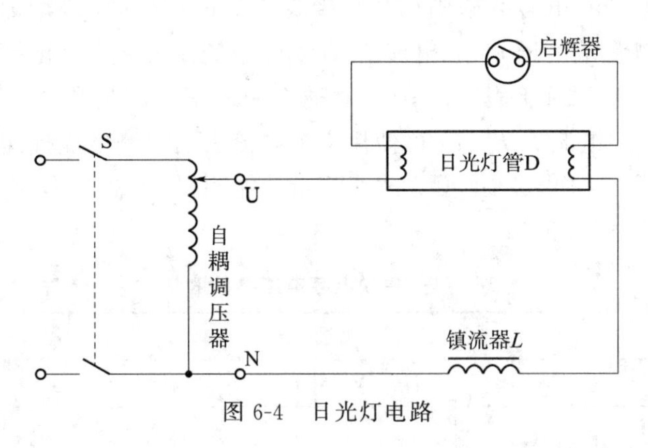

图 6-4　日光灯电路

经指导教师检查后,接通电源,缓慢调节自耦调压旋钮,使自耦调压器的输出电压缓慢增大,可观察到当电压大于某一值时日光灯启辉点亮。将 U_{UN}维持在 220 V,此时日光灯正常工作,可进行下一步实验。

2. 日光灯电路的测量

在断电的情况下,按图 6-5 接线,注意将电容箱开关全部打至“OFF”位置。检查无误后接通电源,调节三相自耦调压旋钮使输出电压 $U_{UN}=220$ V,测量日光灯电路的端电压 U、灯管两端电压 U_D、镇流器两端电压 U_L、电路电流 I 以及有功功率 P、功率因数 $\cos\varphi$,并将数据记录在表 6-2 中。表中的 $\cos\varphi$ 计算值根据表格中测得的 P、I、U_{UN}计算得出。

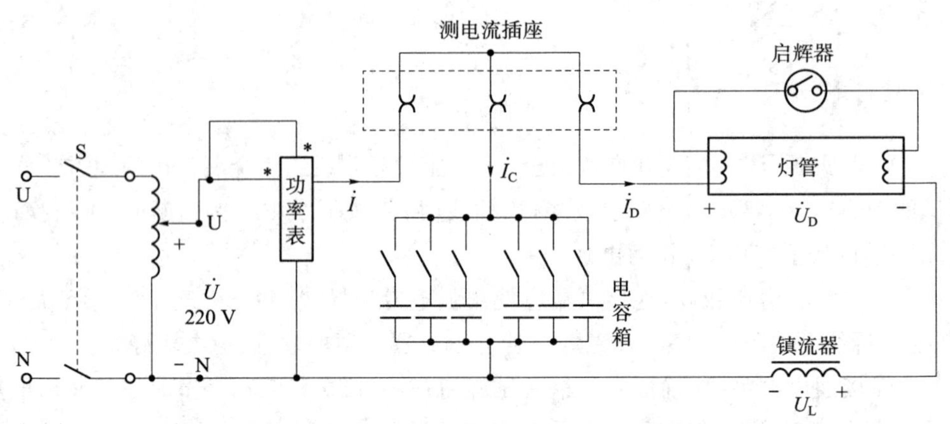

图 6-5　日光灯电路参数测量和提高功率因数接线图

表 6-2　日光灯电路参数测量

测量值						计算值
P/W	cos φ	I/A	U_{UN}/V	U_L/V	U_D/V	cos φ

3. 并联补偿电容器提高功率因数

在步骤 2 的基础上，保持输出电压 $U_{UN}=220$ V，通过调节电容箱开关调整日光灯电路两端并联电容的大小(电容并联则相加)，接线如图 6-5 所示。逐渐加大电容量，每改变一次电容量，都要测量端电压 U、总电流 I、日光灯电流 I_D、电容器电流 I_C 以及有功功率 P 的值，并将测量结果记录于表 6-3 中(注意通电后先不要测量数据，待日光灯工作稳定后再读数)。表 6-3 中电流 I、I_D、I_C 可使用交流电流表通过测电流插座测得(方法参考实验 1)；cos φ 可使用交流电表功率模式改变测量功能测得(方法参考实验 5)，计算值通过测得的 P、I、U_{UN} 计算得出来。

表 6-3　并联电容电路参数测量

电容 C/μF	测量数据						计算
	P/W	cos φ	U_{UN}/V	I/A	I_D/A	I_C/A	cos φ
0							
1							
2.2							
3.2							
4.3							
5.3							
6.5							
7.5							

六、预习要求

复习教材上正弦交流电路有关理论知识，了解日光灯电路的启动及工作原理，并完成本次实验报告上的预习思考题。

七、实验报告要求

(1) 讨论改善电路功率因数的意义和方法。

(2) 根据实验数据，分别绘出 $\cos\varphi=f(C)$ 和 $I=f(C)$ 的曲线。用实验数据说明所并联的电容器的电容量是否越大越好？

实验7 三相电路

一、 实验目的

(1) 掌握三相电路中负载的星形、三角形两种连接方式。

(2) 加深对线电压与相电压、线电流与相电流之间关系的理解。

(3) 通过实验掌握三相四线制中性线的作用。

二、 实验原理

1. 三相四线制电源。

在星形接法中,将三相绕组(感应振幅值相等、频率相同、相位上互差120°的三相电源)末端的连接点称作中点或零点,中点N的引出线称为中线(或零线),从始端引出的三根导线称为端线(俗称火线)。这种从电源引出四根线的供电方式称为三相四线制供电方式,如图7-1所示。

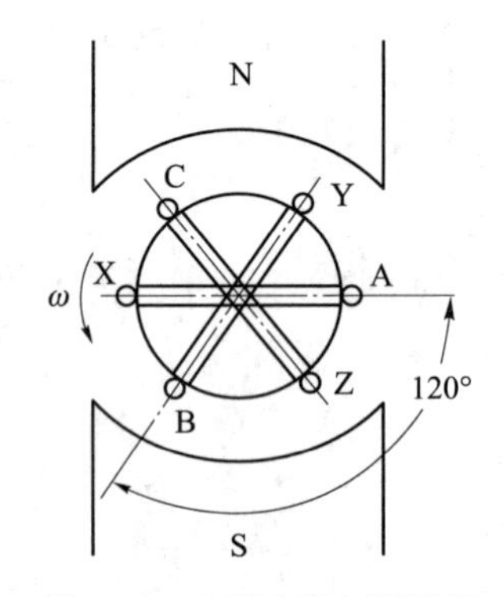

图7-1 三相四线电源原理

通常低压供电网采用三相四线制。日常生活中见到的只有两根导线的单相供电线路只是其中的一相,是由一根端线和一根中线组成的。三相四线制供电系统可输送两种电压,一种是端线与中线之间的电压$\dot{U}_A$、$\dot{U}_B$、$\dot{U}_C$,称为相电压;另一种是端线与端线之间的电压$\dot{U}_{AB}$、$\dot{U}_{BC}$、$\dot{U}_{CA}$,称为线电压。

若线电压的有效值用U_L表示,相电压的有效值用U_P表示,其关系为:$U_L=\sqrt{3}U_P$;其线电流I_L和相电流I_P的有效值关系为$I_L=I_P$。通常三相电源的电压值指的是线电压的有效值。例如:三相电压380 V,则线电压为380 V,相电压为220 V;三相电压220 V,则线电压为220 V,相电压为127 V。

2. 三相负载的连接方式

(1) 三相负载星形连接

通常把发电机三相绕组的末端X、Y、Z连接成一点,而把始端A、B、C作为与外电路相连接的端点,这种连接方式称为电源的星形(Y形)连接,如图7-2所示。

当负载对称时,由电路图及三相四线制电源原理可知,三相的$U_L=\sqrt{3}U_P$,$I_L=I_P$,中线电流$I_N=0$,显然这种情况可以不接中线;当负载不对称时,负载的相电压、线电压依然分别等同于电源的相电压、线电压,所以仍有$U_L=\sqrt{3}U_P$,但因此刻负载

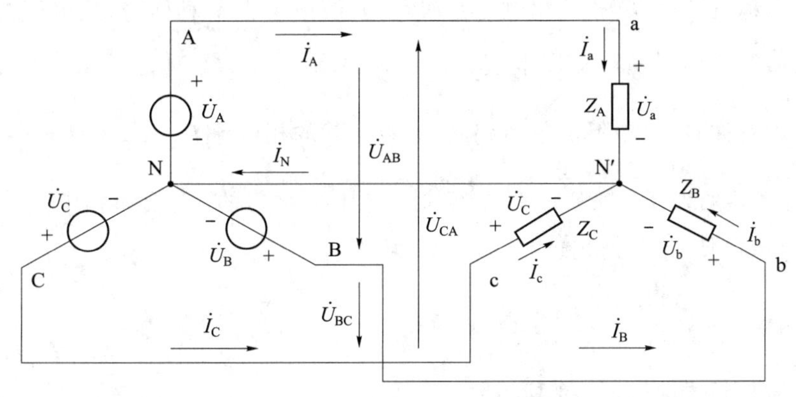

图 7-2　三相负载的星形连接

不对称，$\dot{I}=\dfrac{\dot{U}}{|Z|}$的结果各不相同，所以只能说某相的线电流等于相电流（即$\dot{I}_A=\dot{I}_a$、$\dot{I}_B=\dot{I}_b$、$\dot{I}_C=\dot{I}_c$），而不能说三相的线电流等于相电流，此时三相电流不平衡，中线电流$I_N\neq0$，若不接中线或中线出现断路，会导致各相的相电压也不相等，某相电压增大，进而导致负载烧毁。因此，必须保证中线的连接，用于保证各负载的相电压保持在额定状态，避免烧毁负载。

（2）三相负载三角形连接

当三相负载的额定电压等于电源的线电压时，负载应分别接在三条端线之间，这时负载按三角形方式连接，因形状如“△”，所以又称△接，如图 7-3 所示。

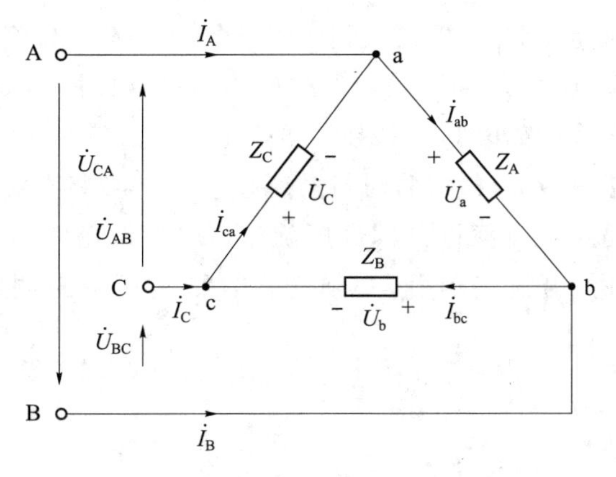

图 7-3　三相负载的三角形连接

由于三相负载中的每一相直接与电源端线连接，当负载接成三角形时，不论电源是 Y 形连接还是△形连接，负载的相电压都是线电压，有效值关系为：$U_L=U_P$。如果忽略端线的阻抗，则不论三相负载是否对称，每三相负载的三角形相负载承受的电压（即负载的相电压）等于对应电源的线电压，所以负载的连接相电压也是对称的。不论负载对称与否，负载的相电压总是对称的。

当负载对称时，三相负载的相电流是对称的，线电流也是对称的，线电流的有效值是相电流有效值的$\sqrt{3}$倍，即：$I_L=\sqrt{3}I_P$。

当负载不对称时，三相阻抗各不相同，导致负载的相电流 $\dot{I}=\frac{\dot{U}}{|Z|}$ 结果各不相同，所以 $I_L\neq\sqrt{3}I_P$。总的来说，由于只要电源的线电压是对称的，负载的相电压也总是对称的，无论负载是否对称，对各相负载工作没有影响。

三、 实验设备

实验仪器与元器件如表 7-1 所示。

表 7-1　实验仪器与元器件

序号	名称	型号与规格	数量	备注
1	QS-DY03 交流电源模块	0～450 V	1	实验台
2	NDG-09 交流电路模块		1	实验台
3	NDG-01A 智能交流仪表模块	0～500 V，0～3 A	1	实验台
4	NDG-10B 三相交流电路模块		1	实验台

四、 实验注意事项

（1）本次实验为强电实验，注意接线和操作安全，手不能触碰到线路中金属裸露的地方。实验中需测试的数据较多，需更换电路也较多，拔插线时，先按下“OFF”按钮断电，再更换电路，检查完毕后再按下“ON”按钮通电。

（2）因白炽灯泡温度较高，做实验时勿触摸灯泡，也不要将导线等物体放在灯泡上。

（3）在接通电源前，应确保将自耦调压旋钮逆时针调至零位，调节时使其输出电压从零开始逐渐升高。实验完毕后，必须先将自耦调压旋钮调回零位，再关闭实验台电源。

五、 实验步骤

1. 负载星形连接

实验电路如图 7-4 所示，将白炽灯按图所示，连接成星形接法。

调节三相自耦调压器调压旋钮，将输出线电压调至________________（即 $U_{UV}=$ __________），测量线电压和相电压，并记录数据。

（1）在有中线的情况下，测量三相负载对称和不对称时的各相电流、中线电流和各相电压，将数据记入表 7-2 中，并记录各相灯泡的亮度。

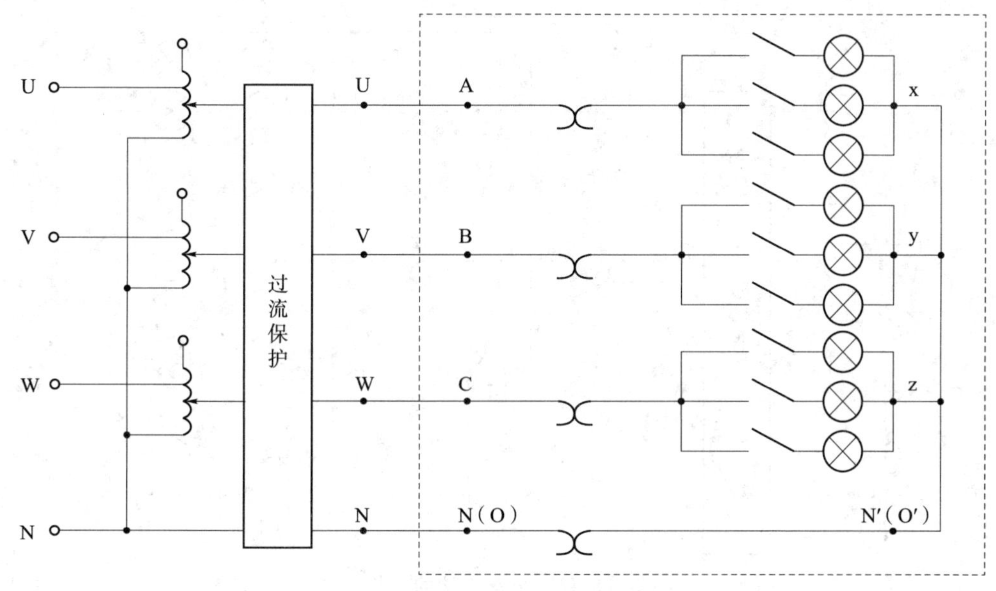

图 7-4　负载星形连接的三相电路

(2) 在无中线的情况下，测量三相负载对称和不对称时的各相电流、各相电压和电源中点 N 到负载中点 N′的电压 $U_{NN'}$，将数据记入表 7-2 中，并记录各相灯泡的亮度。

表 7-2　负载星形连接实验数据

负载情况	各相灯泡数			U_{AB}/V	U_{BC}/V	U_{CA}/V	U_{Ax}/V	U_{By}/V	U_{Cz}/V	$U_{NN'}$/V	I_A/A	I_B/A	I_C/A	I_N/A	各相灯泡亮度			各相亮度是否一致
	A	B	C												A	B	C	
对称	3	3	3															
不对称	1	2	3															

2. 负载三角形连接

实验电路如图 7-5 所示，将白炽灯按图所示，连接成三角形接法。

调节三相自耦调压器调压旋钮，将输出线电压调至＿＿＿＿＿（即 U_{UV} = ＿＿＿＿＿），测量线电压和相电压，并记录数据。

(1) 在有中线的情况下，测量三相负载对称和不对称时的各相电流、中线电流和各相电压，将数据记入表 7-3 中，并记录各相灯泡的亮度。

(2) 在无中线的情况下，测量三相负载对称和不对称时的各相电流、各相电压和电源中点 N 到负载中点 N′的电压 $U_{NN'}$，将数据记入表 7-3 中，并记录各相灯泡的亮度。

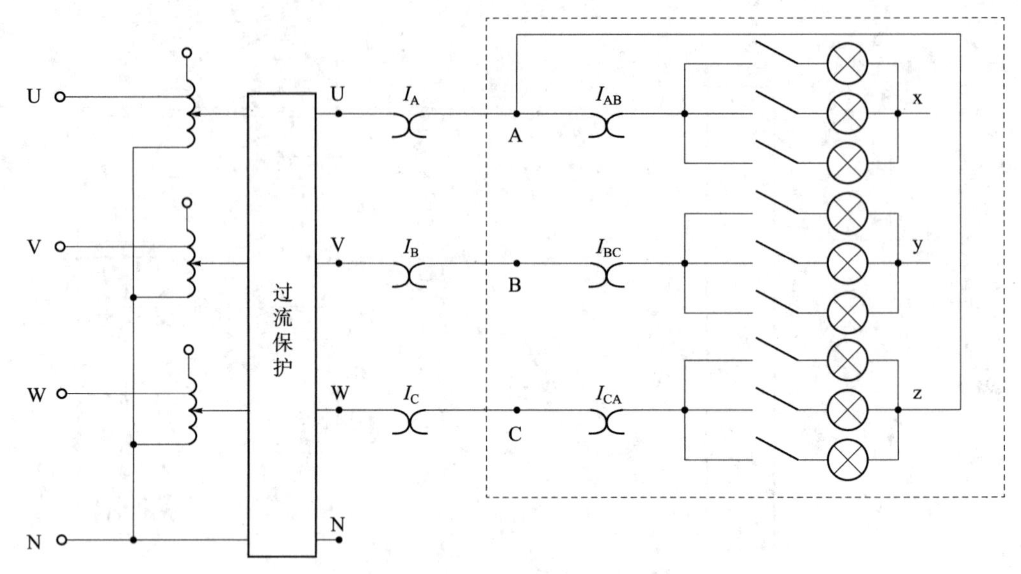

图 7-5　负载三角形连接的三相电路

表 7-3　负载三角形连接实验数据

负载情况	各相灯泡数			U_{AB}/V	U_{BC}/V	U_{CA}/V	I_A/A	I_B/A	I_C/A	I_{AB}/A	I_{BC}/A	I_{CA}/A	各相灯泡亮度			各相亮度是否一致
	A	B	C										A	B	C	
对称	3	3	3													
不对称	1	2	3													

六、 预习要求

复习教材上关于三相四线交流电路的基本知识，三相负载作星形和三角形连接的基本原理，并完成本次实验报告上的预习思考题。

七、 实验报告要求

(1) 星形连接时，分析比较对称负载无中性线和有中性线的区别。每相负载都开两个灯泡时，N 和 N′之间中性线的存在是否对电路有影响？

(2) 根据实验结果，说明本应三角形连接的负载，如误接成星形会产生什么后果？本应星形连接的负载，如误接成三角形又会产生什么后果？

实验8　单相铁心变压器特性的测试

一、实验目的

（1）掌握单相变压器的原理和运行特性。

（2）通过实验学会测定变压器的空载特性与外特性。

二、原理说明

（1）图8-1所示为测试单相铁心变压器参数的电路。

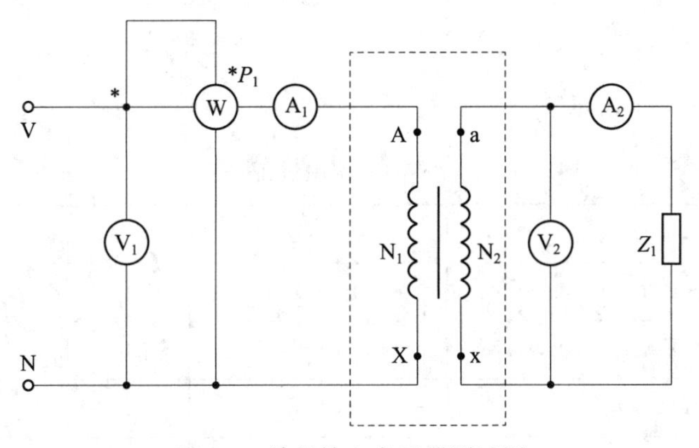

图8-1　单相铁心变压器测试图

由各仪表读得变压器一次侧（AX，低压侧）的U_1、I_1、P_1及二次侧（ax，高压侧）的U_2、I_2，并用万用表测出一次绕组、二次绕组的电阻R_1和R_2，即可算得变压器的以下各项参数值：

电压比 $K_u=\frac{U_1}{U_2}$，　　　　电流比 $K_I=\frac{I_2}{I_1}$，

一次侧阻抗 $Z_1=\frac{U_1}{I_1}$，　　　　二次侧阻抗 $Z_2=\frac{U_2}{I_2}$，

阻抗比$=\frac{Z_1}{Z_2}$，　　　　负载功率 $P_2=U_2I_2\cos\varphi_2$，

损耗功率 $P_0=P_1-P_2$，

功率因数$=\frac{P_1}{U_1I_1}$，　　　　一次侧线圈铜耗 $R_{Cu_1}=I_1^2R_1$

二次侧线圈铜耗 $P_{Cu_1}=I_1^2R_1$，　　　　铁耗 $P_{Fe}=P_0-(P_{Cu_1}+P_{Cu_2})$。

（2）铁心变压器是一个非线性元件，铁心中的磁感应强度B决定于外加电压的有效

值U。当二次侧开路(即空载)时,一次侧的励磁电流I_{10}与磁场强度H成正比。在变压器中,当二次侧空载时,一次侧电压与电流的关系称为变压器的空载特性,这与铁心的磁化曲线(B-H曲线)是一致的。

空载实验通常是将高压侧开路,由低压侧通电进行测量,又因空载时功率因数很低,故测量功率时应采用低功率因数功率表。此外因变压器空载时阻抗很大,故电压表应接在电流表外侧。

(3) 变压器外特性测试。

为了满足灯泡负载额定电压为220 V的要求,故以变压器的低压(36 V)绕组作为一次侧,220 V的高压绕组作为二次侧,即当作一台升压变压器使用。

在保持一次侧电压U_1(36 V)不变时,改变灯泡负载的连接方式,测定U_1、U_2、I_1和I_2,即可绘出变压器的外特性,即负载特性曲线$U_2=f(I_2)$。

三、实验设备

实验设备如表8-1所示。

表8-1 实验设备

序号	名称	型号与规格	数量	备注
1	QS-DY03电源模块	0～450 V	1	实验台
2	NDG-01A智能交流仪表模块	0～5 A,0～450 V	1	实验台
3	NDG-09交流电路模块	220 V/36 V	1	实验台
4	NDG-10B三相交流电路模块	220 V,15 W	1	实验台

四、实验内容

1. 用交流法判别变压器绕组的同名端

如图8-2所示,将两个绕组N_1和N_2的任意两端(如2端、4端)连接在一起,在其中的一个绕组(如N_1)两端加一个低电压,另一绕组(如N_2)开路,用交流电压表分别测出端电压U_{13}、U_{12}和U_{34}。若U_{13}是两个绕组端压之差,则1、3是同名端;若U_{13}是两绕组端电压之和,则1、4是同名端。

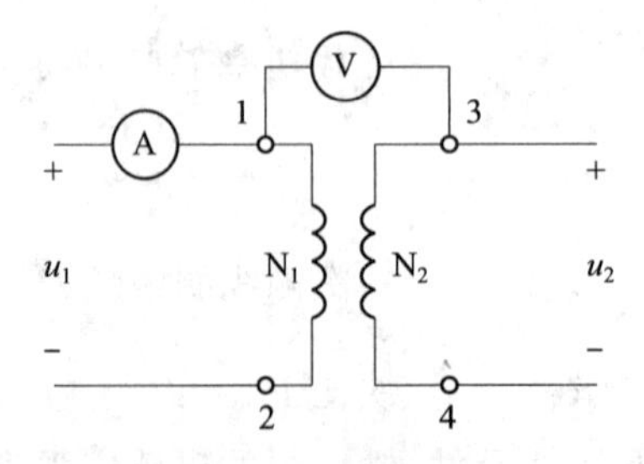

图8-2 同名端测试图

调节自耦调压器，使得 N_1 两端的电压 $U_{12}=30$ V，测量 U_{13} 和 U_{34}，记录到表 8-2。

表 8-2 交流法判别变压器绕组同名端的实验测量数据

U_{12}/V	U_{13}/V	U_{34}/V	结论
30			____和____是同名端

2. 空载实验

实验电路如图 8-3 所示。

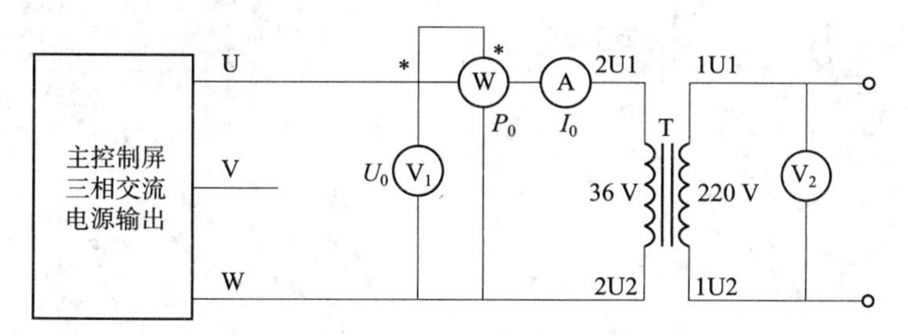

图 8-3 变压器空载实验接线图

实验时，变压器低压线圈 2U1、2U2 接电源，高压线圈 1U1、1U2 开路。W 为功率表，接线时，需注意电压线圈和电流线圈的同名端，避免接错线。

(1) 在三相交流电源断电的条件下，将调压器旋钮逆时针方向旋转到底。

(2) 合上交流电源总开关，即按下绿色"闭合"开关，顺时针调节调压器旋钮，使变压器空载电压 $U_0=1.2U_N$（U_N 为 36 V）。

(3) 然后，逐次降低电源电压，在 $(0.5\sim1.2)U_N$ 的范围内，测取变压器的 U_0、I_0、P_0，共取 6～7 组数据，记录于表 8-3 中。

表 8-3 单相变压器空载特性的测量数据

序 号	实验数据				计算数据
	U_0/V	I_0/A	P_0/W	$U_{1U1,1U2}$	$\cos\varphi_0$
1	43.2				
2	40				
3	36				
4	32				
5	28				
6	24				
7	18				

3. 负载实验

实验电路图如图 8-4 所示。

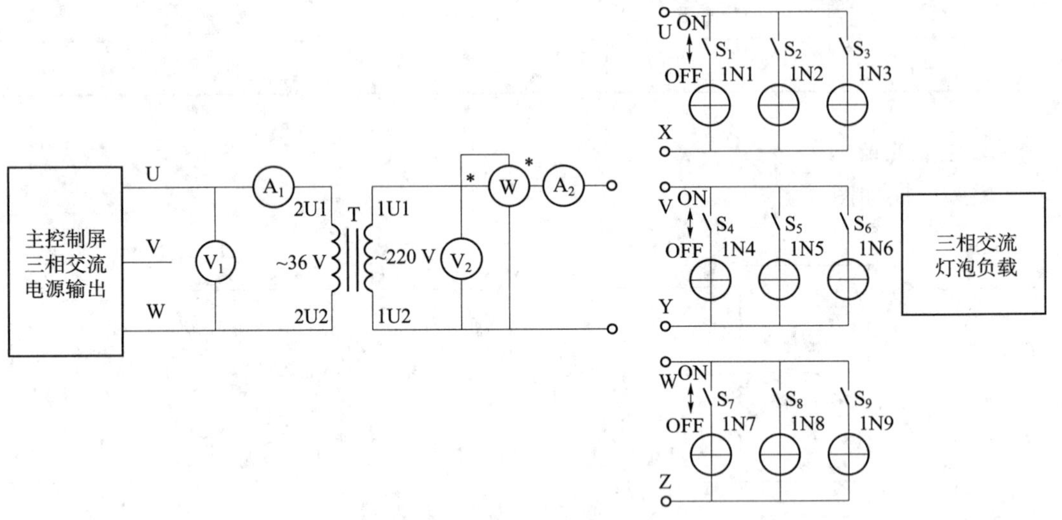

图 8-4　变压器负载实验接线图

变压器 T 低压线圈接电源，高压线圈经过接到灯泡负载上。

（1）未上主电源前，将调压器调节旋钮逆时针调到底，三相交流灯泡负载的所有开关 S 断开，先将 IN_1、IN_4、IN_7 三个灯泡负载串联，其中 X 与 V、Y 与 W 相连，然后 U 和 Z 接入 220 V 高压线圈，合下开关 S_1、S_4、S_7。

（2）合上交流主电源，逐渐升高电源电压，使变压器输入电压 $U_1=U_N=36$ V（在实验过程中保持此电压值不变），测取变压器的输出电压 U_2 和电流 I_2。

（3）断开交流主电源以及开关 S_1、S_4、S_7，将交流灯泡负载改为 IN_1 和 IN_4 两个灯泡负载串联，其中 X 与 V 相连，然后 U 和 Y 接入高压线圈，合下开关 S_1、S_4，重复步骤（2）。

（4）断开交流主电源以及开关 S_1、S_4，将交流灯泡负载改为 IN_1 和 IN_2 两个灯泡负载相并联再与 IN_4 灯泡相串联，其中 X 与 V 相连，然后 U 和 Y 接入高压线圈，合下开关 S_1、S_2、S_4，重复步骤（2）。

（5）断开交流主电源以及开关 S_1、S_2、S_4，将交流灯泡负载改为 IN_1 一个灯泡负载，然后 U 和 X 接入高压线圈，合下开关 S_1，重复步骤（2）。

（6）断开交流主电源以及开关 S_1，将交流灯泡负载改为 IN_1 和 IN_2 两个灯泡负载并联，然后 U 和 X 接入高压线圈，合下开关 S_1、S_2，重复步骤（2）。

（7）测取数据时，共取数据 6 组，记录于表 8-4 中，实验完成后，断开三相交流电源，并将调压器调节旋钮逆时针调到底。

表 8-4　单相变压器外特性的测量数据

序号	负载链接方式	U_1/V	U_2/V	I_2/A
1	空载	36		
2	IN_1、IN_4、IN_7 三个灯泡串联	36		
3	IN_1、IN_4 两个灯泡串联	36		
4	IN_1 和 IN_2 并联再与 IN_4 串联	36		
5	IN_1 一个灯泡负载	36		
6	IN_1 和 IN_2 两个灯泡并联	36		

实验完毕后要先将调压器调回零位，再断开电源。

五、 实验注意事项

（1）本实验是将变压器作为升压变压器使用，并用调节自耦调压器提供原边电压 U_1，故使用调压器时应首先调至零位，然后才可合上电源。此外，必须用电压表监视自耦调压器的输出电压，防止被测变压器输出电压过高而损坏实验设备，且要注意安全，以防高压触电。

（2）遇异常情况，应立即断开电源，待处理好故障后，再继续实验。

六、 预习要求

复习单相铁心变压器相关的理论知识，并完成本实验报告的预习思考题。

七、 实验报告要求

（1）根据表 8-3 的实验数据，绘制出变压器的空载特性曲线 $U_0=f(I_0)$。

（2）根据表 8-4 的实验数据，绘制出变压器接了负载后的外特性曲线 $U_2=f(I_2)$。

实验9　三相异步电动机的认识实验

一、实验目的

(1) 熟悉三相异步电动机的结构,了解它的铭牌数据。

(2) 学习三相异步电动机的一般检验方法。

(3) 掌握三相异步电动机的直接启动、继电接触器控制的工作原理和接线方法。

二、原理说明

※1. 三相异步电动机同名端的判别方法

(1) 标记法

如果电动机接线盒的端子上已经有了标记,可以直接根据标记来判断。通常,在接线盒内靠近线圈端子的地方,会用"U_1""V_1""W_1"或"U_2""V_2""W_2"等标记来指示相序。

(2) 感应法

在电动机未通电的情况下,使用万用表测量每两个端子之间的电阻,如果两个端子之间的电阻较小,则这两个端子就是同名端。

(3) 实验法

方法如图 9-1(a)所示,其原理说明如图 9-1(b)所示。将任意两绕组按图 9-1(a)接线,如果在刚接通按钮 Q 瞬间,万用表(放在 1 mA 挡)指针摆向大于零一边,则电池正极所接端点与万用表负笔所接端点即为同名端(即同首端或同末端)。如果表的指针向小于零的方向偏转,则电池正极所接端点与完用表正表笔所接端点即为同名端。

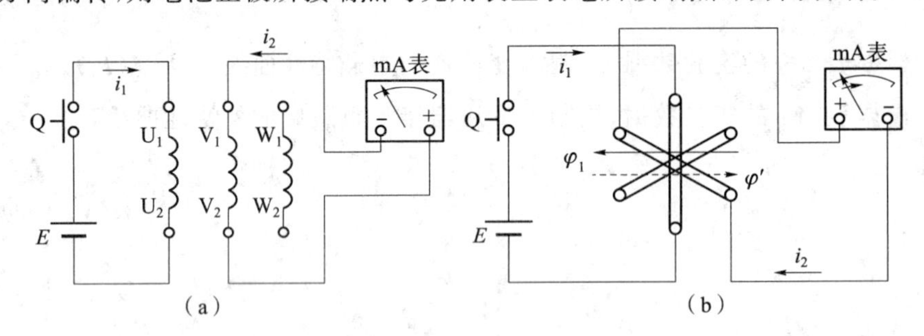

图 9-1　三相异步电动机绕组判别方法

※2. 绝缘检验

电动机绕组之间以及绕组与机壳(地)之间的绝缘性能良好,是保证电动机正常运行的必要条件。

衡量绝缘性能的主要指标之一是绝缘电阻,对额定电压 380 V,额定功率小于 100 kW 的电动机,其绝缘电阻不得低于 0.5 MΩ。

绝缘电阻的测量可用绝缘电阻测试仪(即数字兆欧表)进行,如图 9-2 所示。

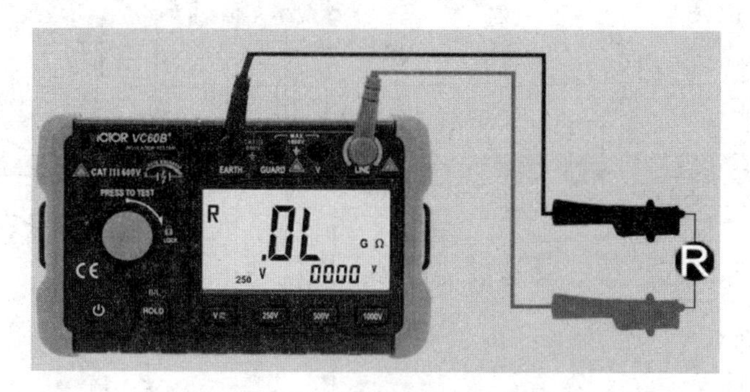

图 9-2 绝缘电阻测试示意图

3. 三相异步电动机的使用

(1) 异步电动机的启动

异步电动机启动时,启动电流可达额定电流的 4～7 倍,通常在没有配备专用电源的情况下,只有功率小于 10 kW 的鼠笼式异步电动机可以直接启动;功率大于 10 kW 时,必须采用降压启动(常优先考虑采用 Y—△变换法,它可使起动电流降为直接启动时的 1/3,而绕线式异步电动机则必须在转子电路中串接电阻进行启动)。

(2) 异步电动机的反转

调换异步电动机任意两根电源相线,即可实现反转。

(3) 异步电动机的常见故障

① 受潮将导致绝缘性能大为降低。

② 长时间过载运行或电源电压太低而满载运行,会导致电动机过热而烧坏;

③ 危害最大的故障,是断相运行,当三根电源线断了一根,例如某相熔断器熔丝烧断时,即为断相运行。此时转速下降,电流增大,声音异常,时间稍长就会烧坏电动机,应特别注意防止。

(4) 继电接触器点动控制

继电接触器点动控制电路如图 9-3 所示。当按下按钮 SB 时,接触器的线圈通电,产生磁场,把 T 型磁铁向下吸,触头接触,即接触器的主触头 KM 合上,电动机启动。当松开按钮 SB 时,接触器线圈没有电流通过,磁场消失,T 型磁铁被弹簧顶起,触头分离,即 KM 断开,电动机停止运行。

(5) 继电接触器连续运行控制

继电接触器连续运行控制电路如图 9-4 所示。它是三相异步电动机最基本的控制电路,俗称“启保停”控制电路,即具有启动、保持(连续运行)、停止功能。它与点动控制电路不同,一是多串联了一个常闭按钮 SB_1 作停止按钮;二是在启动按钮 SB_2 下方并联了一个常开的辅助触头 KM 作自锁,当按下启动按钮 SB_2,电动机启动的同时常开辅助触头 KM 合上,使得松开 SB_2 后,合上的常开辅助触头 KM 能维持接触器的线圈通电,电动机连续运行。

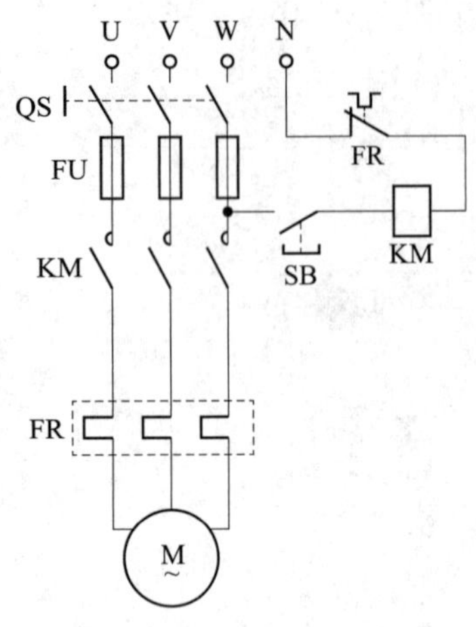

图 9-3　继电接触器点动控制电路

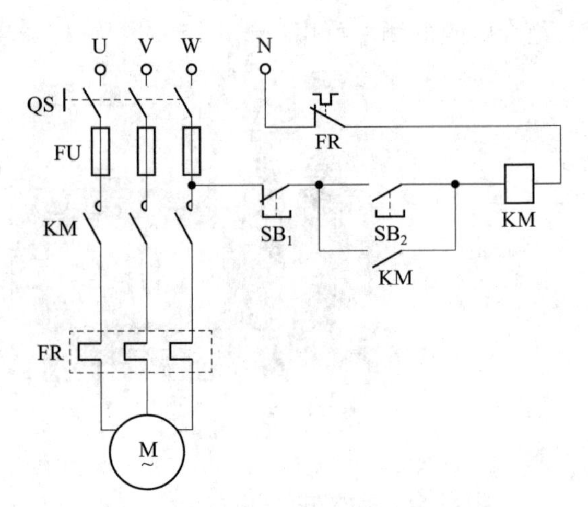

图 9-4　继电接触器连续运行控制电路

三、 实验设备

实验设备如表 9-1 所示。

表 9-1　实验设备

序号	名称	型号与规格	数量	备注
1	QS-DY03 电源模块	0～450 V	1	实验台
2	NDG-01A 智能交流仪表模块	0～5 A,0～450 V	1	实验台
3	EEL-57A 继电接触控制 I 模块	CJX2SK-09,RS1Dsp-25	1	实验台
4	三相鼠笼式异步电动机	M14B-A,180 W,380 V	1	外设
5	手持数字万用表		1	外设

四、 实验内容

1. 铭牌数据记录

将电动机机壳上的铭牌数据记录到表 9-2。

表 9-2　电动机铭牌数据记录表

电动机型号	额定功率	额定电压	额定电流	频率	转速

※2. 定子三相绕组首末端判别和绝缘电阻的测量

(1) 用方法判断出三相绕组的首末端,在图 9-5 中用线连出来。

(2) 用绝缘电阻测试仪按表 9-3 要求测量绝缘电阻,把测量结果填于表 9-3 内。

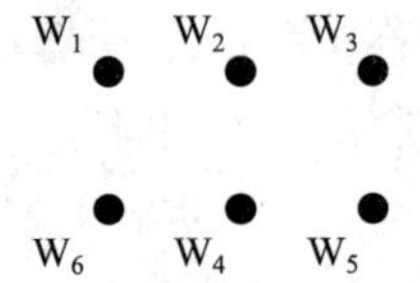

图 9-5　绕组首末端判别图

表 9-3　绝缘电阻数据记录表

相间绝缘	绝缘电阻/MΩ	相与机壳间绝缘	绝缘电阻/MΩ
U 相与 V 相		U 相与机壳	
V 相与 W 相		V 相与机壳	
W 相与 U 相		W 相与机壳	

3. 三相异步电动机的直接启动和正向运行

按图 9-6 接线。电动机定子绕组星形连接，转子空载；KM 为交流接触器，它和热继电器 FR 一起起保护电动机的作用，开关 QS 即为实验台的电源总开关，熔断器已接在总开关内。合上开关 QS，电动机直接启动。注意观察电动机启动瞬间的电流、运行电流、电动机的转向及听到的转动声音，把它们记录在表 9-4。

表 9-4　三相异步电动机各种状态运行数据记录表

观测项目	正转空载运行	反转空载运行	断相启动	断相运行
启动电流/A				—
运行电流/A			—	
转向	□顺时针 □逆时针	□顺时针 □逆时针	—	—
转动声音	□正常 □稍大	□正常 □稍大	□正常 □稍大	□正常 □稍大

4. 异步电动机反转运行

在图 9-6 所示电路中，断开电源开关 QS，换接任意两根电源相线后，

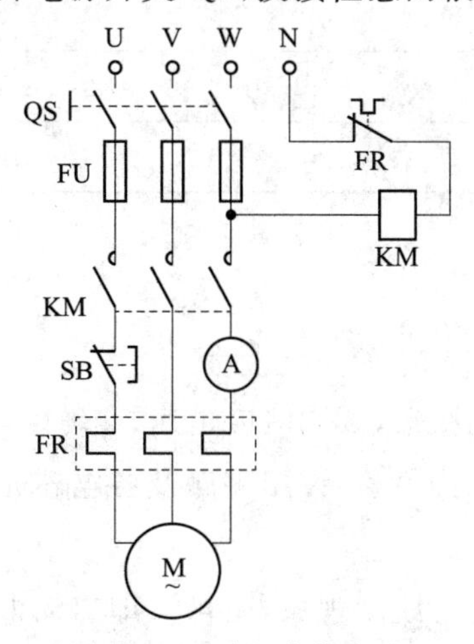

图 9-6　电动机直接启动

启动电动机，观察电动机转向，并把反转空载运行电流、转向、转动声音记录于表 9-4。

5. 异步电动机断相启动及断相运行

（1）在图 9-6 所示电路中，断开 QS，按下常闭按钮 SB（不松手）后，再合上 QS，观察电动机断相能否启动，在表 9-4 上记录断相启动电流大小，并注意它的响声。

注意：此属断相启动，时间不能太长，否则可能烧坏电动机，记录数据后应立即松开 SB 按钮，断开 QS。

（2）合上 QS，在电动机正常运行情况下，再按下常闭按钮 SB（不松手），电动机断相运行。在表 9-4 中记录断相运行电流大小及转动声音。注意事项同上。

6. 继电接触器点动控制

按图 9-3 接好线，合上开关 QS，按下按钮 SB（不松手），观察电动机的启动和运行状态；松开按钮 SB，再观察电动机的运行状态，将结果记录于表 9-5。

表 9-5　点动控制时电动机运行状态

按钮动作	电动机运行状态
SB 按下（不松手）	□运行　□停止运行
SB 松开	□运行　□停止运行

7. 继电接触器连续运行控制

按图 9-4 接好线，合上开关 QS，分别按下 SB_2、松开 SB_2、按下 SB_1，观察电动机运转状态，将结果记录于表 9-6。

表 9-6　连续运行时电动机运行状态

按钮动作	电动机运行状态
SB_2 按下（不松手）	□运行　□停止运行
SB_2 松手	□运行　□停止运行
SB_1 按下	□运行　□停止运行

五、 实验注意事项

（1）启动电流的测量时间很短，读数时应迅速、准确。

（2）操作时要胆大、心细、谨慎，不许用手触及各电器元件的导电部分及电动机转动部分，以免触电及意外损伤。

（3）实验过程中如发生电源跳闸现象，不可立即启动电源，应认真检查电路连接、判断无误后，再启动电源。

六、预习要求

复习理论教材有关异步电动机的相关知识，完成该实验报告的预习思考题。

七、实验报告

(1) 在继电接触器连续控制电路中，当按下 SB_2 后再放开它，为什么电动机能继续运行？

(2) 通过本实验，谈谈你对异步电动机的认识与体会。

实验10　异步电动机的正/反转控制电路

一、 实验目的

(1) 学习异步电动机继电接触正反转控制电路的连接及操作方法,加深对继电接触器控制电路基本环节所起作用的理解。

(2) 学习使用万用表检查继电接触器控制线路的方法。

二、 实验原理

为了使生产机械能按生产过程和加工工艺的要求,按既定的程序动作,自动控制中广泛应用继电接触控制系统对电动机进行启动、正/反转、调速、制动和停车等控制,既实现了电动机的远距离集中控制,又可对电动机和生产机械进行保护。

为了掌握控制电路的工作原理,必须熟悉电动机的各种控制、保护电器的工作原理及其控制作用,记住它们的表示符号及含义。控制电路原理图中所有电器的触点都处于初始静态位置,既电器未发生任何动作的位置。如接触器的触点,就是线圈未通电的位置,按钮的触点,是处于未受力作用的位置等。

1. 继电接触器控制电路的一般接线方法

(1) 接线前应将电路原理图与各电器实物对上号,搞清楚各电器的电压、电流额定值,常开、常闭触点和线圈位置等。

(2) 动手接线时,有两个基本要领,即:“先控后主”和“先串后并”。

① “先控后主”:先连接控制电路,再连接主电路(主电路的导线应根据负载额定电流值,选择适当线径的导线)。

② “先串后并”:控制电路常由若干并联支路构成,接线时可先串接主干支路,再并接分支支路。

以图10-1为例:控制电路分为两个主干支路,其一:SB_3→SB_1(常开)→SB_2(常闭)→KM_2(常闭)→KM_1(线圈)→FR(常闭);其二:SB_3→SB_2(常开)→SB_1(常闭)→KM_1(常闭)→KM_2(线圈)→FR(常闭)。接线时可先把这两个串联主回路接好,最后再并接上两个自锁的常开触点,即可完成控制电路的全部接线。

2. 继电接触器控制电路的检查方法

(1) 接线完成后,应根据电路原理图,仔细核对(查线顺序与接线顺序类似)。检查无误后,可用万用表Ω挡再次进行检查(注意:此时切记不可接通电源开关QS!),方法如下:

把万用表置Ω挡,两表笔并接于控制电路接电源的两个端点上,如接线正确,万用表读数应符合:

① 未按所有按钮时，读数应无限大。

② 按下启动按钮时，读数应等于接触器线圈的直流电阻值，约为几十欧姆。

③ 同时按下启动与停止按钮，读数应无限大。

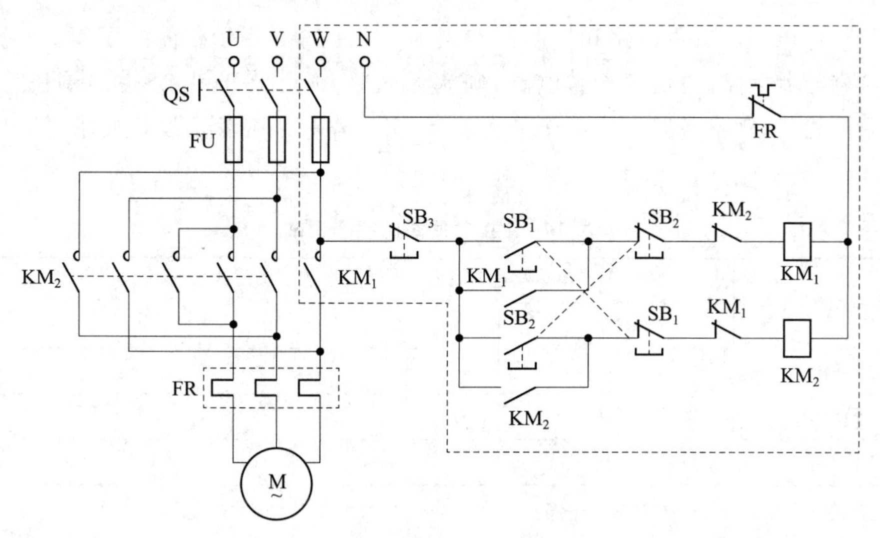

图 10-1　三相电动机正/反转

如不符合上述规律，说明接线有误或器件、导线有故障。

(2) 单独对控制电路进行通电检查，观察各器件的工作是否正常，工作程序是否满足设计要求。

(3) 把控制电路和主电路一起通电检查，若工作正常，则说明全部接线正确。

3. 检查断线故障的方法

电路不通电源，用万用表 Ω 挡分段逐个元件检查的通断情况。

三、 实验设备

实验设备如表 10-1 所示。

表 10-1　实验设备

序号	名称	型号与规格	数量	备注
1	QS-DY03 电源模块	0～450 V	1	实验台
2	NDG-01A 智能交流仪表模块	0～5 A,0～450 V	1	实验台
3	EEL-57A 继电接触控制 I 模块	CJX2SK-09,RS1Dsp-25	1	实验台
4	三相鼠笼式异步电动机	M14B-A,180 W,380 V	1	外设
5	手持数字万用表		1	外设

四、实验内容

1. 控制回路测试

实验整体电路图有主电路和控制回路组成，如图 10-1 所示。先按图 10-1 中的虚线框部分接好控制回路，再认真检查电路，确认无误后，则合上开关 QS。即单独对控制回路进行通电检查，观察各器件的工作是否正常，工作程序是否满足设计要求，结果记录于表 10-2。

表 10-2　控制回路的状态测试

按钮动作	继电接触器状态		是否正常
	KM_1	KM_2	
按下 SB_1			
按下 SB_2			
按下 SB_3			

注：接触器状态可填“吸合”或“释放”，下同。

其中，SB_1 和 SB_2 都是复合按钮，在实验台的 EEL-57A 模块中，如图 10-2 所示。

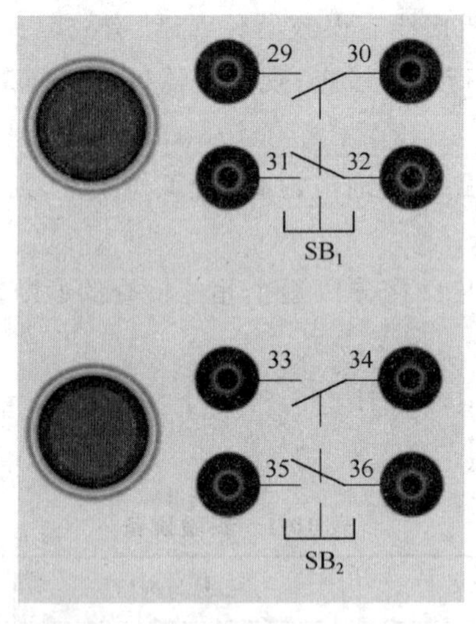

图 10-2　复合开关

2. 主电路测试

当控制回路测试正常后，按图 10-1 把主电路也连接好，并和控制回路一起通电检查，观察各器件的工作是否正常，控制过程是否满足控制要求，填入表 10-3。

※3. 其他测试

在上述操作运行正常后，作以下验证：

(1) 合上开关 QS，同时按下正转和反转起动按钮，观察电动机工作情况，记录于表 10-4，理解“互锁”的含义。

表 10-3　主电路的状态测试

按钮动作	继电接触器状态		电动机状态
	KM_1	KM_2	
按下 SB_1			
按下 SB_2			
按下 SB_3			

注：电动机状态可填“正转”“反转”或“停止运行”，下同。

表 10-4　互锁实验测试

按钮动作	电动机运行状态
SB_1、SB_2 同时按下（不松手）	

（2）在断开电源开关 QS 后，拆除并联在 SB_1（或 SB_2）按钮上的自锁常开触点。然后再合上开关 QS，进行正转（或反转）运行，观察电动机工作情况，记录于表 10-5，理解“自锁”的含义。

表 10-5　自锁实验测试

按钮动作	电动机运行状态
SB_1 按下（不松手）	
SB_1 松开	

（3）在电动机正常运行的情况下，断开电源开关 QS 后，又重新合上开关 QS，模拟突然停电（即失压）又重新通电的故障，观察电动机工作情况，理解接触器本身对电动机的“失压”保护功能。

五、 实验注意事项

（1）控制回路和主电路接好线之后都要认真检查，检查无误后方可通电。

（2）实验时，切勿在短时间内频繁启、停，以避免接触器触头因频繁启动而烧坏。

六、预习要求

（1）复习电动机正/反转控制线路的工作原理，理解继电接触器控制电路“自锁”“互锁”等基本环节的构成和所起的作用。

（2）完成实验报告的预习题。

七、实验报告要求

（1）简述异步电动机正反转控制电路中互锁的作用是什么？

（2）通过本实验，谈谈你对异步电动机正/反转的认识与体会。

模拟电子技术部分

实验 11　电子仪器的认识实验

一、 实验目的

(1) 了解台式数字万用表、直流稳压电源、函数信号发生器、示波器和交流毫伏表的主要性能和使用方法。

(2) 初步掌握用直流稳压电源输出电源、用函数信号发生器产生信号、用台式数字万用表进行相关测量和用示波器测量信号波形及信号参数的方法。

二、 实验原理

在模拟电子电路实验中,经常使用的电子仪器有数字万用表、直流稳压电源、函数信号发生器、示波器及交流毫伏表等,利用这些仪器可以完成对模拟电子电路的静态和动态工作情况的各种测试。

下面分别对数字万用表、直流稳压电源、函数信号发生器、示波器和数字交流毫伏表做重点介绍。

1. GDM-8341 型数字万用表

数字万用表是一种多功能、多量程的测量仪器,一般的万用表可以测量电阻、交直流电流、交直流电压和音频电平、二极管、温度以及电路的通断等,有些万用表还可以测量电容量、电感量和晶体管的 β 值等。

(1) 主要特点

GDM-8341 是一款双显示双量测的桌上型可提式数字万用表,前面板图如图 11-1 所示。

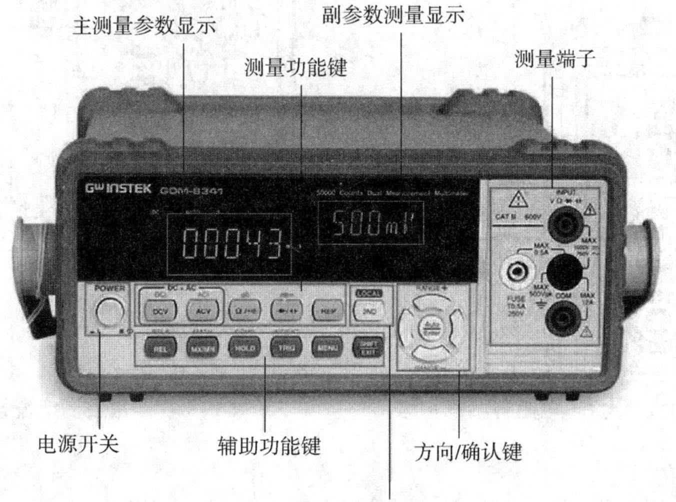

图 11-1　GMD-8341 型数字万用表的前面板

主要特点如下：

① GDM-8341 搭配 50000 位数 VFD 双显示屏、0.02％直流电压基本准确度和 USB 通信接口，为使用者提供精确的数据测量，且方便与 PC 相连。

② 双测量/双显示：可使两个测量结果同时显示在不同的显示区，不仅可以节省使用者时间，也可以避免使用者在读值期间选择页面的麻烦。

③ GDM-8341 有 3 种可选测量速度：快、中、慢。

④ 提供多种测量项目和功能：包括 AC/DC 电压/电流、AC＋DC 电压/电流、两线制电阻、电容、频率/周期、二极管和短路蜂鸣测试。还提供多种辅助功能，如最大/最小值、读值保持、相对值、dB、dBm、运算（MX＋B、1/X、％）和比较功能。

⑤ GDM-8341 提供一个完整的指令兼容（SYSTEM\LANG\COMP），还提供了免费的 USB 接口软件，方便进行二次开发。

（2）使用方法

除测电流外，该万用表用作其他测量用途时，测试表笔的插头应连接到“V.Ω”端口和“COM”端口（一般红色线接“V.Ω”端口，黑色线接“COM”端口），如图 11-2 所示。

如图 11-3 所示，测电流时，万用表测试表笔的插头应连接到“0.5 A”端口（或“12 A”端口）和“COM”端口。（一般红色线接“0.5 A”端口或“12 A”端口，黑色线接“COM”端口。具体是接“0.5 A”端口还是“12 A”端口，要视被测信号的电流大小而定）。

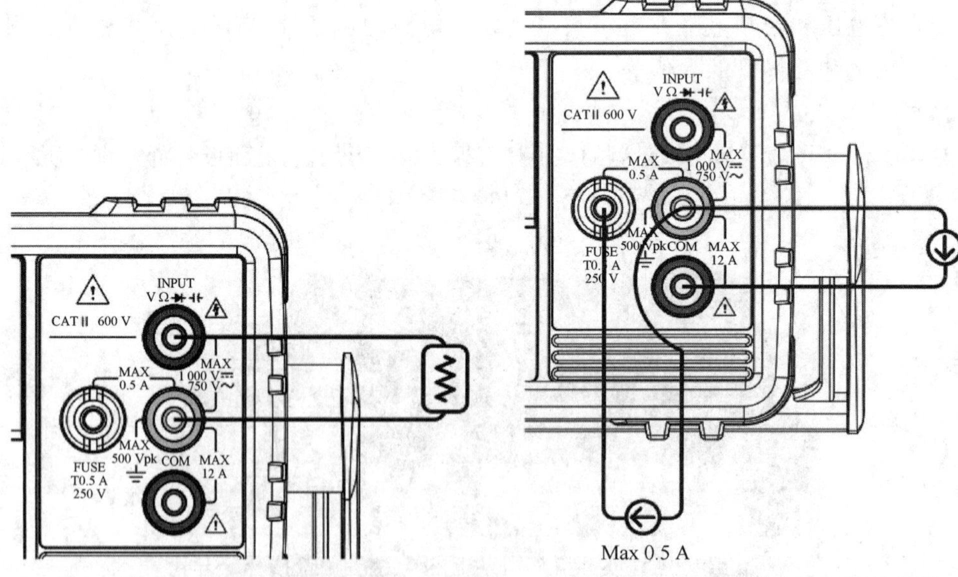

图 11-2　万用表测电压/电阻等接线示意图　　图 11-3　万用表测电流接线示意图

1）AD/DC 电压测量

按下 DCV 或 ACV 键，可测量 DC 或 AC 电压，显示效果如图 11-4 所示。

图 11-4 测量电压

图 11-4 中电压测量数值上的"S"代表的此万用表测量时的刷新率。刷新率定义了数字万用表捕捉和更新测量数据的频率。GDM-8341 万用表设置了 3 种速度的刷新率,具体如表 11-1 所示。

表 11-1 GDM-8341 刷新率

测量功能	刷新速率/(次/秒)		
	S	M	F
连续性/二极管	10	20	40
DCV/DCI/R	5	10	40
ACV/ACI	5	10	40
频率/周期	1	10	76
电容	2	2	2

可通过前面板中"方向/确认键"的左右键来调整刷新率,本课程实验建议把刷新率设置成"S"挡。

图 11-4 中的"AUTO"为自动量程指示,可通过前面板的"方向/确认键"中的"AUTO"键来切换自动量程和手动量程,手动量程模式时,可通过"方向/确认键"中的上下键来调量程。

此外,如果需要显示 AC+DC 电压,可同时按下 ACV+DCV 键来实现测量。

2) AC/DC 电流测量

有很多按键具有第二功能,如 DCV 按键,它上面还蓝色印字了"DCI",表明该按键还有第二功能:用来测量直流电流。实现 DCI 功能的方法是:先按下 SHIFT 键(主显示屏上会显示 SHITF 字样),再按下 DCV 按键。

同理,先后按下 SHIFT 键、ACV 键可以实现测量 AC 电流。

对于测量 AC+DC 电流,按下 SHIFT 键之后同时按下 DCV 和 ACV 键即可。

3）电阻测量

按下Ω/•))) 键从而激活电阻测量；如果按下Ω/•))) 键两次，则将会激活连续性测量功能。

4）二极管测试

按一下▶|/⊣⊢键来激活二极管测试功能；按下两次▶|/⊣⊢键将会激活电容测量功能。

5）频率/周期测量

按一下 Hz/P 键，可实现频率测量；按两下 Hz/P 键，可实现周期测量。

GDM-8341 能测量信号的频率范围是 10 Hz～1 MHz、周期范围是 1 μs～100 ms。

※6）双测量模式的使用

GDM-8341 双测量模式运行使用第二显示功能去显示另一个量测项目，因此可以同时观察两个不同的测量结果。

按下前面板中的“2ND”键可激活第二测量模式。具体设置可扫右侧二维码观看视频。

当开启第二测量模式时，长按“2ND”键 1 秒，可关闭第二测量功能。

台式万用表 1

台式万用表 2

※7）其他测量功能

GDM-8341 还有很多其他测量功能，比如测量 dB、dBm、Max/Min、Relative、Hold、Compare、Math 等，由于篇幅原因，这里不一一介绍，具体可查阅《GDM-834X 系列使用手册》。

2. MPS-3003H-3 型直流稳压电源

当今社会，人们极大地享受着电子设备带来的便利，但是任何电子设备都有一个共同的电路——电源电路。大到超级计算机、小到袖珍计算器，所有的电子设备都必须在电源电路的支持下才能正常工作。

由于电子技术的特性，电子设备对电源电路的要求就是能够提供持续稳定、满足负载要求的电能，而且通常情况下都要求提供稳定的直流电能。提供这种稳定的直流电能的电源就是直流稳压电源。

下面简要介绍 MPS-3003H-3 型直流稳压电源的使用。

（1）主要性能

MPS-3003H-3 型直流稳压电源是新一代高品质线性直流电源，两路均可独立调节电压电流，一路固定 5 V/3 A 输出，稳压稳流自动转换，高稳定性、高可靠性、高精度，主要性能特点如下：

① 两路均可独立调节电压电流，电压 0～30 V，电流 0～3 A。

② 一路固定 5 V/3 A 输出。

③ 电压分辨率 10 mV、电流分辨率 1 mA，高精度显示。

④ 旋钮采用编码开关，使用方便快捷，具有防误调功能。

⑤ 具有电压电路预设功能。

⑥ 一键串、并联设置，方便易用，直观易读。

⑦ 在串联模式下可构成正负电压。

⑧ 具备过温保护功能，安全可靠。

⑨ 带有智能温控风扇，简便实用。

（2）前面板介绍

MPS-3003H-3 型直流稳压电源前面板如图 11-5 所示。

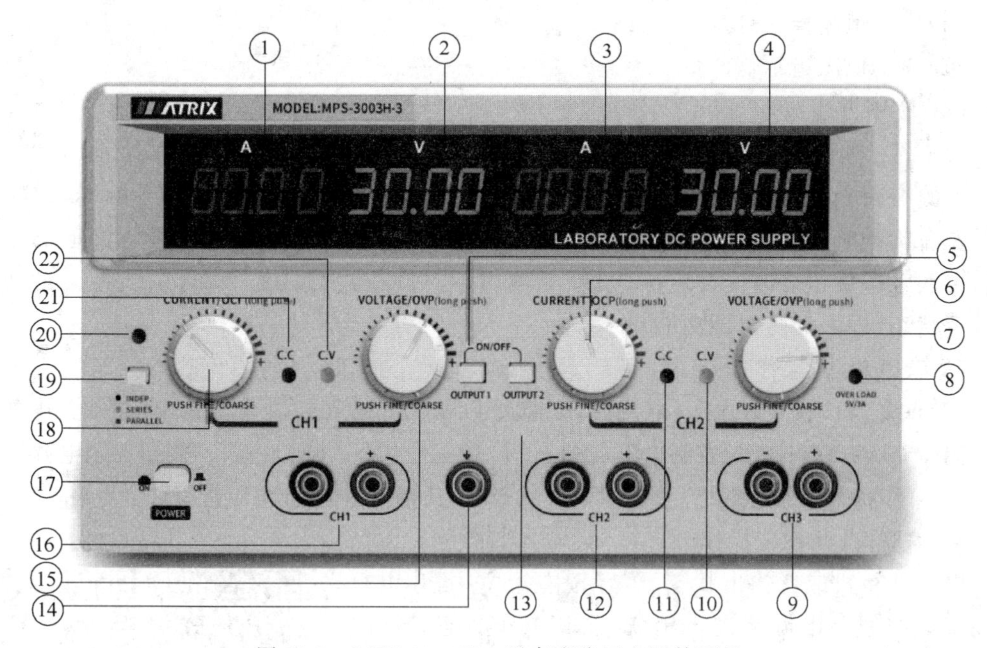

图 11-5　MPS-3003H-3 型直流稳压电源前面板

① CH1 电流显示窗口。

② CH1 电压显示窗口。

③ CH2 电流显示窗口。

④ CH2 电压显示窗口。

⑤ CH1 输出开关。

⑥ CH2 电流调节旋钮/OCP 设定旋钮。

⑦ CH2 电压调节旋钮/OVP 设定旋钮。

⑧ CH3 过载指示灯。

⑨ CH3 输出端子。

⑩ CH2 恒压指示灯。

⑪ CH2 恒流指示灯。

⑫ CH2 输出端子。

⑬ CH2 输出开关。

⑭ 接地端子。

⑮ CH1 电压调节旋钮/OVP 设定旋钮。

⑯ CH1 输出端子。

⑰ 稳压电源总开关。

⑱ CH1 电流调节旋钮/OCP 设定旋钮。

⑲ 一键串并联/功能菜单按钮。

⑳ 串并联指示灯。

㉑ CH1 恒流指示灯。

㉒ CH1 恒压指示灯。

(3) 使用方法

1) CH1 与 CH2 电压/电流设定

电源在待机或输出状态下，轻按电压/电流旋钮，屏幕相应的设定位会闪烁，此时可通过左右旋动旋钮来改变设定值(顺时针为增大数值，逆时针为减小数值)；设定值在闪烁时再次轻按旋钮可改变设定位；如果 5 秒内不对旋钮进行任何操作，系统将会自动退出设定状态(即启动防误调功能)。

2) 输出开/关操作

CH1 或 CH2 设定好电压/电流后，可通过 ON/OFF 按钮控制电源输出的开/关工作状态，其中，"OUTPUT1"按钮控制电源 CH1 的开/关工作状态，"OUTPUT2"按钮控制电源 CH2 的开/关工作状态。当电源处于"开启"工作状态时，其相应的恒流/恒压指示灯会点亮。

3) 串联/并联设定操作

电源在待机或者输出状态下，轻按左边"一键串并联/功能菜单按钮"，电源将进入串联/并联工作状态，具体使用操作可扫右侧二维码观看视频。

稳压电源 1

稳压电源 2

4) OCP/OVP 功能设定

长按电压/电流调节旋钮可进入 OVP/OCP 功能设定，当 OVP/OCP 值被设定，并且功能在打开状态，此时 CH1/CH2 输出电压或者电流超出 OVP/OCP 设定值时，相应的通道将提示 OVP/OCP，并且关闭输出。具体使用操作可扫右侧二维码观看视频。

(4) 注意事项

① 本课程实验暂时用不到电源的串并联功能，所以在做实验的过程中，请勿按下"一键串并联/功能菜单按钮"，以免影响实验效果。

② 本课程实验中，请勿长按电压/电流调节旋钮，否则会进入 OVP/OCP 功能设定。

3. 固纬 AFG-2225 型函数信号发生器

信号发生器是一种能产生测试信号的信号源，是最基本和应用最广泛的电子仪器之一。信号发生器的种类繁多，按输出波形可分为正弦信号发生器、脉冲信号发生器、函数信号发生器；按输出频率范围可分为低频信号发生器、高频信号发生器、超高频信号发生器。

(1) 主要性能

AFG-2225 型函数信号发生器是以 DDS 技术(直接数字合成)为基础的任意波形信号发生器，在同类产品中提供了卓越的性能，主要性能特点如下：

① 宽频率范围：1 μHz～25 MHz（正弦波）。

② 全频段 1 μHz 分辨率。

③ 内置正弦波、方波、脉冲波、三角波（斜波）、噪声波和任意波形功能。

④ 120 MSa/s 采样率、10 位垂直分辨率、4k 点记录长度的任意波形编辑功能。

⑤ 真正双通道输出，CH2 提供与 CH1 同规格的信号输出。

⑥ 双通道功能支持耦合、跟踪、相位操作。

⑦ 1%～99%方波可调占空比。

⑧ 友善的用户操作界面，方便用户进行参数设定。

⑨ 内置标准的 AM、FM、PM、FSK、SUM、Sweep、Burst 和计频器功能。

⑩ 提供 USB Host/Device 接口，用于远程控制和波形编辑。

（2）前面板介绍

AFG-2225 型函数信号发生器前面板如图 11-6 所示。

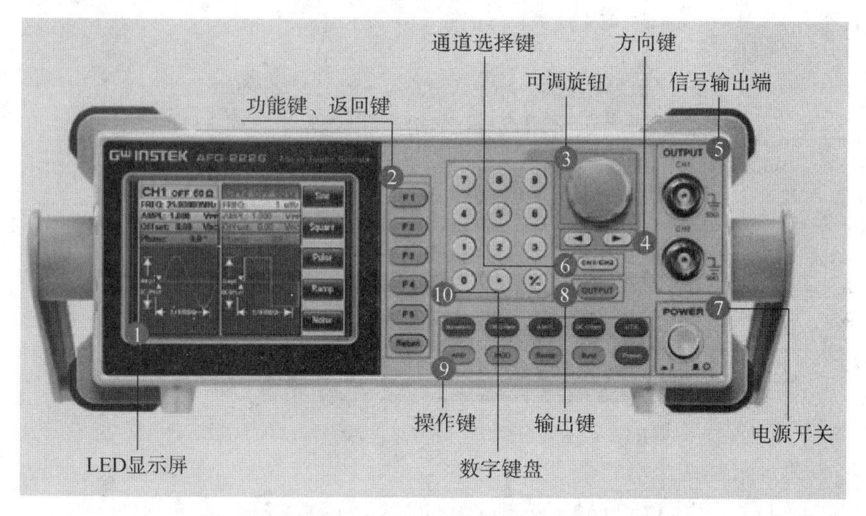

图 11-6　AFG-2225 型函数信号发生器前面板

① LCD 显示屏：TFT 彩色显示器，分辨率 320×240。

② 功能键 F1～F5：开启 LCD 显示屏右侧对应的功能。

Return：返回键，返回上一层菜单。

③ 可调旋钮：用于编辑数值和参数。

④ 方向键：编辑参数时，可用于选择对应位数的数字。

⑤ 信号输出端：CH1 为通道 1 输出端口；CH2 为通道 2 输出端口。

⑥ 通道选择键：用于切换两个输出通道。

⑦ 电源开关。

⑧ 输出键：用于开启或关闭波形输出。

⑨ 操作键，每个按键的功能如下：

- Waveform：用于选择波形类型。

• FREQ/Rate：用于设置频率或采样率。

• AMP：用于设置波形幅值。

• DC Offset：设置直流偏置。

• UTIL：用于进入存储和调取选项、更新和查阅固件版本等。

• ARB：用于设置任意波形参数。

• MOD：用于设置调制选项和参数。

• Sweep：用于设置扫描选项和参数。

• Brust：用于设置脉冲串选项和参数。

• Preset：按下该键会使得 CH1 和 CH2 两通道的波形参数都恢复成默认值（正弦波、1 kHz、3 V_{PP}）。

⑩ 数字键盘：用于输入数值和参数，常与方向键和可选旋钮一起使用。

（3）使用方法

开机之后，LCD 屏幕显示内容大致如图 11-7 所示。

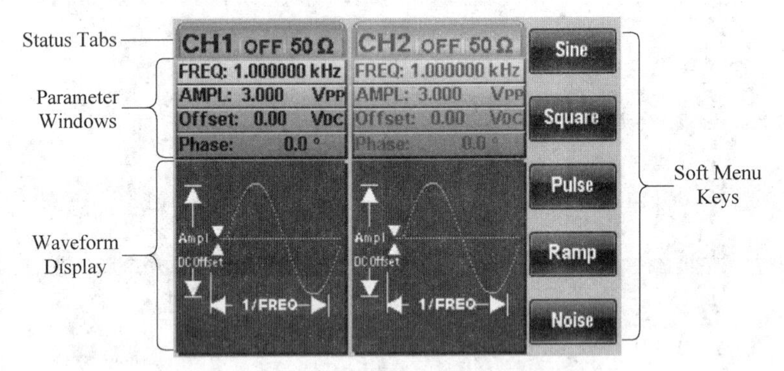

图 11-7　AFG-2225 信号发生器 LCD 屏显示

• Status Tabs（状态栏）：显示当前通道的设置状态。

• Parameter Windows（参数窗口）：参数显示和编辑窗口。

• Waveform Display（波形显示）：用于显示波形。

• Soft Menu Keys（软菜单键）：左侧的软菜单键对应功能键（F1～F5）。

1）设置正弦波

例如：波形参数为正弦波，2V_{RMS}，100 Hz。

如无特别说明，默认用 CH1 来设置，具体设置方法和步骤如下：

① 设置波形：先按 Waveform 键，再选择正弦波（F1），如图 11-8 所示。

② 设置频率：先按 FREQ/Rate 键，再在数字键盘输入“1”“0”“0”，最后选择 Hz（F3），如图 11-9 所示。

③ 设置幅值：先按 AMPL 键，再在数字键盘输入“2”，最后选择 VRMS(F3)，如图 11-10 所示。

④ 正常输出：按 Output 键，Output 灯点亮，并且使得 CH1 的状态由“OFF”变为“ON”。

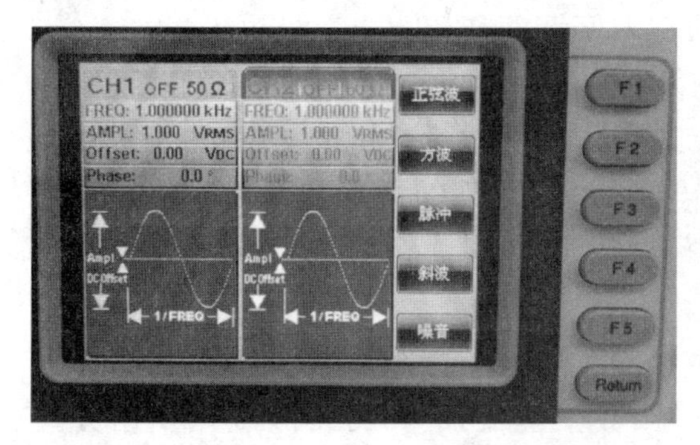

图 11-8　AFG-2225 信号发生器选择波形

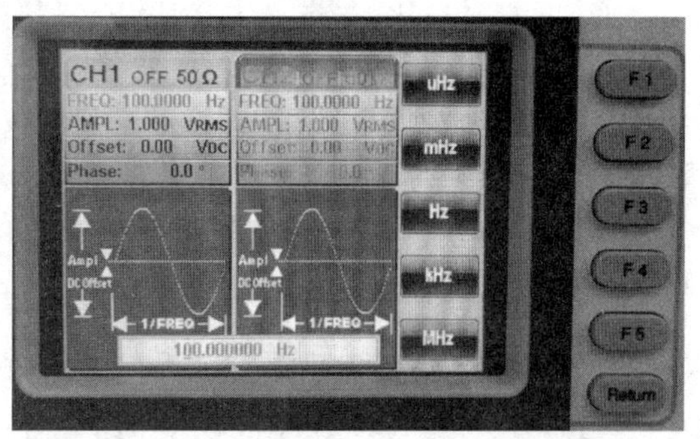

图 11-9　AFG-2225 信号发生器设置频率

⑤ 如要设置偏置，则先按 DC Offset 键，然后通过数字键盘输入需要偏置的数值大小，最后选择电压单位，如图 11-11 所示。

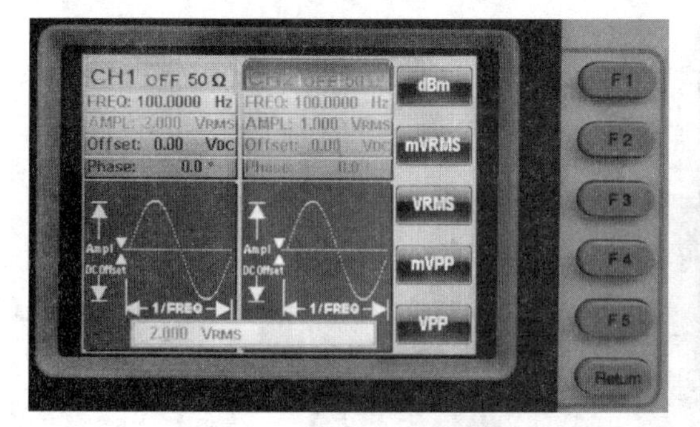

图 11-10　AFG-2225 信号发生器设置幅值

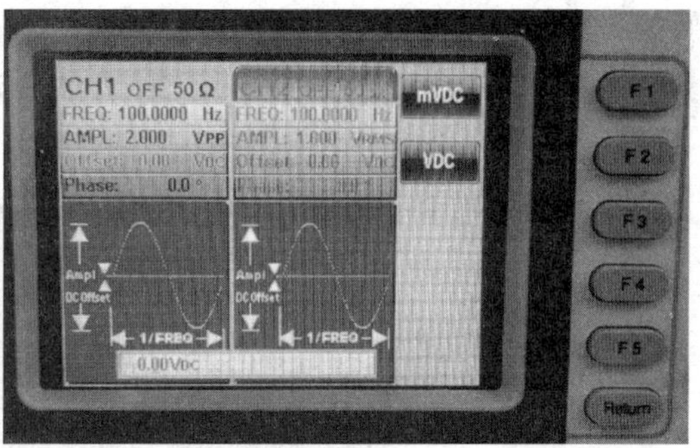

图 11-11　AFG-2225 信号发生器设置偏置

2）设置方波

例如：波形参数为方波，3 V_{PP}，75％占空比，1 kHz。

具体设置方法和步骤如下：

① 设置波形：先按 Waveform 键，再选择正弦波(F2)，显示屏如图 11-12 所示。

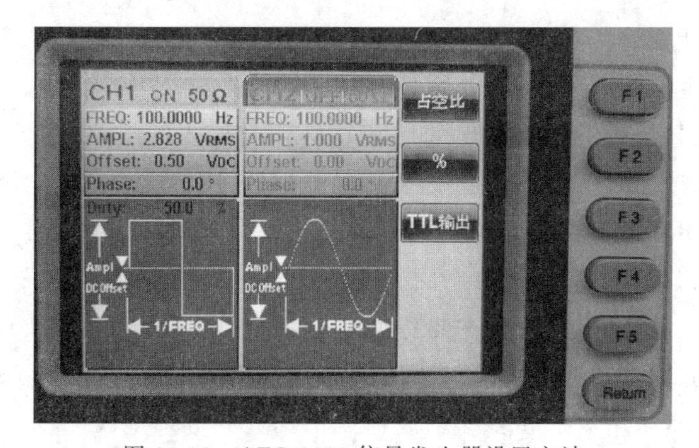

图 11-12　AFG-2225 信号发生器设置方波

② 设置占空比：先选择占空比(F1)，再通过数字键盘输入“7”“5”，最后选择%(F2)。

③ 设置频率：先按 FREQ/Rate 键，再在数字键盘输入“1”，最后选择 kHz(F4)。

④ 设置幅值：先按 AMPL 键，再在数字键盘输入“3”，最后选择 VPP(F5)。

⑤ 正常输出：按 Output 键，Output 灯点亮，并且使得 CH1 的状态由“OFF”变为“ON”。

3）多种数字输入功能

AFG-2225 信号发生器有三类主要的数字输入：数字键盘、方向键和可调旋钮。

当需要对波形参数进行设置时，输了使用数字键盘来输入之外，也可使用方向键将光标移至需要编辑的数字，然后通过可调旋钮来编辑数字(顺时针增大，逆时针减小)。

4）使用内置帮助

AFG-2225 型信号发生器内置帮助系统，帮助系统详细描述了每个键的含义和它的功能。打开帮助系统的步骤如下：

先按 UTIL 键，再选择系统(F3)，然后选择帮助(F2)，界面如图 11-13 所示，可通过可调旋钮来选择帮助菜单，按选择(F1)打开详细帮助信息。

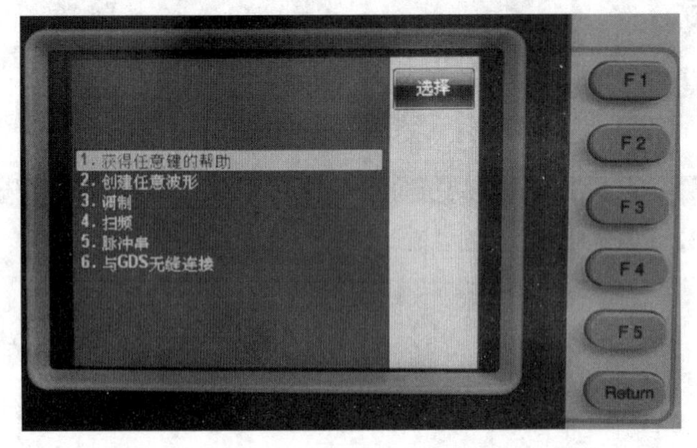

图 11-13　AFG-2225 信号发生器的帮助系统

（4）注意事项

函数信号发生器作为信号源，信号必须调好后再输出，它的输出端不允许短路；为了防止外界干扰，函数信号发生器输出的屏蔽线必须与接入的线路、相关的仪器共地。调节仪器上的旋钮、按钮时动作不要过快、过猛。

4. GDS-1102B 型双踪数字示波器

示波器是在实验室中应用十分广泛的一种综合性的电信号测试仪器，它是在显示屏上能显示出电信号波形的仪器，其主要特点是：不仅能显示电信号的波形，还可以测量电信号的幅度、周期、频率和相位等；测量灵敏度高、过载能力强；输入阻抗高。为了研究几个波形间的关系，常采用双踪和多踪示波器。下面介绍固纬电子 GDS-1102 型数字存储示波器及其使用。

(1) 主要性能

GDS-1102B 型数字示波器主要特点如下：

① 100 MHz 带宽,2 通道+1 外部触发通道；

② 1 GSa/s 实施采样率；

③ 每通道 10M 记录长度；

④ 7 英寸 800×480 分辨率 WVGA LCD 显示屏；

⑤ 具备 256 色阶显示功能,强化波形表现；

⑥ 具备 36 种量测参数选项；

⑦ 1 Mpts FFT 频域信号显示表现功能；

⑧ 具备水平、垂直电压以及触发准位一键归零设置功能；

⑨ 配备 USB,RS-232 接口。

(2) 前面板介绍

GDS-1102B 型数字示波器的前面板如图 11-14 所示。

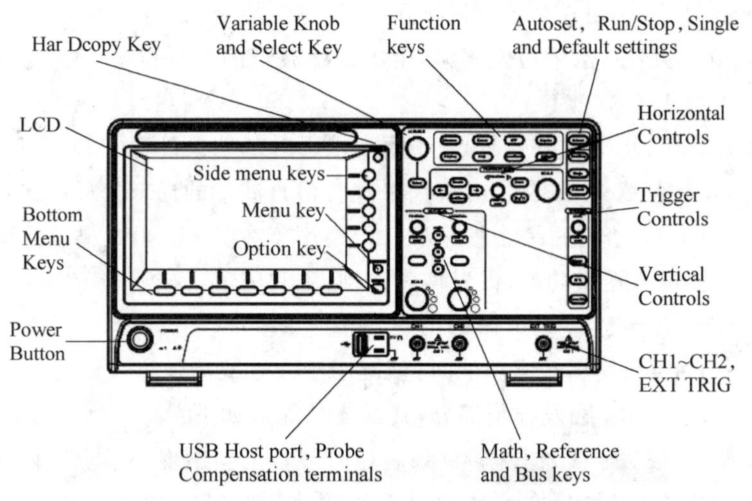

图 11-14　GDS-1102B 型数字示波器的前面板

① LCD Display:7 英寸 WVGA TFT 彩色 LCD 显示屏。800×480 分辨率,宽视角显示。

② Bottom Menu Keys:7 个底部菜单键,用于选择 LCD 屏上的界面菜单。

③ Side Menu Keys:右侧菜单键,同样用于选择 LCD 屏上的选项或变量。

④ Menu off Key:用来隐藏系统菜单。

⑤ Option Key:进入安装选件。

⑥ Hardcopy Key:一键保存或打印。

⑦ Variable Knob and Select Key:可调旋钮用于增加/减少数值或选择参数。

⑧ Function Keys:进入和设置 GDS-1102B 的不同功能,具体如下：

- Measure 键:设置和运行自动测量项目。

• Cursor 键:设置和运行光标测量。

• APP 键:设置和运行固纬电子 App。

• Acquire 键:设置捕获模式,包括分段存储功能。

• Display 键:显示设置。

• Help 键:显示帮助菜单。

• Save/Recall 键:用于存储和调取波形、图像、面板设置。

• Utility:可设置 Hardcopy 键、显示时间、语言、探棒补偿和校准;进入文件工具菜单。

⑨ Autoset:自动设置触发、水平刻度和垂直刻度。

⑩ Run/Stop:停止(stop)或继续(Run)捕获信号。Run/Stop 键也用于运行或停止分段存储的信号捕获。

⑪ Single:设置单次触发模式。

⑫ Default Setup:恢复初始设置。

⑬ Horizontal Controls:水平控制部分,其具体功能键如下:

• POSITION 旋钮:水平位置旋钮:用于调整波形的水平位置。按下该旋钮则将位置重设为零。

• SCALE 旋钮:水平衰减旋钮,用于改变水平时基挡位设置(TIME/DIV)。

• Zoom 键:切换 Zoom 模式,看放大来查看信号波形的局部信号。

• Play/Pause 键:查看每一个搜索事件。也用于在 Zoom 模式播放波形。

• Search 键:进入搜索功能,设置搜索类型、源和阈值。

• Search Arrows 键:左右方向键用于引导搜索事件。

• Set/Clear 键:当使用搜索功能时,该键用于设置或清楚感兴趣的点。

⑭ Trigger Controls:触发控制部分,其具体功能键如下:

• Level 旋钮:设置触发准位,转到该旋钮时屏幕上会出现一条上下移动的水平触发线及触发标志,且下状态栏最右端触发电平的数值也会随之发生变化。停止转到该旋钮,触发线会在约 5 s 后消失。按下该旋钮则将准位重设为零。

• Menu 键:显示触发菜单。

• 50%键:设定触发电平在触发信号幅值的垂直中点。

• Force-Trig 键:立即强制触发波形。

⑮ Vertical Controls:垂直控制部分,用于选择被测信号,控制现实的被测信号在 Y 轴方向的大小或位置。其具体功能键如下:

• POSITION 旋钮:设置对应通道波形的垂直位置。按下该旋钮则将垂直位置重设为零。

• CH1 键或 CH2 键:设置通道 1 或通道 2 是否显示。

• SCALE 旋钮:垂直衰减旋钮,调整对应通道波形的显示幅度(VOLT/DIV)。

• Math 键:设置数学运算功能。

- REF 键:即 Reference 键,设置或移除参考波形。
- BUS 键:设置并行和串行总线。

⑯ CH1~CH2,EXT TRIG:通道 1、通道 2 以及外部触发的输入探头插座。

⑰ USB Host Port:USB 接口,用于数据传输。

⑱ Probe Compensation Outputs:探头补偿输出。默认情况下,该端口输出一个 2 V_{PP}、1 kHz 的方波信号,用于示波器的自检。

⑲ Power button:设置示波器电源的通断。

(3) 使用方法

用示波器探头或者连接线连上示波器自带的 2 V_{PP}、1 kHz 的方波自检信号,打开电源开关,然后按下"Autoset"键,LCD 屏幕自动能捕获到信号,屏幕显示大概如图 11-15 所示。

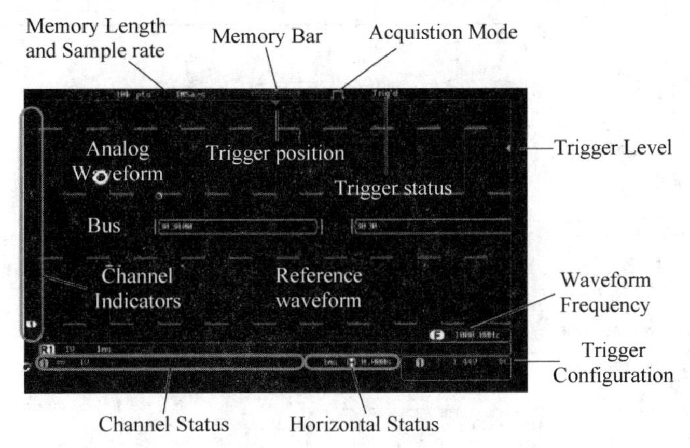

图 11-15　GDS-1102B 型数字示波器 LCD 屏显示

① Analog Waveforms:显示模拟输入信号波形。CH1 为黄色,CH2 为蓝色。

② Memory Length and Sample Rate:示波器存储长度和采样率。

③ Memory Bar:屏幕显示波形在内存所占比例和位置。

④ Acquisition Mode:捕获模式,决定了采样点重建波形的方式,GDS-1102B 型示波器有 3 种捕获模式,具体区别如表 11-2 所示。

⑤ Trigger Position:显示触发位置。

表 11-2　3 种捕获模式的区别

捕获模式	模式图标	说明	波形效果
正常模式 (采样)		默认获取模式,使用所有采样点	

续 表

捕获模式	模式图标	说明	波形效果
峰值侦测模式		对于每次获取间隔(bucket)，仅使用一对最小和最大采样值。峰值侦测有利于捕获异常毛刺信号	
平均模式		计算采样数据的平均值。该模式能有效绘制无噪波形。可调旋钮用于选择平均次数(右图次数为256)	

⑥ Trigger Status：触发状态，具体触发状态有如下几种：

- Trig′d：已触发。
- PrTrig：预触发。
- Trig?：未触发，屏幕不更新。
- Stop：触发停止。
- Roll：滚动模式。
- Auto：自动触发模式。

⑦ Trigger Level：在屏幕的右侧显示触发准位。

⑧ Waveform Frequency：显示波形频率。

⑨ Trigger Configuration：显示触发源、斜率、电压和耦合方式。

⑩ Horizontal Status：显示扫描时间挡位、水平位置。

⑪ Channel Status：显示通道信息、耦合模式以及垂直刻度。

⑫ Bus Waveforms：显示串行总线波形(需要进行相应操作才会显示)。

⑬ Channel Indicators：在屏幕的最左侧显示每个开启通道波形的零电压准位，激活通道以纯色显示。

⑭ Reference Waveform：参考波形(需要进行相应操作才会显示)。

1）自动测量波形参数

GDS-1102B型数字示波器的自动测量功能可以测量和更新电压、电流、时间和延迟类型等主要测量项。

具体操作方法和步骤如下：

① 按 Measure 键：默认设置的情况下，在屏幕中间可以看到波形各项参数的实时测量值。这里选择其中几个常见的参数说明如下：

- 峰峰值(Pk-Pk)：正向与负向峰值电压之差，即 V_{PP}。

- 均方根值(RMS):所有采样数据的均方根(有效值),即 V_{RMS}。
- 频率(Frequency):波形频率。
- 周期(Period):波形周期。
- 占空比(Duty Cycle):信号正向脉宽与整个周期的比值。

② 可选择底部菜单的“增加测量项”。

③ 再从右侧菜单中选择“电压/电流”“时间”等,通过“VARIABLE”旋钮和“Select”键可以添加所需要测量的值。

④ 所有添加的测量值都会实时地显示在屏幕下方,其颜色与通道波形颜色一致,CH1 为黄色,CH2 为蓝色,如图 11-16 所示。

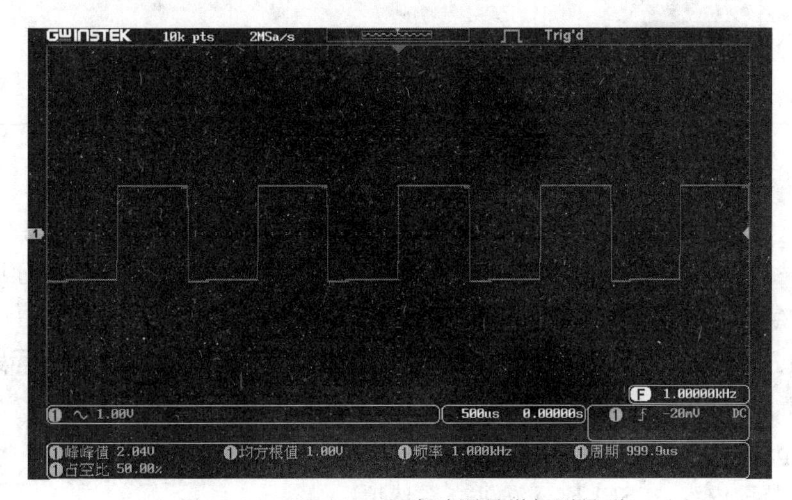

图 11-16 GDS-1102B 自动测量增加测量项

2) 游标测量波形参数

GDS-1102B 型数字示波器也可以使用游标进行测量,其具体操作步骤和方法可扫描右侧二维码观看视频。

3) 选择耦合模式

比如设置通道 1 的耦合模式,具体操作方法和步骤如下:

① 按 CH1 键。

② 选择底部菜单的“耦合”键,重复按此键,可切换耦合模式,3 种耦合模式的具体区别如表 11-3 所示。

表 11-3 3 种耦合模式的区别

耦合模式	模式图标	说明	波形展示
原信号			U 5 V 1 V 0 t

续 表

耦合模式	模式图标	说明	波形展示
直流耦合（DC）		允许信号的直流分量和交流分量同时通过	U 5 V 1 V 0 t
交流耦合（AC）		阻断直流分量，只允许交流分量通过	U 2 V 0 −2 V t
接地耦合（GND）		将信号的参考点连接到地	0 t

4）存储波形

GDS-1102B 型数字示波器可以通过按 HARDCOPY 键快速保存波形；也可以通过按 Save/Recall 键来保存当前屏幕的图像、波形或者调取之前保存的波形等，甚至可以插入 U 盘，把存储在示波器内的波形图片复制到 U 盘里面，具体操作步骤可扫描右侧二维码观看视频。

示波器 1

示波器 2

5）使用内置帮助

按 Help 键可进入帮助菜单，再配合 VARIABLE 旋钮可上下滚动帮助内容，按SELECT键可查看选项。

6）其他功能

GDS-1102B 型数字示波器功能强大，由于篇幅的原因，这里暂且介绍了一些常用的功能和操作方法，其他功能可查阅固纬电子官网文档——“GDS-1102B 操作手册”。

（4）注意事项

GDS-1102B 型数字示波器面板上的旋钮和按键较多，建议初学时，在不清楚旋钮/按键作用的情况下，不要随意操作，以免触发一些功能影响正常观察波形。

5. SM2030A 型数字交流毫伏表

交流毫伏表是一种用来测量正弦电压有效值的电子仪表，可对一般放大器和电子设备的信号电压进行测量，是电子测量中使用最广泛的仪器之一。

交流毫伏表一般具有高输入阻抗、高分辨率、高精度的毫伏级别交流电压测量等特点，其测量结果较为接近被测交流电压的实际值。下面介绍 SM2030A 型数字交流毫伏表。

SM2030A 型数字交流毫伏表采用了单片机控制和 VFD 显示技术，结合了模拟电子技术和数字电子技术，适用于测量频率 5 Hz～3 MHz，电压 50 μV～300 V 的正弦波有效值电压，其他主要特点如下：

(1) 主要性能

① 具有量程自动/收到转化功能;

② 3 位半或 4 位半数字显示,小数点自动定位;

③ 能以有效值、峰峰值、电压电平、功率电平等多种测量单位显示测量结果;

④ 具备两个独立输入通道、两个显示行;能同时显示两个通道的测量结果;

⑤ 具备 RS-232 通信功能;

⑥ 显示清晰、直观,操作简单、方便。

(2) 前面板介绍

SM2030A 型数字交流毫伏表的前面板如图 11-17 所示。

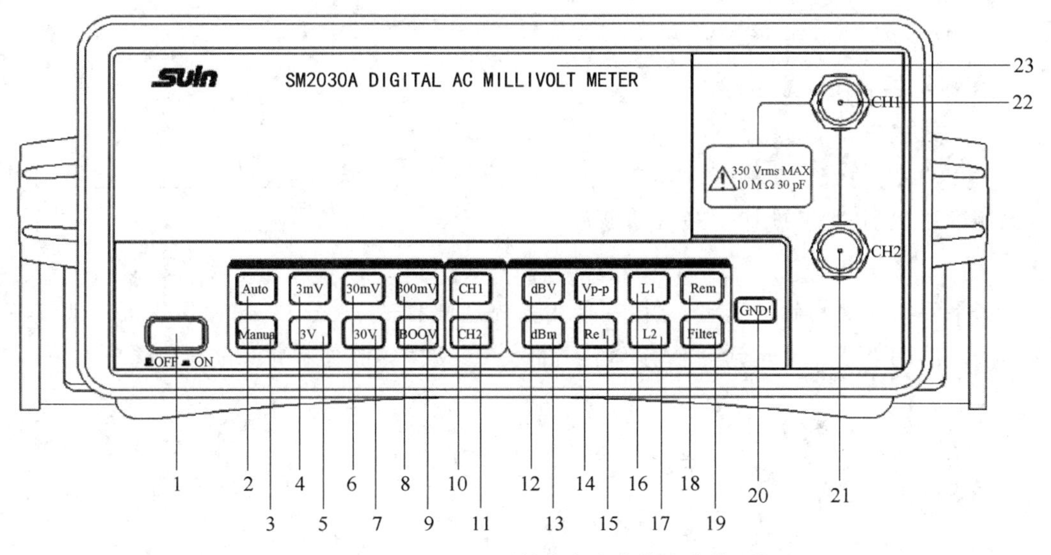

图 11-17　SM2030A 型数字交流毫伏表的前面板

其各按键和旋钮的功能如下:

① ON/OFF 键:电源开关。

② Auto 键:切换到自动选择量程。在自动功能下,当输入信号超过当前量程的约 13%,自动换到更大量程;当输入信号小于当前量程的约 10%,自动换到更小量程。

③ Manual 键:切换到手动选择量程,该键与 Auto 键互锁。使用手动量程时,当输入信号超过当前量程的 13%,屏幕显示 OVLD,此时应更换到更大量程;当输入信号小于当前量程的 8%,屏幕显示 LOWER,此时应更换到更小量程。

④~⑨ 3 mV 键~300 V 键:手动量程时切换并显示量程,此六键互锁。

⑩ CH1 键:选择通道 1。

⑪ CH2 键:选择通道 2。

⑫ dBV 键:把测得的电压值用电压电平表示,0 dBV=1 V。

⑬ dBm 键:把测得的电压用功率电平表示,0 dBm=1 mW。

⑭ V_{pp}键:切换显示有效值或峰峰值(系统默认显示有效值,该键按下灯亮则切换为峰峰值)。

⑮ Rel 键:归零键。

⑯ L1 键:选择第一行,可对第一行进行输入通道、量程、显示单位的设置。

⑰ L2 键:选择第二行,可对第二行进行输入通道、量程、显示单位的设置。

⑱ Rem 键:进入程控,再按一次退出程控。

⑲ Filter 键:开启滤波器功能,显示 5 位读数。

⑳ GND! 键:接大地功能。连续按键两次,仪器处于接地状态,(在接地状态,输入信号请勿超过安全低电压! 谨防电击!!!)再按一次,仪器处于浮地状态。

㉑ CH2:通道 2 插入插座。

㉒ CH1:通道 1 插入插座。

㉓ 显示屏:VFD 显示屏。

(3) 使用方法

SM2030A 型数字交流毫伏表常用功能的使用方法非常简单,只要把通道连接到对应的测试点,待开机后就能实现自动测量。

(4) 注意事项

如果要实现更精确的测量,建议在使用前先通电预热 30 分钟,通过预热可以使交流毫伏表内部的电子元件达到一个稳定工作的状态、减少热漂移和减少初始误差。

三、 实验设备

实验设备如表 11-4 所示。

表 11-4 实验设备

序号	名称	型号与规格	数量	备注
1	直流稳压电源	麦创 MPS-3003H-3	1	
2	数字万用表	固纬 GDM-8341	1	
3	数字示波器	固纬 GDS-1102B	1	
4	交流毫伏表	数英 SM2030A	1	
5	函数信号发生器	固纬 AFG-2225	1	
6	电子技术综合实验箱	风标 FB-EDU-SMD-D	1	变压器、按钮、电阻

四、 实验内容

1. 用数字万用表测量直流稳压电源的输出电压

(1) 用数字万用表测量直流稳压电源的第三组固定 5 V 输出电压,将结果记录于表 11-5。

(2) 调节直流稳压电源的第一组输出，使其分别输出 1.5 V、6 V、12 V，然后用数字万用表测量，将结果记录于表 11-5。

表 11-5　实验记录表

项目	CH3 输出	CH1 输出		
设定值/V	5.0	1.5	6.0	12.0
实测值/V				

※2. 用数字万用表进行常规测量

(1) 测交流电压

打开实验箱的电源开关，再开启变压器的开关，如图 11-18 所示。使用万用表的 ACV 挡位测量变压器次级输出端子的电压值，将结果记录于表 11-6 中。

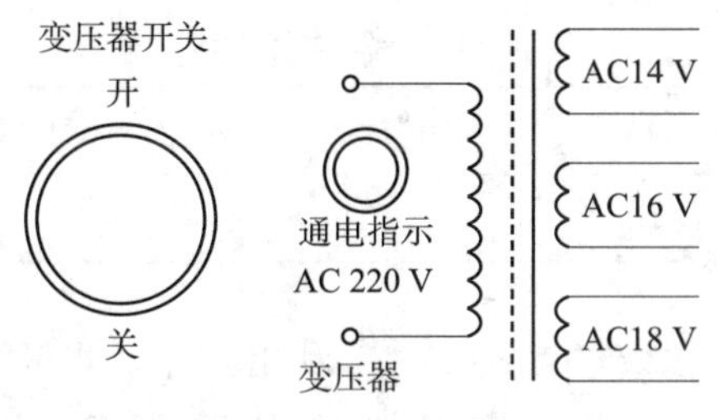

图 11-18　实验箱变压器

(2) 测电阻

利用万用表测量实验箱中几个电阻的阻值，将结果记录于表 11-6。

表 11-6　实验记录表

项目	变压器		电阻			
			R_{21}	R_{45}	R_{44}	R_{43}
标准值	14 V	16 V	200 Ω	10 kΩ	100 kΩ	1 MΩ
实测值						

(3) 测二极管

使用万用表的二极管挡测量实验箱里面的 D1 二极管 1N4148 的极性，左边是(　　)，右边是(　　)。

A. 正极　　　　B. 负极

(4) 测按钮

利用万用表测量实验箱中的按钮的特性，如图 11-19 所示。

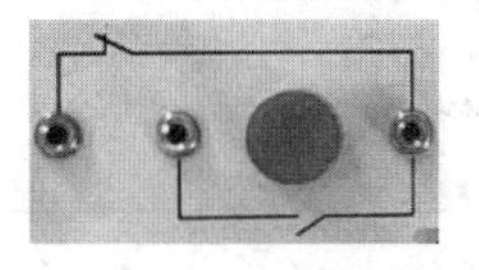

图 11-19　实验箱按钮

按钮未按下时，左、右端子(　　)，中间端子和右边端子(　　)。

A. 相通　　　　　　B. 不相通

按钮按下时，左、右端子(　　)，中间端子和右边端子(　　)。

A. 相通　　　　　　B. 不相通

3. 用机内校正信号对示波器进行自检

GDS-1102B 数字示波器自带了一个 $V_{PP}=2$ V、$f=1$ kHz 的方波信号，专门用于校准示波器的时基和垂直偏转因数。下面以 CH1 输入为例，介绍 GDS-1102B 型数字示波器测量自检信号的方法：

(1) 将示波器的校准信号端和接地端通过线缆连到 CH1。

(2) 开启示波器电源，按下"Autoset"键：波形会自动捕获显示在屏幕上。

(3) 利用示波器的功能键"Measure 键"测量自检信号的峰峰值、有效值、频率和周期，将结果记录于表 11-7。

表 11-7　实验记录表

测量项目	峰峰值/V	有效值/V	频率/kHz	周期/ms
实测值				

※(4) 也可以尝试通过功能键"Cursor 键"，利用游标来测量波形的上述参数。

(5) 改变波形的耦合模式，分别观察波形在交流耦合和直流耦合情况下的差异。

4. 用函数信号发生器产生信号，并用示波器和交流毫伏表测量其参数

(1) 利用函数信号发生器，使其输出频率 $f=100$ Hz，有效值 $V_{RMS}=2$ V 的正弦波信号；将输出信号接入示波器和交流毫伏表，正确操作示波器和交流毫伏表，测量输出信号的波形参数，将结果填入表 11-8 中。

※(2) 利用函数信号发生器，使其输出频率 $f=1$ kHz，有效值 $V_{PP}=2$ V 的正弦波信号；正确操作示波器和交流毫伏表，测量输出信号的波形参数，将结果填入表 11-8中。

表 11-8　实验记录表

信号参数	毫伏表测量		示波器测量			
	有效值/V	峰峰值/V	周期/ms	频率/Hz	峰峰值/V	有效值/V
$f=100$ Hz $V_{RMS}=2$ V						
$f=1$ kHz $V_{PP}=2$ V						

五、 实验注意事项

（1）在使用台式数字万用表的过程中，不能用手去接触表笔的金属部分，这样一方面可以保证测量的准确，另一方面也可以保证人身安全。

（2）在使用万用表测量某一电量时，不能在测量的同时换挡，尤其是在测量高电压或大电流时，更应注意。否则，会使万用表毁坏。如需换挡，应先断开表笔，换挡后再去测量。

六、 预习思考题

认真阅读书中关于直流稳压电源、数字万用表、数字示波器、函数信号发生器和交流毫伏表的使用说明后，完成实验报告的预习题。

七、 实验报告要求

（1）整理和计算实验数据。

（2）总结直流稳压电源、数字万用表、数字示波器、函数信号发生器和交流毫伏的使用心得。

实验 12　电子仪器的应用

一、 实验目的

(1) 进一步了解数字示波器、函数信号发生器、交流毫伏表的主要性能和使用方法。

(2) 进一步掌握用函数信号发生器产生信号，用数字示波器、交流毫伏表测量信号波形及测量信号参数的方法。

二、 实验原理

实验中要对各种电子仪器进行综合使用，可按照信号流向，以连线简捷、调节顺手、观察与读数方便等原则进行合理布局，各仪器与被测实验装置之间的布局与连接如图 12-1 所示。接线时应注意，为防止外界干扰，各仪器的公共接地端应连接在一起，称共地。信号源和交流毫伏表的引线通常用屏蔽线或专用电缆线，示波器接线使用专用电缆线，直流电源的接线用普通导线。

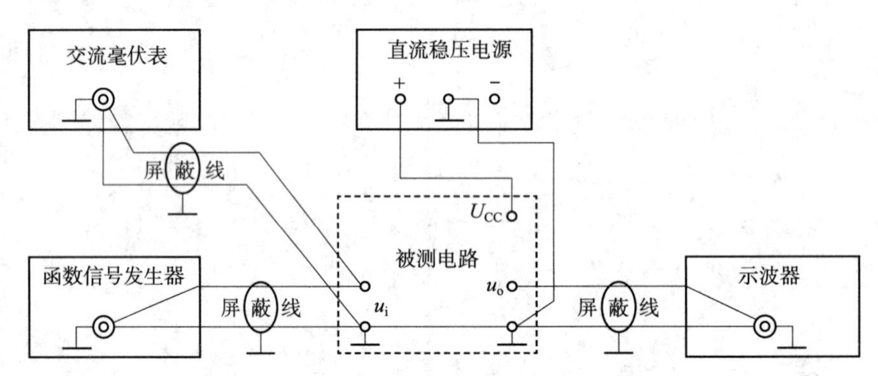

图 12-1　模拟电子电路中常用电子仪器布局图

三、 实验设备

实验设备如表 12-1 所示。

表 12-1　实验设备

序号	名称	型号与规格	数量	备注
1	数字示波器	固纬 GDS-1102B	1	
2	交流毫伏表	数英 SM2030A	1	
3	函数信号发生器	固纬 AFG-2225	1	
4	电子技术综合实验箱	风标 FB-EDU-SMD-D	1	

四、 实验内容

※1. 用示波器测量一阶 RC 积分电路

一阶 RC 积分电路如图 12-2 所示，其中 $R=30\ \text{k}\Omega$，$C=1\ \mu\text{F}$。

(1) 用函数信号发生器产生信号 u_i，即频率为 200 Hz，幅值为 5 V，占空比为 50%的正脉冲波。

(2) 用双踪示波器同时观察 u_i、u_o 的波形，并绘制在图 12-3 中。

注意：u_i、u_o 波形的相位和幅值应相对应。

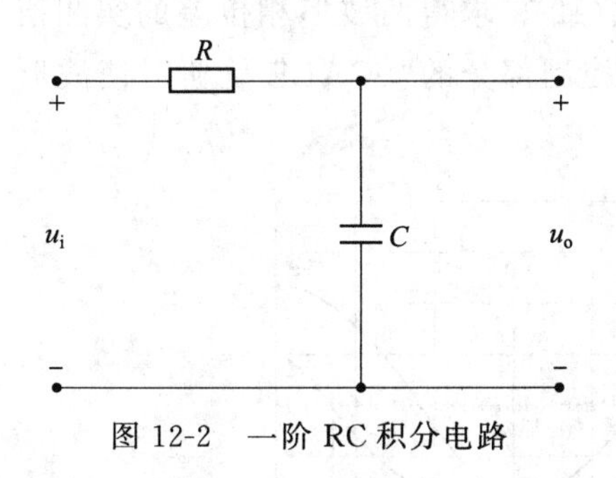

图 12-2 一阶 RC 积分电路

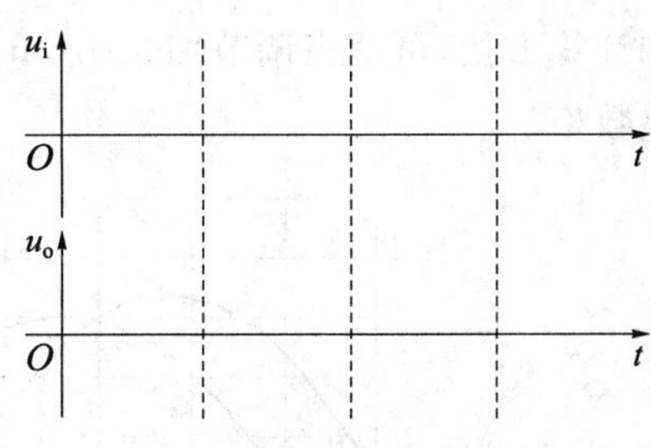

图 12-3 一阶 RC 积分电路波形图

※2. 用示波器测量一阶 RC 微分电路

一阶 RC 微分电路如图 12-4 所示，其中 $R=5.1\ \text{k}\Omega$，$C=0.01\ \mu\text{F}$。

(1) 函数信号发生器产生的信号参数不变，即 u_i 还是频率为 200 Hz，幅值为 5 V，占空比为 50%的正脉冲波。

(2) 用双踪示波器同时观察 u_i、u_o 的波形，并绘制在图 12-5 中。

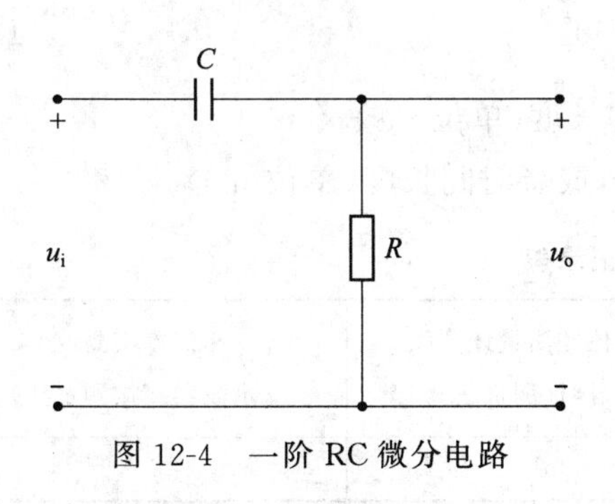

图 12-4 一阶 RC 微分电路

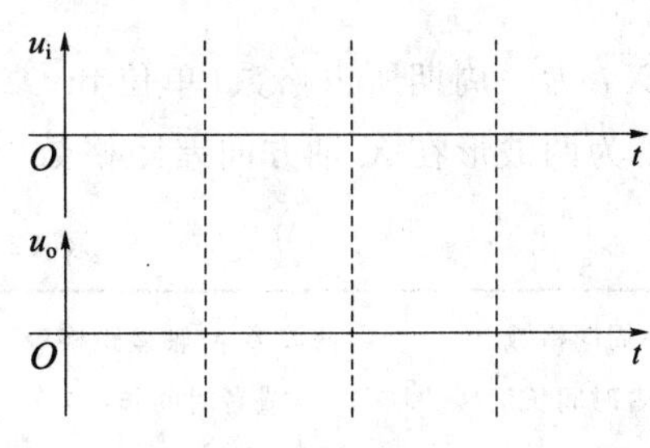

图 12-5 一阶 RC 微分电路波形图

3. 用数字示波器测量两正弦波间的相位差

(1) 按图 12-6 连接实验电路，用函数信号发生器产生一个频率 $f=1$ kHz、有效值 $V_{\text{RMS}}=2$ V 的正弦波，经 RC 移相网络获得频率相同但相位不同的两路信号 u_i 和 u_R，分别加到数字示波器的 CH_1 和 CH_2 输入端。

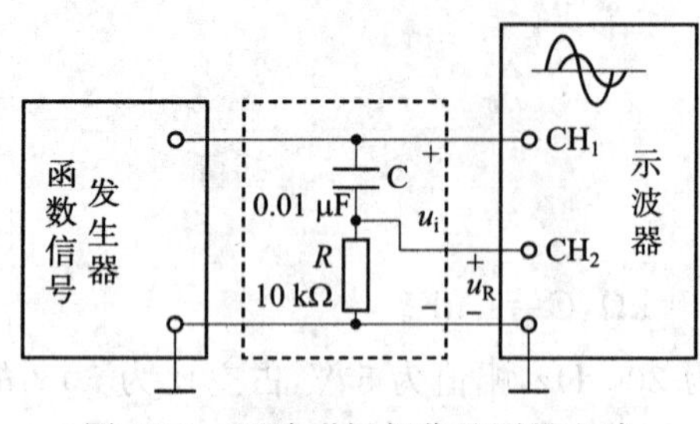

图 12-6　两波形间相位差测量电路

(2) 按下"Autoset"键，正常情况下可在屏幕上看到两个相位不同的正弦波形 u_i 及 u_R。

(3) 将 CH_1 和 CH_2 的耦合模式都切换成交流耦合。

(4) 分别按下 CH_1 和 CH_2 通道上的POSITION旋钮，将两波形垂直位置重设为零。可使得 u_i 和 u_R 波形显示在屏幕中心位置，以便观察和测量，如图 12-7 所示。

(5) 使用数字示波器的功能键——"Cursor"键，调出游标，测量两波形在水平方向差距 X，及信号周期 X_T，记录于表 12-2，并根据式(12-1)求得两波形相位差的实测值。为读数和计算方便，可适当调节"Horizontal"水平控制部分的"SCALE 旋钮"，使波形一周期占整数格。

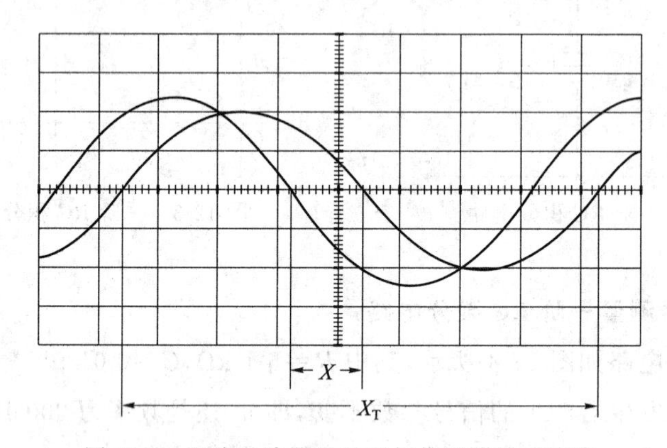

图 12-7　双踪示波器显示两相位不同的正弦波

$$\theta=\frac{X}{X_T}\times 360° \tag{12-1}$$

式中：X_T 为一周期所占格数(单位 div)或者时间长度(单位 ms)；

X 为两波形在 X 轴方向差距格数(单位 div)或者时间长度(单位 ms)。

表 12-2　实验记录表

一周期格数 (或者时间长度)	两波形 X 轴差距格数 (或者时间长度)	相位差测量计算值 (游标测量法)	相位差实测值 (示波器直接测量法)
$X_T=$	$X=$	$\theta=$	$\theta=$

※(6) 也可以通过示波器的功能键——"Measure 键"，通过设置"增加测量项"的方法，把 CH_1 和 CH_2 的"相位差"选项添加进去，可通过示波器直接测量出两波形的相位差，将结果填在表 12-2 内。具体操作步骤可扫描右侧二维码观看视频。

测相位差

五、实验注意事项

(1) 为防止外界干扰,各电子仪器的公共接地端必须连接在一起(称共地)。

(2) 测试线较多时,需要注意把接信号源的线和地线分开一段距离,以防止测试线碰到一起而发生短路。

(3) 示波器使用双通道观察两个波形时,两个波形的相位和幅值应相对应。

六、预习要求

认真阅读书中关于示波器、函数信号发生器及交流毫伏表的使用说明,复习 RC 积分电路和微分电路,完成实验报告的预习题。

七、实验报告要求

(1) 整理和计算实验数据。

(2) 如何判断信号发生器输出信号的波形、幅值、频率正确与否?

实验 13 晶体管电压放大电路

一、实验目的

(1) 掌握放大电路静态工作点的测量与调试方法，了解静态工作点对放大电路性能的影响。

(2) 掌握放大电路电压放大倍数、输入电阻、输出电阻及最大不失真输出电压的测试方法。

(3) 熟悉常用电子仪器及模拟电子技术实验设备的使用。

二、实验原理

图 13-1 为分压式偏置稳定静态工作点晶体管电压放大电路。偏置电路采用 R_{B1} 和 $(R_{B2}+R_{W1})$ 组成的分压电路，R_{f1} 和 R_{E1} 为直流负反馈电阻，通过电路本身的控制作用，稳定了放大电路的静态工作点。如当温度升高使得 I_C 升高，其调节过程如下：

$$T\uparrow \rightarrow I_C\uparrow \rightarrow I_E\uparrow \rightarrow (U_E=I_E^* R_E)\uparrow \rightarrow (U_{BE}=U_B-U_E)\downarrow \rightarrow I_B\downarrow \rightarrow I_C\downarrow$$

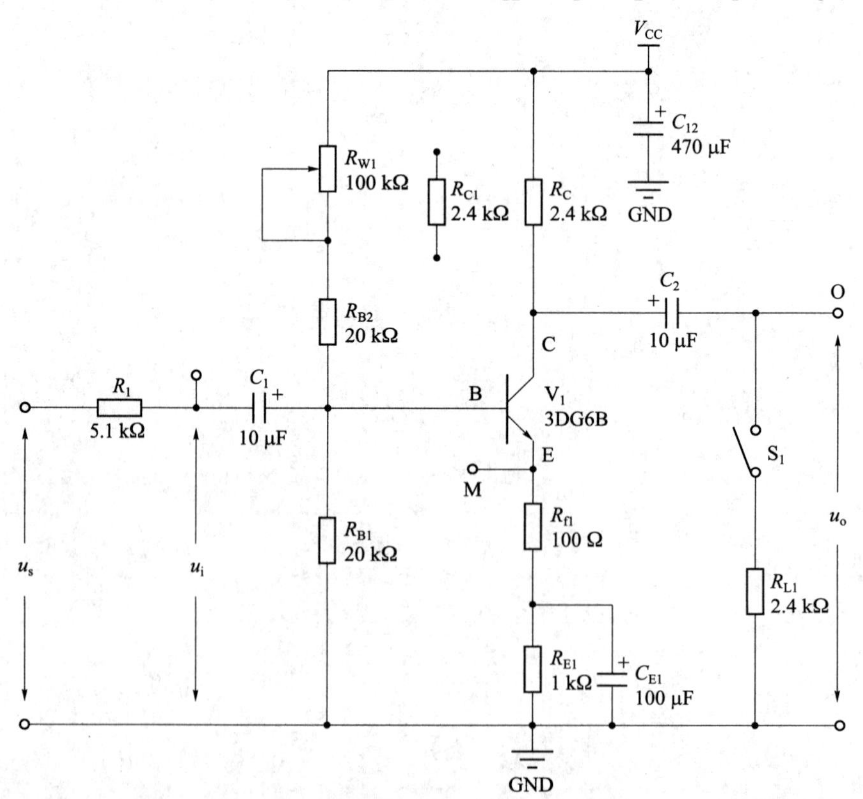

图 13-1 晶体管电压放大电路

1. 放大电路静态工作点的测量与调试

(1) 静态工作点的测量

测量放大电路的静态工作点,应在输入信号 $u_i=0$ 的情况下进行,即将放大电路输入端与地端短接,然后选用量程合适的直流毫安表和直流电压表,分别测量晶体管的集电极电流 I_C 以及各电极对地的电压 U_B、U_C 和 U_E。实验中为了避免测量 I_C 时断开集电极,一般采用测量电压 U_E 或 U_C,然后算出 I_C 的方法。

I_C 的计算公式为

$$I_C=\frac{U_{CC}-U_C}{R_C} \quad \text{或} \; I_C \approx I_E=\frac{U_E}{R_E}$$

同时也能由公式分别算出 U_{BE} 和 U_{CE}:

$$U_{BE}=U_B-U_E, U_{CE}=U_C-U_E。$$

(2) 静态工作点的调试

放大电路静态工作点的调试是指对管子 I_B、I_C、U_{CE} 的调整与测试。静态工作点是否合适,对放大电路的性能和输出波形都有很大影响。如工作点偏高,放大电路在加入交流信号以后易产生饱和失真,此时 u_o 负半周将被削底,如图 13-2(a)所示;如工作点偏低则易产生截止失真,即 u_o 正半周被缩顶(一般截止失真不如饱和失真明显),如图 13-2(b)所示。这些情况都不符合不失真放大的要求,都应该对静态工作点进行调整。

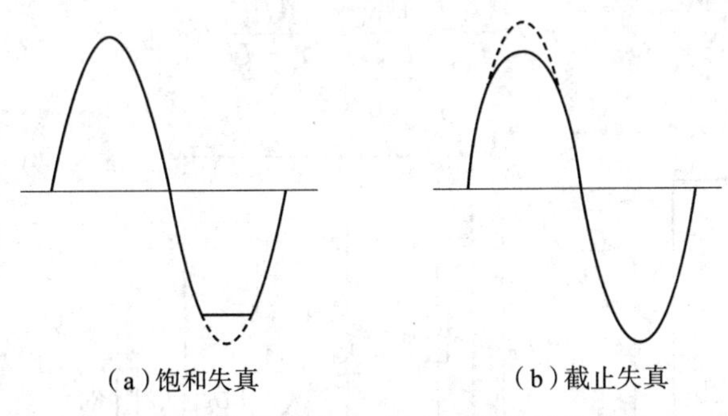

图 13-2 静态工作点对 u_o 波形失真的影响

改变电路参数 U_{CC}、R_C、R_B(R_{B1}、R_{B2})都会引起静态工作点的变化,如图 13-3 所示。但通常多采用调节偏置电阻 R_{B2} 的方法来调整静态工作点,如减小 R_{B2},则可使静态工作点上移等。

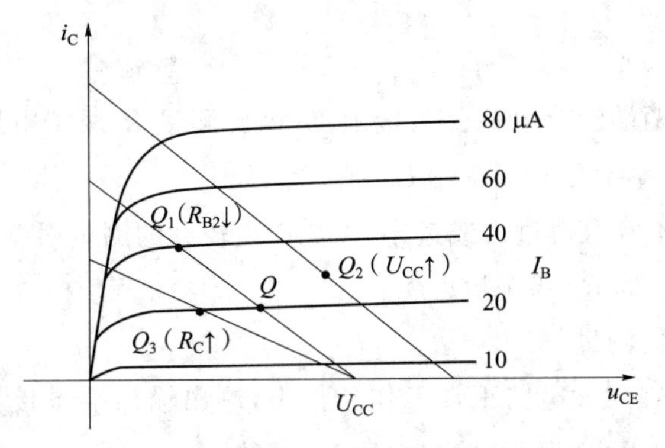

图 13-3 电路参数对静态工作点的影响

上面所说的工作点“偏高”或“偏低”不是绝对的，应该是相对信号的幅度而言，如输入信号幅度很小，即使工作点较高或较低也不一定会出现失真。所以确切地说，产生波形失真是信号幅度与静态工作点设置配合不当所致。如需满足较大信号幅度的要求，最好将静态工作点调至尽量靠近交流负载线在放大区内的中点。

2. 放大电路动态指标的测试

放大电路动态指标包括电压放大倍数、输入电阻、输出电阻、最大不失真输出电压（动态范围）和通频带等。

(1) 电压放大倍数 A_u 的测量

调整放大电路到合适的静态工作点，然后加入输入电压 u_i，在输出电压 u_o 不失真的情况下，用交流毫伏表测出 u_i 和 u_o 的有效值 U_i 和 U_o，则

$$A_u=\frac{U_o}{U_i}$$

(2) 输入电阻 r_i 的测量

为了测量放大电路的输入电阻，按图 13-4 所示电路在被测放大电路的输入端与信号源之间串入一已知电阻 R，在放大电路正常工作的情况下，用交流毫伏表测出 U_s 和 U_i，则根据输入电阻的定义可得：

$$r_i=\frac{U_i}{I_i}=\frac{U_i}{\frac{U_R}{R}}=\frac{U_i}{U_s-U_i}R$$

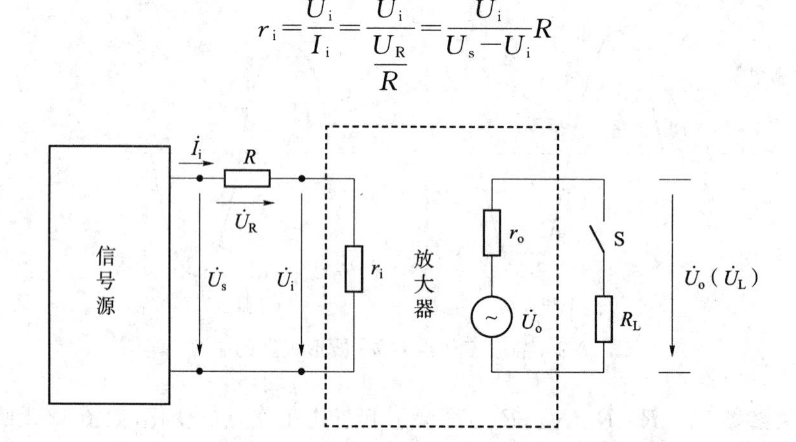

图 13-4 输入、输出电阻测量电路

测量时应注意：

① 由于电阻 R 两端没有电路公共接地点，因此测量 R 两端电压 U_R 时必须分别测出 U_s 和 U_i，然后按 $U_R=U_s-U_i$ 求出 U_R 值。

② 电阻 R 的值不宜取得过大或过小，以免产生较大的测量误差，通常取 R 与 r_i 为同一数量级为好，本实验取 $R=5.1\ \text{k}\Omega$。

③ 输出电阻 r_o 的测量

按图 13-4 电路，在放大电路正常工作条件下，测出输出端不接负载电阻 R_L 的输出电压 U_∞ 和接入负载电阻 R_L 后的输出电压 U_L，根据

$$U_L=\frac{R_L}{r_o+R_L}U_\infty$$

即可求出

$$r_o=\left(\frac{U_\infty}{U_L}-1\right)R_L$$

在测试中应注意，必须保持 R_L 接入前后输入信号的大小不变。

④ 最大不失真输出电压 U_{opp} 的测量（最大动态范围）

如上所述，为了得到最大动态范围，应将静态工作点调在交流负载线在放大区内的中点。为此在放大电路正常工作情况下，逐步增大输入信号的幅度，并同时调节 R_W（改变静态工作点），用示波电路观察 u_o，当输出波形同时出现削底和缩顶现象（图 13-5）时，说明静态工作点已调在交流负载线在放大区内的中点。然后反复调整输入信号，使波形输出幅度最大，且无明显失真时用交流毫伏表测出 U_o（有效值），则动态范围等于 $2\sqrt{2}U_o$。或用示波电路直接读出 U_{opp}。

⑤ 放大电路幅频特性的测量

放大电路的幅频特性是指放大电路的电压放大倍数 A_u 与输入信号频率 f 之间的关系曲线。单管阻容耦合放大电路的幅频特性曲线如图 13-6 所示，A_{um} 为中频电压放大倍数，通常规定电压放大倍数随频率变化下降到中频放大倍数的 $1/\sqrt{2}$ 倍（即 $0.707A_{um}$）所对应低、高频端的频率分别称为下限频率 f_L 和上限频率 f_H，则通频带为

$$f_{BW}=f_H-f_L$$

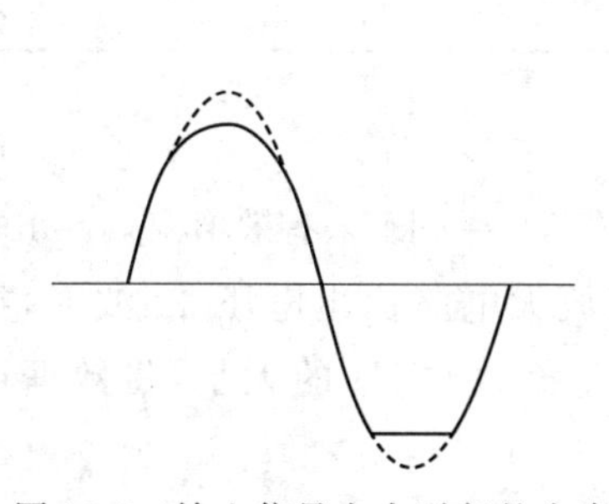

图 13-5　输入信号太大引起的失真

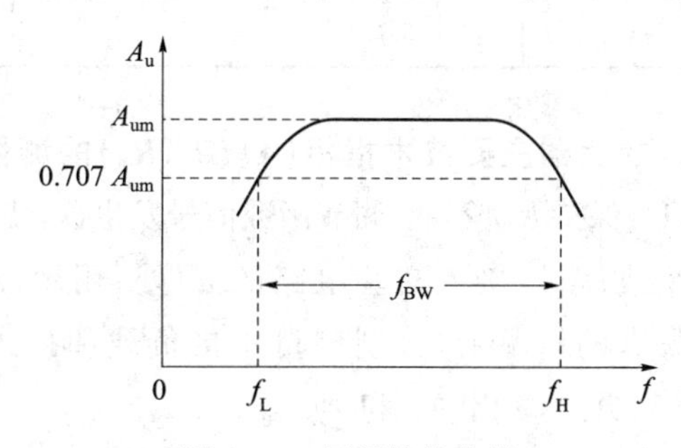

图 13-6　幅频特性曲线

放大电路的幅频特性就是测量不同频率信号时的电压放大倍数 A_u。为此，可采用上述测 A_u 的方法，每改变一个信号频率，测量其相应的电压放大倍数。测量时应注意取点要恰当，在低频段与高频段应多测几点，在中频段可以少测几点。此外，在改变频率时，要保持输入信号的幅度不变，且输出波形不得失真。

三、 实验设备

实验设备如表 13-1 所示。

表 13-1　实验设备

序号	名称	型号与规格	数量	备注
1	直流稳压电源	麦创 MPS-3003H-3	1	
2	数字万用表	固纬 GDM-8341	1	
3	数字示波器	固纬 GDS-1102B	1	
4	交流毫伏表	数英 SM2030A	1	
5	函数信号发生器	固纬 AFG-2225	1	
6	电子技术综合实验箱	风标 FB-EDU-SMD-D	1	

四、实验内容

1. 调试静态工作点

连接实验电路如图 13-1 所示，并接通＋12 V 直流电源，用万用表测量 U_E、调节 R_{W1}，使得 $U_E=2.2$ V（即 $I_C=2$ mA），以保证晶体管工作在放大区。然后用万用表测量基极电压 U_B、集电极电压 U_C，记入表 13-2。

表 13-2　实验记录表

实测值			实测计算值		
U_B/V	U_E/V	U_C/V	U_{BE}/V	U_{CE}/V	I_C/mA
	2.2				2

2. 放大器主要技术指标（A_u、R_i、R_o）的测量

（1）保持 R_{W1}不变；调节函数信号发生器，使其输出频率 $f=1$ kHz、有效值 $V_{RMS}=10$ mV 的正弦波信号，接入实验电路的 u_i 处；用示波器观察放大电路输出电压 u_o 波形，在波形不失真的情况下，分别测量不接负载和接入 2.4 kΩ 负载时 U_o 的大小，将数据记入表 13-3，并计算出 A_u 和 r_o。

表 13-3　实验记录表

R_C/kΩ	R_L/kΩ	U_o/mV	A_u	观察记录一组 u_o 和 u_i 波形
2.4	∞	$U_\infty=$		u_i 0 t
2.4	2.4	$U_L=$		
1.2	∞			u_o 0 t
$r_o=\left(\frac{U_\infty}{U_L}-1\right)R_L=$				

(2) 观察 R_C 对放大器 A_u 的影响:在原 R_C 两端再并联一个 2.4 kΩ 的电阻,使得放大电路的 R_C 大小变为 1.2 kΩ,测量不接负载时 U_o 的大小,将数据记入表 13-3。

(3) 保持 R_{W1} 不变;将 R_C 变为 2.4 kΩ;拔掉接入 u_i 处的信号源;重新调节函数信号发生器,使其输出频率 $f=1$ kHz、有效值 $V_{RMS}=40$ mV 的正弦波信号,接入实验电路的 u_s 处;用交流毫伏表测量 u_i 处的电压;微调函数信号发生器,改变信号 u_s 的幅值,使得 $U_i=10$ mV,记录下此时 u_s 的幅值大小,填入表 13-4,并计算出 r_i。

表 13-4　实验记录表

U_s/mV	U_i/mV	$r_i=\frac{U_i}{U_s-U_i}R$
	10	

※3. 观察静态工作点对电压放大倍数的影响

置 $R_C=2.4$ kΩ,$R_L=\infty$;调节函数信号发生器,使其输出频率 $f=1$ kHz、有效值 $V_{RMS}=10$ mV 的正弦波信号,接入实验电路的 u_i 处,调节 R_{W1},用示波电路观察如表 13-5 所示 3 种情况下的输出电压 u_o 波形,在 u_o 不失真的条件下,测量 U_o 值,记入表 13-5。

表 13-5　实验记录表

U_{CE}/V	6	4	3
U_o/mV			
A_u			

注意:测量 U_{CE} 时先要将接入实验电路的信号发生器的输出通道切换成 OFF 状态。

4. 观察静态工作点对输出波形失真的影响

置 $R_C=2.4$ kΩ,$R_L=\infty$;将接入 u_i 处的信号幅值增大至 $V_{RMS}=30$ mV,频率不变,调节 R_{W1},测出 U_{CE} 值,使之分别为 <0.5 V、$=6$ V、>9.6 V,观察并记录 u_o 的波形,描述波形出现失真的情况(失真类型),分析管子的工作状态(截止/放大/饱和),记入表 13-6 中。

注意:

(1) 每次测量 U_{CE} 时要先将接入实验电路的信号发生器的输出通道切换成 OFF 状态。

(2) 截止失真如果观察的不明显,可以将接入 u_i 处的信号幅值增大至 $V_{RMS}=80$ mV 左右试试。

表 13-6　实验记录表

U_{CE}/V	u_o 波形	失真情况	管子工作状态
<0.5 V	(u_o–t 坐标轴,原点 0)	□饱和失真 □没有失真 □截止失真	□饱和 □放大 □截止

续 表

U_{CE}/V	u_o 波形	失真情况	管子工作状态
6 V	u_o 0 t	□饱和失真 □没有失真 □截止失真	□饱和 □放大 □截止
>9.6 V	u_o 0 t	□饱和失真 □没有失真 □截止失真	□饱和 □放大 □截止

※5. 测量最大不失真输出电压

置 $R_C=2.4\ \text{k}\Omega$，$R_L=2.4\ \text{k}\Omega$；然后逐步增大输入信号 u_i 的幅度（由 10 mV 开始），并同时调节 R_{W1}（改变静态工作点），用示波电路观察 u_o，在输出波形同时出现削底和缩顶现象后，再反复调整输入信号，使波形输出幅度最大且无明显失真时，用交流毫伏表测出最大不失真输出电压有效值 U_{om}，用示波电路直接读出最大不失真输出电压峰峰值 U_{opp}，记入表 13-7。

表 13-7 实验记录表

U_{CE}/V	U_{im}/mV	U_{om}/mV	U_{opp}/V

※6. 测量幅频特性曲线

取 $R_C=2.4\ \text{k}\Omega$，$R_L=2.4\ \text{k}\Omega$；调节 R_{W1}，用万用表测得 $U_E=2.2$ V（即 $I_C=2$ mA）。保持输入信号 $U_i=10$ mV 不变，改变信号源频率 f，逐点测出相应的输出电压 U_o，记入表 13-8。

表 13-8 实验记录表

信号源频率		f_L		f_0		f_H	
f/Hz				1000			
U_o/mV							
A_u							

注意：为了使信号源频率 f 取值合适，可先粗测一下，找出 f_L、f_H，确定中频范围，然后再按要求选择其他频率测量点。

五、 实验注意事项

(1) 函数信号发生器、示波器、交流毫伏表、直流稳压电源必须与实验电路共地。

(2) 测量静态工作点时,输入端不输入交流信号,用万用表的直流挡测量。测量 U_i、U_s、U_o 时,要用交流毫伏表测有效值。

六、预习要求

(1) 复习分压式偏置放大电路的工作原理及电路中各元件的作用。

(2) 复习数字万用表、示波器、函数信号发生器、交流毫伏表等仪器的使用方法。

(3) 完成该实验报告的预习题。

七、实验报告要求

(1) 整理、计算各步骤所得的实验数据,把各个表格完成好。

(2) 通过本实验,谈谈你对晶体管电压放大电路的实验体会。

实验 14 两级阻容耦合放大电路与负反馈

一、实验目的

（1）掌握多级放大电路及负反馈放大电路性能指标的测试方法。

（2）理解多级阻容耦合放大电路总电压放大倍数与各级电压放大倍数之间的关系。

（3）理解负反馈放大电路的工作原理及负反馈对放大电路性能的影响。

二、实验原理

1. 两级阻容耦合放大电路

当电压放大倍数用一级电路不能满足要求时，就要采用多级放大电路。多级放大电路由多个单级放大电路组成，它们之间的连接称为耦合。在晶体管小信号放大电路中，阻容耦合用得最多。阻容耦合有隔直作用，所以各级的静态工作点互相独立，调试非常方便，只要按照单级电路的实验分析方法，一级一级地调试就可以了。如图 14-1 所示为本实验采用的两级阻容耦合放大电路，总电压放大倍数是各级电压放大倍数的乘积，即 $A_u = A_{u1} \cdot A_{u2}$。

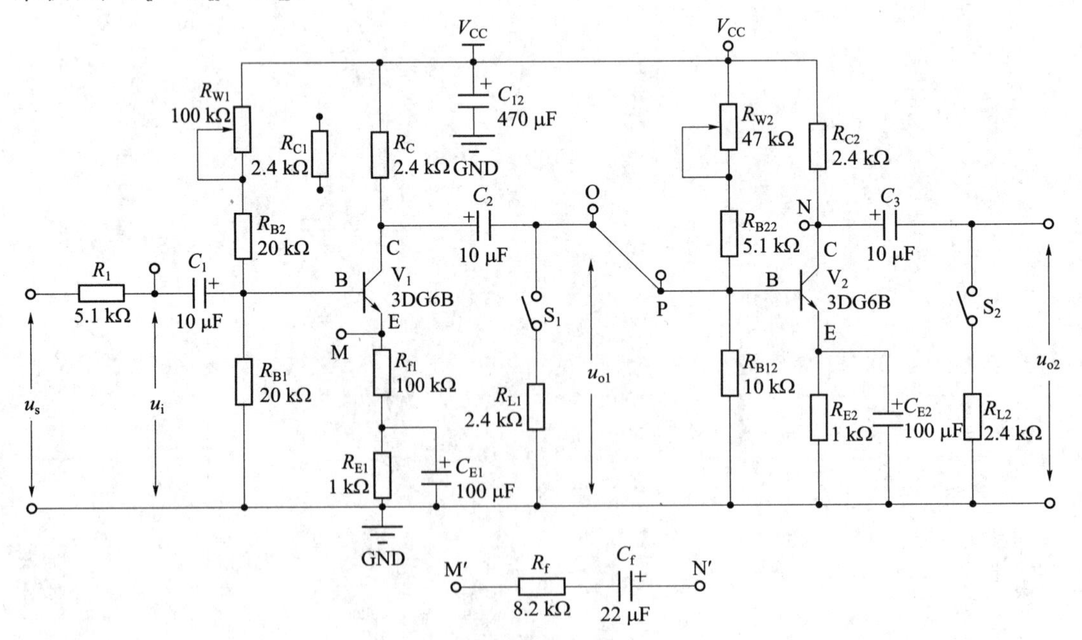

图 14-1 两级阻容耦合放大电路

2. 负反馈

负反馈在电子电路中有着非常广泛的应用，虽然它使放大电路的放大倍数降低，但能在多方面改善放大电路的动态指标：如稳定放大倍数，改变输入、输出电阻，减小非线性失真和拓宽通频带等。因此，几乎所有的实用放大电路都带有负反馈。负反馈放大电路有 4 种组态，即电压串联、电压并联、电流串联、电流并联。本实验采用电压串联负反馈形式来分析负反馈对放大器各项性能指标的影响。

图 14-1 中，将 M、M′相连，N、N′相连，即为带有电压串联负反馈的两级阻容耦合放大电路。在电路中，通过 R_f 把输出电压 u_o 引回到输入端，加在晶体管 V_1 的发射极上，在发射极电阻 R_{f1} 上形成反馈电压 u_f。根据反馈的判断法可知，它属于电压串联负反馈。

三、 实验设备

实验设备如表 14-1 所示。

表 14-1　实验设备

序号	名称	型号与规格	数量	备注
1	直流稳压电源	麦创 MPS-3003H-3	1	
2	数字万用表	固纬 GDM-8341	1	
3	数字示波器	固纬 GDS-1102B	1	
4	交流毫伏表	数英 SM2030A	1	
5	函数信号发生器	固纬 AFG-2225	1	
6	电子技术综合实验箱	风标 FB-EDU-SMD-D	1	

四、 实验内容

1. 测量静态工作点

按图 14-1 连接实验电路，将两级间的 O、P 两点用导线连接起来。接通＋12 V 直流电源 U_{CC}，用万用表分别测量第一级、第二级的静态工作点。调节 R_{W1}，令第一级集电极电压 $U_{C1}=7.5$ V；调节 R_{W2}，令第二级集电极电压 $U_{C2}=6.5$ V，分别测量第一级、第二级的基极电压 U_B 和发射极电压 U_E，将结果记入表 14-2。

表 14-2　实验记录表

项目	U_B/V	U_E/V	U_C/V
第一级			7.5
第二级			6.5

2. 电压放大系数及输出电阻的测量

(1) 两级放大器 A_u 和 r_o 的测量

保持 R_{W1} 和 R_{W2} 不变；调节函数信号发生器，使其输出频率 $f=1$ kHz、有效值 $V_{RMS}=2$ mV 的正弦波信号，接入实验电路的 u_i 处；用示波器观察放大电路输出电压 u_{o2} 波形，在波形不失真的情况下，分别测量不接负载和接入 2.4 kΩ 负载时 U_{o1}、U_{o2} 的大小，将数据记入表 14-3，并计算出 A_{u1}、A_{u2}、A_u 和 r_o。对于小信号输入示波器的调试步骤可扫描下面二维码观看视频。

表 14-3　实验记录表

	设定值		实测值		测量计算值			
	R_L/kΩ	U_i/mV	U_{o1}/mV	U_{o2}/mV	A_{u1}	A_{u2}	A_u	r_o
无负反馈	∞	2						
	2.4	2						
有负反馈	∞	2						
	2.4	2						

注：$A_{u1}=\dfrac{U_{o1}}{U_i}$，$A_{u2}=\dfrac{U_{o2}}{U_{o1}}$，$A_u=\dfrac{U_{o2}}{U_i}=A_{u1} * A_{u2}$。

示波器 3

(2) 负反馈放大器 A_u 和 r_o 的测量

在图 14-1 中，接通负反馈电路(即将实物电路板中的 M 与 M′、N 与 N′用导线相连，下同)。按照(1)的步骤，对照表 14-3 的要求，重新测量有负反馈时 U_{o1}、U_{o2} 的大小，并计算出 A_{u1}、A_{u2}、A_u 和 r_o。

※3. 输入电阻的测量

(1) 两级放大器 r_i 的测量

断开负反馈电路(即断开 M、M′，N、N′的连线，下同)；保持 R_{W1} 和 R_{W2} 不变；拔掉接入 u_i 处的信号源；重新调节函数信号发生器，使其输出频率 $f=1$ kHz、有效值 $V_{RMS}=10$ mV 的正弦波信号，接入实验电路的 u_s 处；用交流毫伏表测量 u_i 处的电压；微调函数信号发生器，改变信号 u_s 的幅值，使得 $U_i=2$mV，记录下此时 u_s 的幅值大小，填入表 14-4，并计算出 r_i。

表 14-4　实验记录表

	U_s/mV	U_i/mV	r_i
无负反馈			
有负反馈			

(2) 负反馈放大器 r_i 的测量

接通负反馈；将接入 u_s 处函数信号发生器的信号幅值调至有效值 $V_{RMS}=3$ mV；重

复步骤(1):用交流毫伏表测量 u_i 处的电压,微调函数信号发生器,改变信号 u_s 的幅值,使得 $U_i=2$ mV。记录下此时 u_s 的幅值大小,填入表 14-4,并计算出 r_i。

4. 观察负反馈对输出失真波形的改善

(1) 断开负反馈电路,将函数信号发生器的信号由 u_s 改接入 u_i,并设置幅值有效值 $V_{RMS}=5$ mV,其他参数不变。这时在放大器第二级的输出端用示波器观察到的波形会出现失真,将失真的波形记入表 14-5。

(2) 接通负反馈电路,此时在放大器第二级的输出端用示波器检测到的波形的失真将会大大改善,将波形情况记入表 14-5。

表 14-5 实验记录表

无负反馈的失真波形	有负反馈后的改善波形

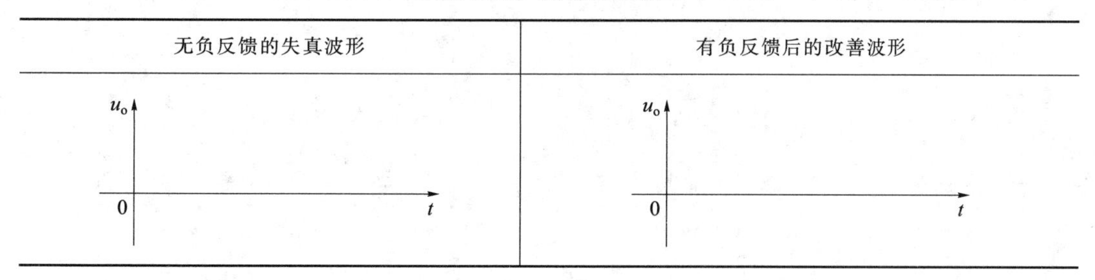

※5. 测量通频带

(1) 断开负反馈电路,接上负载 $R_L=2.4$ kΩ;调节函数信号发生器,使其输出频率 $f=1$ kHz、有效值 $V_{RMS}=2$ mV 的正弦波信号,接入实验电路的 u_i 处。然后升高和降低输入信号的频率,当输出电压 U_{o2} 下降到原来的 0.707 倍时,对应的输入信号的频率就是上限频率 f_H 和下限频率 f_L,计算通频带 $\Delta f=f_H-f_L$,将结果记入表 14-6。

表 14-6 实验记录表

电路类型	两级放大电路	负反馈放大电路
f_L/Hz		
f_H/Hz		
Δf/Hz		

(2) 接通负反馈电路,调节函数信号发生器,将输入信号的频率调回 1 kHz,分别升高和降低输入信号的频率,找出上限频率 f_H 和下限频率 f_L,并计算通频带,将结果记入表 14-6。

五、 实验注意事项

(1) 为了使两级放大电路正常工作,必须按要求把实验板上的各断点正确连接。

(2) 注意函数信号发生器、示波器应该与实验电路板共地。

六、 预习要求

复习教材中与两级放大电路、负反馈电路的相关的内容,并完成实验报告的预习题。

七、 实验总结及思考题

(1) 整理实验数据,完成各步骤实验表格的计算。

(2) 根据实验数据,总结分析电压串联负反馈电路的特点以及对放大器性能的影响,哪些指标得到了改善?

(3) 通过本实验,谈谈你对两级放大电路与负反馈的实验体会。

实验 15　射极输出器

一、 实验目的

(1) 掌握射极输出器的特性及测试方法。
(2) 进一步熟悉放大电路各项参数的测试方法。

二、 实验原理

射极输出器电路的原理图如图 15-1 所示。它是一个电压串联负反馈放大电路，具有输入电阻高、输出电阻低，电压放大倍数接近于 1，输出电压能够在较大范围内跟随输入电压作线性变化，以及输入、输出信号同相等特点。由于它的输出电压总是跟随输入电压变化而变化，故也称其为射极跟随器。射极输出器实验电路图如图 15-2 所示。

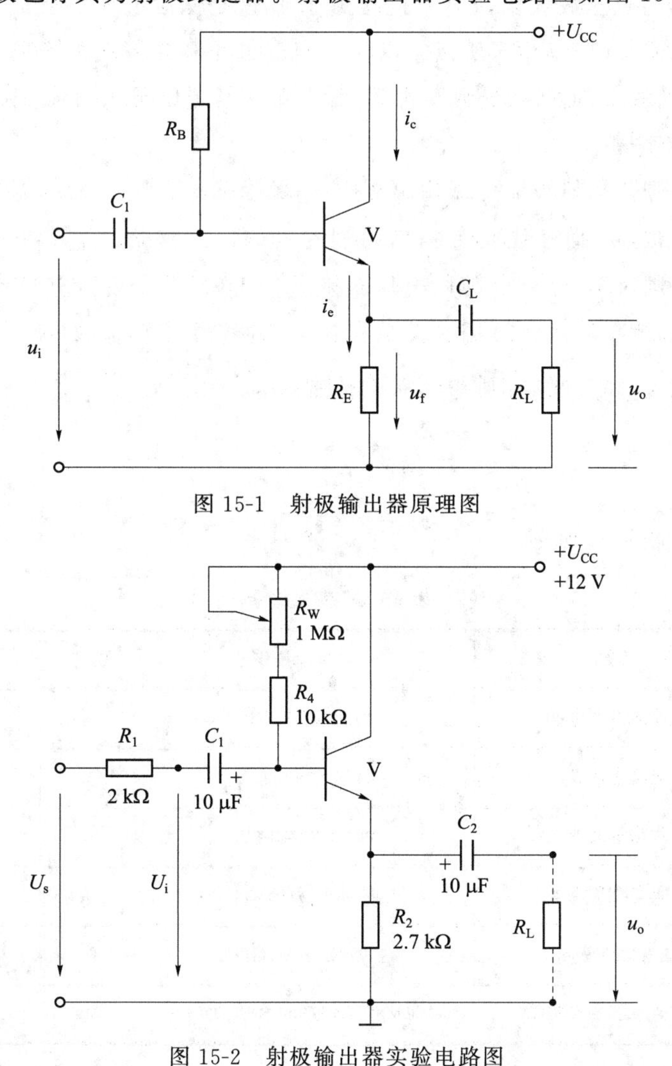

图 15-1　射极输出器原理图

图 15-2　射极输出器实验电路图

1. 输入电阻 r_i

$$r_i=\frac{U_i}{I_i}=\frac{U_i}{U_s-U_i}R_1$$

输入电阻 r_i 的测试方法同晶体管共射极单管放大器电路，即只要测得 U_i 和 U_s 两点的对地电位即可计算出 r_i。

2. 输出电阻 r_o

输出电阻 r_o 的测试方法亦同晶体管共射极单管放大器电路，即先测出空载输出电压 U_o，再测接入负载 R_L 后的输出电压 U_L，根据 $U_L=\frac{R_L}{R_o+R_L}U_o$ 即可求出 r_o。

$$r_o=\left(\frac{U_o}{U_L}-1\right)R_L$$

3. 电压放大倍数 A_u

射极输出器的电压放大倍数小于但接近于 1，这是深度电压负反馈的结果。但它的射极电流仍比基流大$(1+\beta)$倍，所以它具有一定的电流和功率放大作用。射极输出器的输入、输出电压同相位，而且大小基本相等，输出电压总是随输入电压变化。

4. 电压跟随范围

电压跟随范围是指射极输出器输出电压 u_o 跟随输入电压 u_i 作线性变化的区域。当 u_i 超过一定范围时，u_o 便不能跟随 u_i 作线性变化，即 u_o 波形产生了失真。为了使输出电压 u_o 正、负半周对称，并充分利用电压跟随范围，静态工作点应选在交流负载线在放大区的中间区域，测量时可直接用示波器读取 u_o 的峰峰值 U_{OPP}，即电压跟随范围；或用交流毫伏表读取 U_o 的有效值，则电压跟随范围：$U_{OPP}=2\sqrt{2}U_o$。

三、 实验设备

实验设备如表 15-1 所示。

表 15-1 实验设备

序号	名称	型号与规格	数量	备注
1	函数信号发生器	固纬 AFG-2225	1	
2	交流毫伏表	数英 SM2030A	1	
3	双踪示波器	固纬 GDS-1102B	1	
4	数字万用表	固纬 GDM-8341	1	
5	直流稳压电源	麦创 MPS-3003H-3	1	
6	电子技术综合实验箱	风标 FB-EDU-SMD-D	1	

四、 实验内容及步骤

按照图 15-2 连接电路。

1. 静态工作点的调整

接通＋12 V 直流电源，接入负载 $R_L=1\ k\Omega$。数信号发生器设置频率 $f=1\ kHz$，幅度为有效值大约 1 V 的正弦波信号，作为实验电路的输入电压 U_s，接到实验电路的输入端。用示波器监视放大电路输出端输出电压 u_o 的波形，反复调整电位器 R_W 和函数发生器信号源 u_s 的输入电压幅度，使在示波器的屏幕上得到一个最大不失真输出波形。然后置 $u_s=0$（可暂时关闭函数信号发生器的输出按钮），用数字万用表的直流电压挡测量晶体管各电极的对地电位，并将测得的数据记入表 15-2。

表 15-2　实验记录表

U_E/V	U_B/V	U_C/V

注意：在后续整个测试过程中应保持 R_W 值不变（即保持静态工作点不变），否则要从本步骤重新做起。

2. 测量电压放大倍数 A_u

在上一步骤的基础上，再按下函数信号发生器的输出按钮，用示波器同时观察输入信号 u_i 和输出信号 u_o 的波形，在输出信号 u_o 波形幅度最大且无明显失真的情况下，用交流毫伏表测量 U_i、U_L 值，计算电压放大倍数 A_u，记入表 15-3。

表 15-3　实验记录表

U_i/V	U_L/V	A_u

3. 测量输出电阻 r_o

接上一步骤，用示波器观察输入信号 u_i 及输出信号 u_o 的波形，在输出信号 u_o 波形幅度最大且无明显失真的情况下，用交流毫伏表测量空载（即不接入 R_L）时的输出电压 U_o，有负载（$R_L=1\ k\Omega$）时的输出电压 U_L，计算出 r_o 的值，记入表 15-4。

表 15-4　实验记录表

U_o/V	U_L/V	r_o/kΩ

4. 测量输入电阻 r_i

接上一步骤，用示波器观察输入信号 U_i 及输出信号 U_o 的波形，在输出信号 U_o 波形幅度最大且无明显失真的情况下，用交流毫伏表分别测量 U_s、U_i，计算出 r_i 的值，记入表 15-5。

表 15-5 实验记录表

U_s/V	U_i/V	r_i/kΩ

5. 测试电压跟随特性

接上一步骤，再接入负载 R_L=1 kΩ，在输入端 u_i 加入 f=1 kHz 的正弦信号，按表 15-6 要求逐渐增大输入信号 u_i 的幅度，用示波器观测不失真输出信号波形，用交流毫伏表测量对应的 U_i、U_L 数值，记入表 15-6 中，直至输出波形达到最大不失真幅度为止。

表 15-6 实验记录表

U_i/V	0.2	0.4	0.6	0.8	1.0	1.2	1.4		
U_L/V									

6. 测试幅频特性

在步骤 5 的基础上，保持射极输出器输入信号 U_i=____V 不变，改变信号源频率 f，用示波器观测输出信号 U_o 波形不失真的情况下，用交流毫伏表测量不同频率下的输出电压 U_L 值，记入表 15-7。

表 15-7 实验记录表

f/kHz			1	10	20	100	200		
U_L/V									

五、 实验注意事项

(1) 实验中静态工作点一旦按步骤 1 调整好，整个实验过程中均保持不变。

(2) 注意函数信号发生器、示波器必须与实验电路板共地。

六、 预习要求

复习射极跟随器相关的理论知识，并完成本实验报告的预习思考题。

七、 实验报告要求

(1) 整理实验数据，并画出电压跟随特性 $U_L=f(u_i)$ 曲线及幅频特性 $U_L=f(f)$ 曲线。

(2) 由实验结果总结射极输出器的特点及其在电子电路中的用途。

实验 16　正弦波振荡器

一、 实验目的

(1) 进一步学习正弦波振荡器的组成及其振荡条件。

(2) 学会测量、测试振荡器。

二、 实验原理

从结构上看，正弦波振荡器是没有输入信号的、带选频网络的正反馈放大器。若用 R、C 元件组成选频网络，就称为 RC 振荡器，一般用来产生 1 Hz～1 MHz 的低频信号。

1. RC 串并联网络（文氏桥）振荡器（图 16-1）

振荡频率：$f_0=\dfrac{1}{2\pi RC}$。

起振条件：$|\dot{A}|>3$。

电路特点：可方便地连续改变振荡频率，便于加负反馈稳定振幅，容易得到良好的振荡波形。

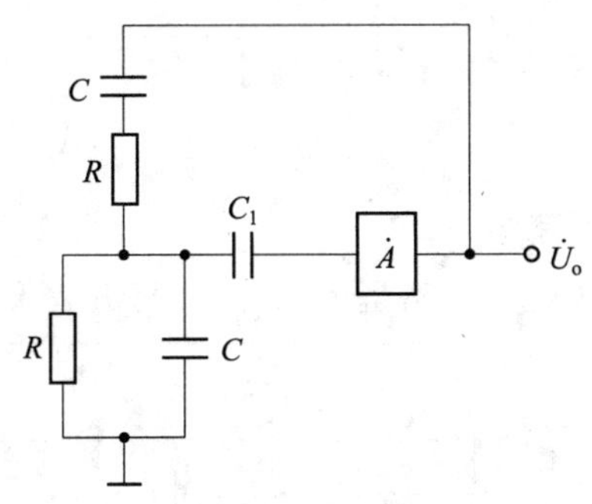

图 16-1　RC 串并联网络振荡器原理图

2. 双 T 选频网络振荡器（图 16-2）

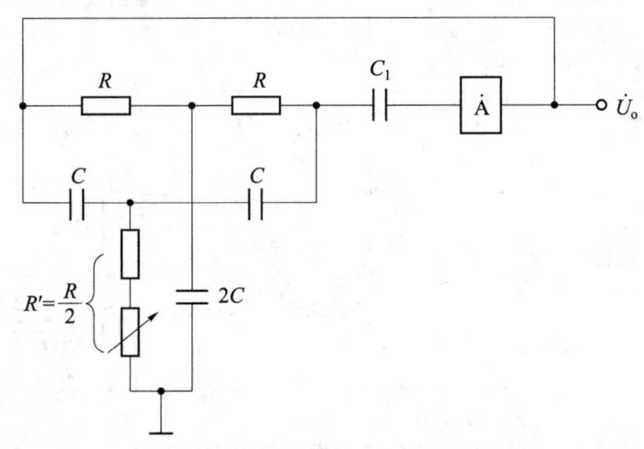

图 16-2　双 T 选频网络振荡器原理图

振荡频率：$f_0=\dfrac{1}{5RC}$。

起振条件：$R'<\dfrac{R}{2}$　$|\dot{A}\dot{F}|>1$。

电路特点：选频特性好，调频困难，适用于产生单一频率的振荡。

三、实验设备

实验设备如表 16-1 所示。

表 16-1　实验设备

序号	名　称	型号与规格	数量	备注
1	函数信号发生器	固纬 AFG-2225	1	
2	交流毫伏表	数英 SM2030A	1	
3	双踪示波器	固纬 GDS-1102B	1	
4	数字万用表	固纬 GDM-8341	1	
5	直流稳压电源	麦创 MPS-3003H-3	1	
6	电子技术综合实验箱	风标 FB-EDU-SMD-D	1	

四、实验内容

1. *RC* 串并联选频网络振荡器

(1) 按图 16-3 连接线路，放大电路是由 V_1、V_2 两级放大电路组成。

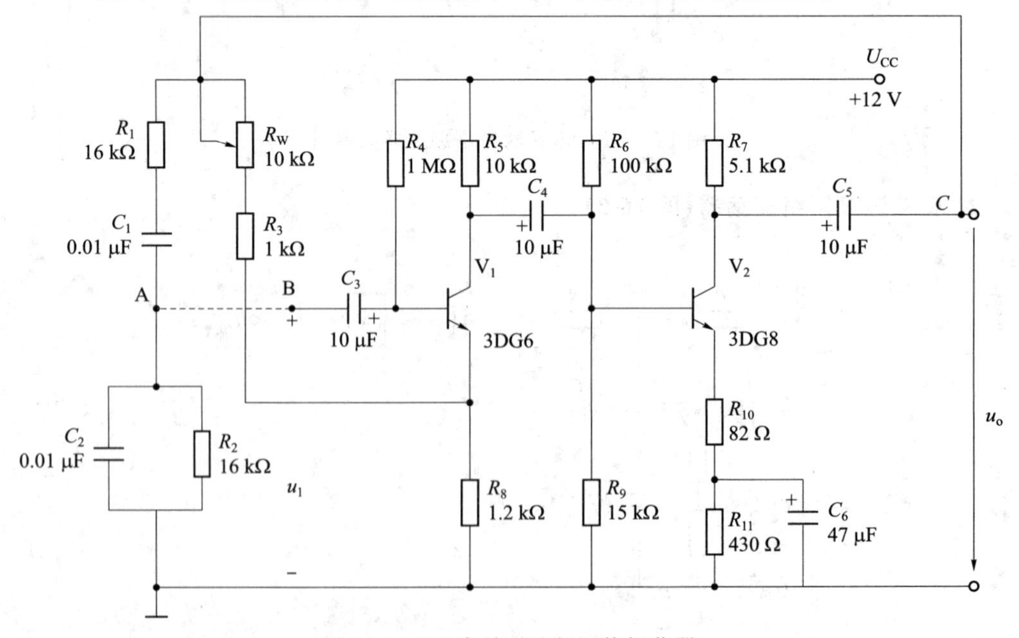

图 16-3　*RC* 串并联选频网络振荡器

(2) 断开 RC 串并联网络，测量放大电路静态工作点及电压放大倍数。

不接通 A、B 两点，用函数信号发生器在 B 点加入频率 1 kHz 的正弦波，反复调整输入信号的幅度，用示波器观察 C 点的输出波形，使输出波形幅度最大，而且没有明显失真，用交流毫伏表测量 B 点输入电压有效值 U_i、C 点输出电压有效值 U_o，记录于表 16-2 中，计算电压放大倍数 A_u。

关闭函数信号发生器的输出按钮，用万用电表的直流电压挡分别测量三极管 V_1 的静态工作点 V_{B1}、V_{C1}、V_{E1}，V_2 的静态工作点 V_{B2}、V_{C2}、V_{E2}，记录于表 16-2 中。

表 16-2　实验记录表

V_{B1}	V_{C1}	V_{E1}	V_{B2}	V_{C2}	V_{E2}	U_i	U_o	A_u

(3) 接通 RC 串并联网络，测量输出的波形参数

用导线连接 A、B 两点，接通 RC 串并联网络，不接函数信号发生器，调节 R_w，使电路起振，u_o 获得满意的正弦信号。用示波器观测输出电压 u_o 波形，记录输出波形频率，用交流毫伏表测量输出电压有效值 U_o，记录于表 16-3 中。

表 16-3　$R_1=R_2=16\ k\Omega$，$C_1=C_2=0.01\ \mu F$ 时的波形参数

输出波形频率/Hz	输出电压 U_o/V

(4) 改变 R 或 C 值，观察振荡频率变化情况

按表 16-4 要求，分别改变 R_1、R_2 和 C_1、C_2 的参数，用示波器观测输出波形，记录输出波形的频率，记录于表 16-4 中，并与计算值比较。

表 16-4　实验记录表

电路参数的改变	输出波形频率/Hz	
	实测值	计算值
R_1、R_2 各并联一个 16 kΩ 电阻 C_1、C_2 保持为 0.01 μF 电容		
R_1、R_2 各并联一个 16 kΩ 电阻 C_1、C_2 各并联一个 0.01 μF 电容		
R_1、R_2 保持为 16 kΩ 电阻 C_1、C_2 各并联一个 0.01 μF 电容		

(5) 观察 RC 串并联网络的幅频特性

将 RC 串并联网络($R_1=R_2=16\ k\Omega$，$C_1=C_2=0.01\ \mu F$)与放大电路断开(断开 A、B

点的连接)，从函数信号发生器产生正弦信号，接入到 RC 串并联网络的输入端 C 点，保持输入信号的幅度 $U_C=3$ V，信号的频率从 100 Hz 开始由低到高变化，用交流毫伏表测量 RC 串并联网络输出 U_A 的大小，并将结果记入表 16-4 中。用双踪示波器分别观察 U_C 和 U_A 的波形，两个正弦波形会出现明显的相位差。只有当输入信号为某一频率时，RC 串并联网络的输出电压 U_A 将达最大值(约 1 V)，而且输入、输出波形同相位。将此时信号源频率记录于表 16-5 中，并与表 16-3 中的输出信号频率比较。

表 16-5　实验记录表

频率/Hz	100	300	500	700	900		
输出 U_A/V							

※2. 双 T 选频网络振荡器

(1) 按图 16-4 连接线路。

(2) 断开双 T 网络，调试 V_1 管静态工作点，使 U_{C1} 为 6～7 V。

(3) 接入双 T 网络，用示波器观察电路输出 u_o 波形。若不起振，调节 R_{W1}，使电路起振。

(4) 测量电路振荡频率，记入表 16-6 中，并与理论值比较。

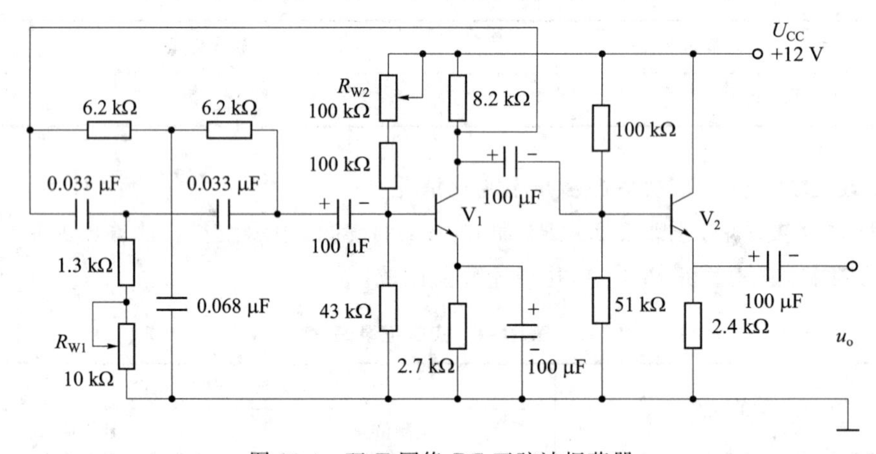

图 16-4　双 T 网络 RC 正弦波振荡器

表 16-6　输出波形频率

实测值/Hz	理论值/Hz

五、 实验注意事项

(1) 放大电路静态工作点调好后，如无特殊情况，不得随意旋动 R_W 的位置。

(2) 示波器、函数信号发生器、交流毫伏表等仪器必须与实验电路“共地”。

六、 预习要求

复习各种类型振荡器的结构与工作原理,并完成本实验报告的预习思考题。

七、 实验报告要求

(1) 根据振荡频率实测值与理论值的比较,分析误差产生的原因。
(2) 总结 RC 串并联网络振荡器的特点。
(3) 总结双 T 选频网络振荡器的特点,比较它和 RC 串并联网络振荡器的不同点。

实验17　集成运算放大器线性运算电路

一、实验目的

（1）熟悉集成运算放大器的基本性能，掌握其基本使用方法。

（2）学习集成运算放大器线性运算电路的测试和设计方法。

二、实验原理

集成运算放大器是一种具有高电压放大倍数的直接耦合多级放大电路。当外部接入不同的线性或非线性元器件组成输入和负反馈电路时，可以灵活地实现各种特定的函数关系。在线性应用方面，可组成比例、加法、减法、积分、微分、对数等模拟运算电路。

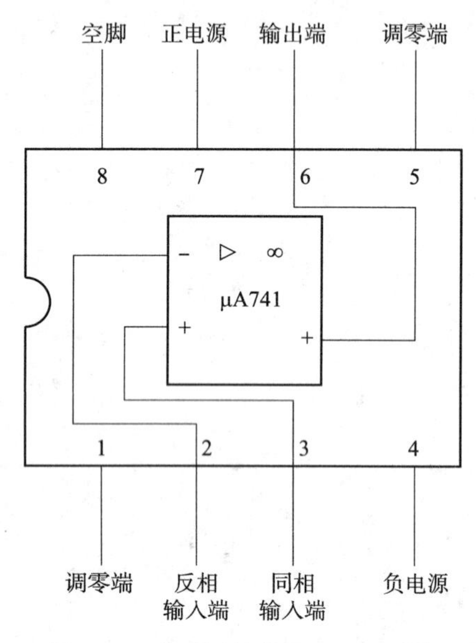

图 17-1　集成运放芯片μA741引脚

本实验采用的集成运放型号为μA741，引脚排列如图17-1所示，它是八脚双列直插式组件，2脚和3脚为反相和同相输入端，6脚为输出端，7脚为＋12 V电源端，4脚-12 V电源端，8脚悬空，1脚和5脚是调零端，接调零电位器，本次实验不需要调零，因此1脚和5脚以悬空处理。

基本运算电路：

（1）反相比例运算电路

电路如图17-2所示。对于理想运放，该电路的输出电压与输入电压之间的关系为

$$u_o = -\frac{R_F}{R_1}u_i$$

为了减小输入级偏置电流引起的运算误差，在同相输入端应接入平衡电阻 $R_2 = R_1 /\!/ R_f$。

（2）反相加法电路

电路如图17-3所示，输出电压与输入电压之间的关系为

$$u_o = -\left(\frac{R_F}{R_1}u_{i1} + \frac{R_F}{R_2}u_{i2}\right) \qquad R_3 = R_1 /\!/ R_2 /\!/ R_F$$

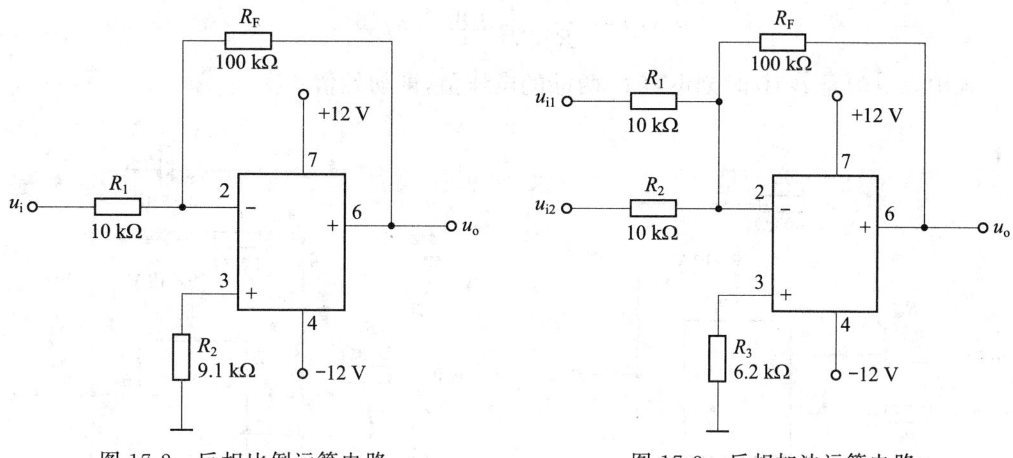

图 17-2 反相比例运算电路　　　图 17-3 反相加法运算电路

(3) 同相比例运算电路

图 17-4(a)是同相比例运算电路,它的输出电压与输入电压之间的关系为

$$u_o=\left(1+\frac{R_F}{R_1}\right)u_i \qquad R_2=R_1 /\!/ R_F$$

当 $R_1\to\infty$ 时,$u_o=u_i$,即得到如图 17-4(b)所示的电压跟随器。图中 $R_2=R_F$,用以减小漂移和起保护作用。一般 R_F 取 10 kΩ,R_F 太小起不到保护作用,太大则影响跟随性。

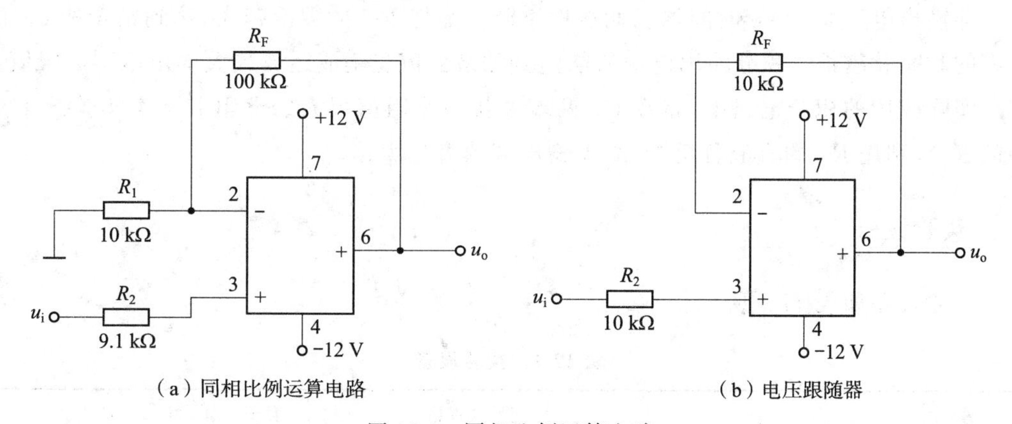

(a) 同相比例运算电路　　　(b) 电压跟随器

图 17-4 同相比例运算电路

(4) 差动放大电路(减法器)

对于图 17-5 所示的减法运算电路,当 $R_1=R_2, R_3=R_F$ 时,有如下关系式

$$u_o=\frac{R_F}{R_1}(u_{i2}-u_{i1})$$

(5) 积分运算电路

反相积分电路如图 17-6 所示。在理想化条件下,输出电压 u_o 等于

$$u_o(t)=-\frac{1}{R_1C}\int_0^t u_i\mathrm{d}t+u_c(0)$$

式中，$u_c(0)$是 $t=0$ 时刻电容 C 两端的电压值，即初始值。

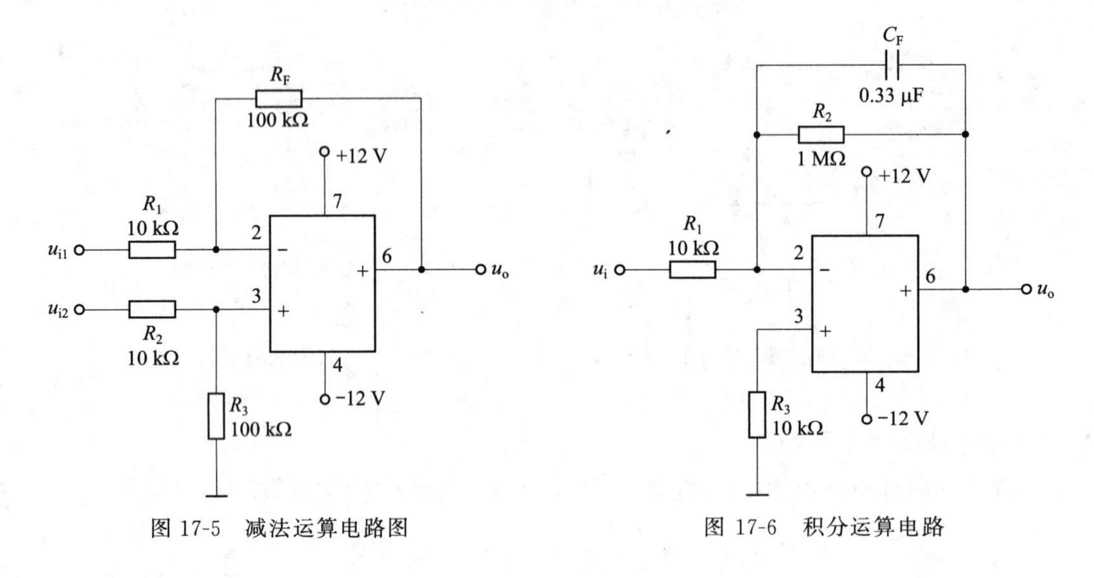

图 17-5　减法运算电路图　　　　图 17-6　积分运算电路

如果 $u_i(t)$是幅值为 E 的阶跃电压，并设 $u_c(0)=0$，则

$$u_o(t)=-\frac{1}{R_1C}\int_0^t E\mathrm{d}t=-\frac{E}{R_1C_F}t$$

即输出电压 $u_o(t)$随时间增长而线性下降。显然 RC 的数值越大，达到给定的 U_o 值所需的时间就越长。积分输出电压所能达到的最大值受集成运放最大输出范围的限值。

实际应用的积分电路中，常在 C_F 两端并接一个阻值很大的电阻 R_F（本实验图 17-6 中的 R_2），利用 R_F 的直流负反馈，减少输出端的直流漂移。

三、 实验设备

实验设备如表 17-1 所示。

表 17-1　实验设备

序号	名　　称	型号与规格	数量	备注
1	函数信号发生器	固纬 AFG-2225	1	
2	交流毫伏表	数英 SM2030A	1	
3	双踪示波器	固纬 GDS-1102B	1	
4	数字万用表	固纬 GDM-8341	1	
5	直流稳压电源	麦创 MPS-3003H-3	1	
6	电子技术综合实验箱	风标 FB-EDU-SMD-D	1	

四、实验内容

实验前要看清运放组件各引脚的位置;切忌正、负电源极性接反和输出端短路,否则将会损坏集成块。

直流可调信号源由实验箱电源模块提供,分别调节信号源两个电位器,可在-5 V~+5 V范围内分别获得两路独立可调的直流信号作为直流信号 U_{i1}、U_{i2},该直流信号源在以下比例放大、加法、剑法、积分等运算电路中均有应用。

1. 反相比例运算电路

(1) 按图 17-2 连接实验电路,接通±12 V 电源。

(2) 电路的输入电压 U_i,可以通过调节一路直流可调信号源取得。将 U_i 连接电阻 R_1 接入电路的反相输入端(2 脚),然后调节电位器,逐渐改变输入电压 U_i,用万用电表直流电压挡测量输入输出电压值,记录输出电压 U_o,记入表 17-2。

表 17-2 实验记录表

U_i/V	0.50	-0.50	2.00
U_o/V(测量值)			
U_o/V(计算值)			

2. 同相比例运算电路

按图 17-4 连接实验电路。实验步骤同内容 1,电路的输入电压 U_i,可以通过调节一路直流可调信号源取得。将 U_i 连接电阻 R_1 接入电路的同相输入端(3 脚),然后调节电位器,逐渐改变输入电压 U_i,用万用电表直流电压挡测量输入输出电压值,记录输出电压 U_o,将结果记入表 17-3。

表 17-3 实验记录表

U_i/V	0.50	-0.50 V	2.00
U_o/V(测量值)			
U_o/V(计算值)			

3. 反相加法运算电路

(1) 按图 17-3 连接实验电路。

(2) 调节两路直流可调信号源,分别产生直流输入电压 U_{i1}、U_{i2},将 U_{i1} 连接电阻 R_1,U_{i2} 连接电阻 R_2 分别接入电路的反相输入端(2 脚)。然后分别调节直流可调信号源,用万用表直流电压挡测量 U_{i1}、U_{i2} 电压,再用万用电表直流电压挡测量输出电压值 U_o,将结果记入表 17-4。

注意:两组输入电压 U_{i1}、U_{i2} 一定要反复调整,直至两个输入电压值均达到电压预设值,才可以测量输出电压值 U_o。

表 17-4　实验记录表

U_{i1}/V	-2.00	-2.50	0.50
U_{i2}/V	2.50	2.00	-0.50
U_o(测量值)/V			
U_o(计算值)/V			

4. 减法运算电路

(1) 按图 17-5 连接实验电路。

(2) 实验步骤同内容 3，输入信号 U_{i1}、U_{i2} 分别连接电阻 R_1、R_2，接入电路的反相输入端(2 脚)、同相输入端(3 脚)。用万用电表直流电压挡测量输入、输出电压值，将结果记入表 17-5。

表 17-5　实验记录表

U_{i1}/V	2.00	-2.50	0.50
U_{i2}/V	2.50	-1.00	0
U_o(测量值)/V			
U_o(计算值)/V			

5. 积分运算电路

实验电路如图 17-6 所示。

(1) 在函数发生器设置一个频率为 100 Hz，峰峰值为 2 V 的方波信号作为输入信号，接入实验电路的输入端 u_i。

(2) 用示波器的两个通道同时观测 u_i、u_o 波形，使在荧屏上显示出易于观察的两个波形，将波形记录于图 17-7。

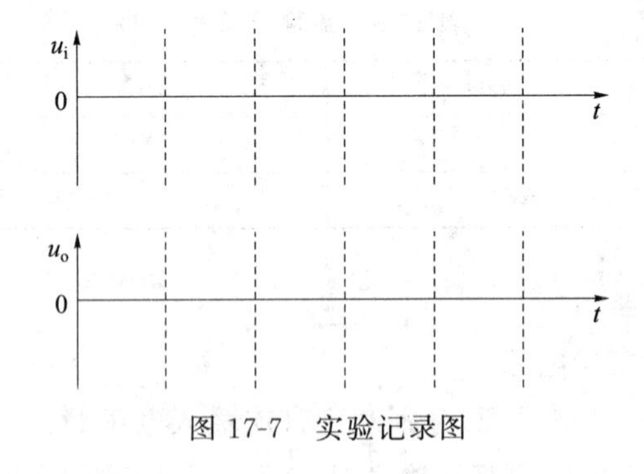

图 17-7　实验记录图

五、实验注意事项

(1) 为使放大电路正常工作，不要忘记接入工作直流电源。切不可把正负电源极性接反或输出端短路，否则会损坏集成块。

(2) 函数信号发生器、示波器应与实验电路共地。

(3) 每次换接电路前都必须关掉电源,电路连接完成检查无误后,方可打开电源。

六、预习要求

(1) 复习集成运算放大器及其基本运算电路的工作原理,并根据实验电路参数计算各电路输出电压的理论值。

(2) 熟悉集成运算放大芯片 uA741 的引脚排列及功能。

七、实验报告要求

(1) 整理实验数据,完成各项内容的表格。在画波形图时注意波形间的相位关系。

(2) 将理论计算结果和实测数据相比较,分析产生误差的原因。

(3) 根据表 17-2 和表 17-3 的实验数据,分析反相和同相比例运算电路在输入电压 U_i 为 2 V 时运放的工作状态,并解释出现这种状态的原因。

实验 18　集成运算放大器电压比较电路

一、实验目的

（1）掌握集成运算放大器电压比较电路的构成及特点。

（2）学会集成运算放大电路电压比较器的测试方法。

二、实验原理

电压比较器是集成运放非线性应用电路，它将一个模拟量电压信号和一个参考电压相比较，在两者幅度相等的附近，输出电压将产生跃变，相应输出高电平或低电平。比较器可以组成非正弦波形变换电路及应用于模拟与数字信号转换等领域。

图 18-1(a)所示为一个最简单的电压比较器电路图，U_R 为参考电压，加在运放的同相输入端，输入电压 u_i 加在反相输入端。

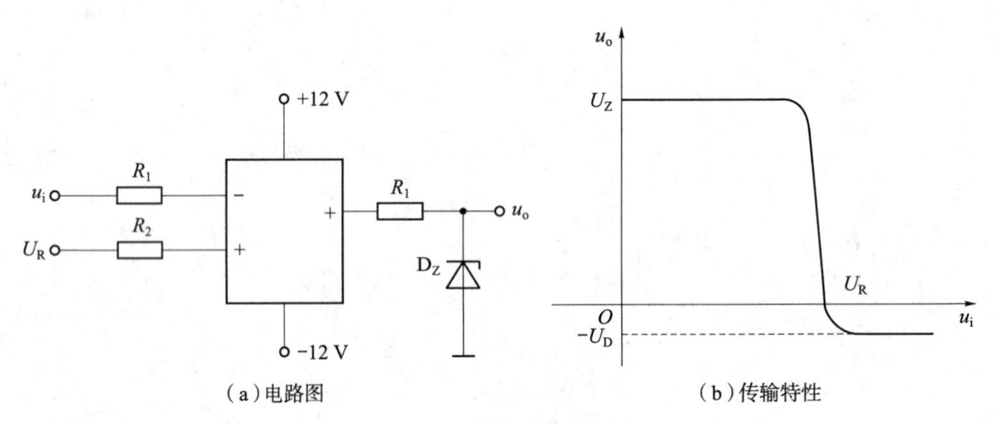

（a）电路图　　（b）传输特性

图 18-1　电压比较器电路图

当 $u_i < U_R$ 时，运放输出高电平，稳压管 D_Z 反向稳压工作。输出端电位被其箝位在稳压管的稳定电压 U_Z，即：$u_o = U_Z$。

当 $u_i > U_R$ 时，运放输出低电平，D_Z 正向导通，输出电压等于稳压管的正向压降 U_D，即：$u_i = -U_D$。

因此，以 U_R 为界，当输入电压 u_i 变化时，输出端反映出两种状态：高电位和低电位。表示输出电压与输入电压之间关系的特性曲线，称为传输特性。图 18-1(b)为图 18-1(a)所示比较器的电压传输特性。

常用的电压比较器有过零比较器、具有滞回特性的过零比较器、窗口比较器（又称双限比较器）等。

1. 过零比较器

图 18-2 所示为加限幅电路的过零比较器，D_Z 为限幅稳压管。信号从运放的反相输入端输入，参考电压为零，从同相端输入。当 $u_i>0$ 时，输出 $u_o=-(U_Z+U_D)$，当 $u_i<0$ 时，$u_o=+(U_Z+U_D)$。其电压传输特性如图 18-2(b)所示。

过零比较器结构简单，灵敏度高，但抗干扰能力差。

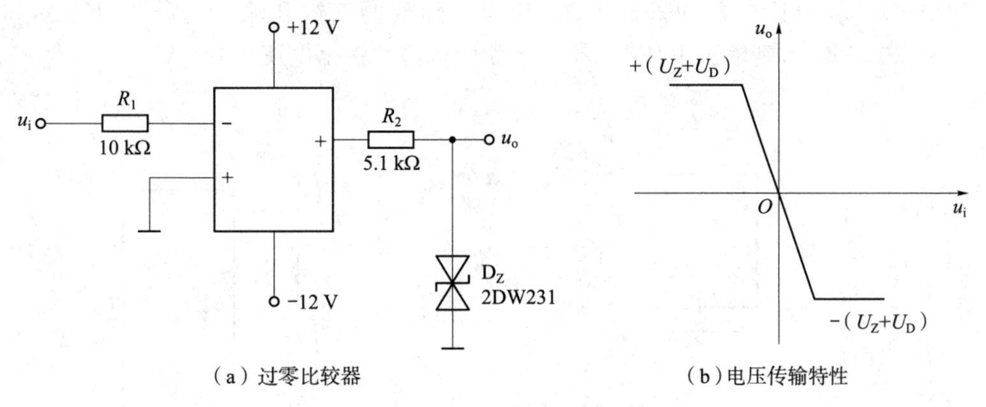

（a）过零比较器　　（b）电压传输特性

图 18-2　过零比较器

2. 滞回比较器

图 18-3 为具有滞回特性的过零比较器。过零比较器在实际工作时，如果 u_i 恰好在过零值附近，则由于零点漂移的存在，u_o 将不断由一个极限值转换到另一个极限值，这在控制系统中，对执行机构将是很不利的。因此，要求过零比较器的输出特性具有滞回现象。如图 18-3(a)所示，从输出端引一个电阻分压正反馈支路到同相输入端，若 u_o 改变状态，$\sum$ 点电位也随着改变，使过零点离开原来位置。

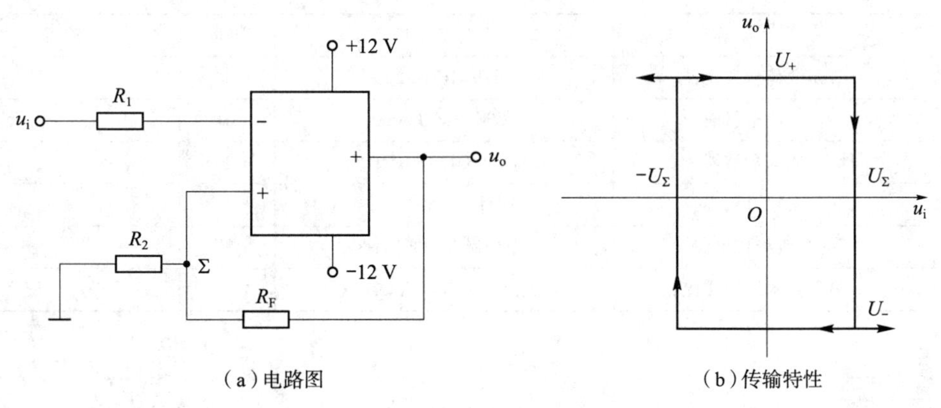

（a）电路图　　（b）传输特性

图 18-3　滞回比较器

当 u_o 为正（记作 U_+），$U_\Sigma=[R_2/(R_f+R_2)]U_+$、则当 $u_i>U_\Sigma$ 后，u_o 即由正变负（记作 U_-），此时 U_Σ 变为-U_Σ。故只有当 u_i 下降到-U_Σ 以下，才能使 u_o 再度回升到 U_+，于是出现图 18-3(b)中所示的滞回特性。U_+ 为正输出，U_- 为负输出，$+U_\Sigma$ 为上门限电

压；$-U_{\Sigma}$ 为下门限电压。$-U_{\Sigma}$ 与 U_{Σ} 的差别称为回差。改变 R_2 的数值可以改变回差的大小。

3. 窗口(双限)比较器

简单的比较器仅能鉴别输入电压 u_i 比参考电压 U_R 高或低的情况，窗口比较电路是由两个简单比较器组成，如图 18-4 所示，它能指示出 u_i 值是否处于 U_R^+ 和 U_R^- 之间。如 $U_R^- < U_i < U_R^+$，窗口比较器的输出电压 U_o 等于运放的正饱和输出电压（$+U_{om}$），如果 $U_i < U_R^-$ 或 $U_i > U_R^+$，则输出电压 U_o 等于运放的负饱和输出电压（$-U_{om}$）。

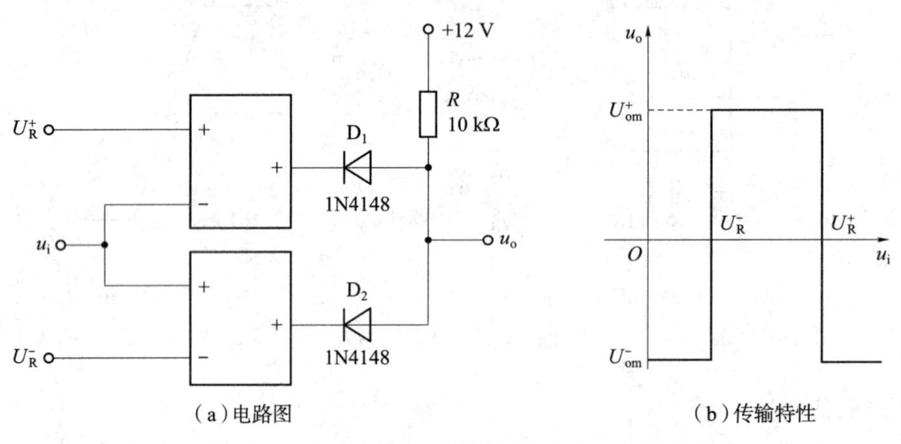

图 18-4　由两个简单比较器组成的窗口比较器

三、实验设备

实验设备如表 18-1 所示。

表 18-1　实验设备

序号	名　称	型号与规格	数量	备注
1	函数信号发生器	固纬 AFG-2225	1	
2	交流毫伏表	数英 SM2030A	1	
3	双踪示波器	固纬 GDS-1102B	1	
4	数字万用表	固纬 GDM-8341	1	
5	直流稳压电源	麦创 MPS-3003H-3	1	
6	电子技术综合实验箱	风标 FB-EDU-SMD-D	1	

四、实验内容

1. 过零比较器

实验电路如图 18-5 所示。

(1) 接通±12 V 直流电源。

(2) 令 uA741 引脚 2 悬空，用万用表直流电压挡测量 U_o 值。U_o＝________V。

(3) 从函数信号发生器输出频率 100 Hz、峰峰值为 20 V 的正弦信号作为输入电压 u_i,用示波器观察 u_i、u_o 波形并记录于图 18-5。

(4) 从 u_o 波形中,用示波器测量出 $+U_{om}$、$-U_{om}$,记录于表 18-2。

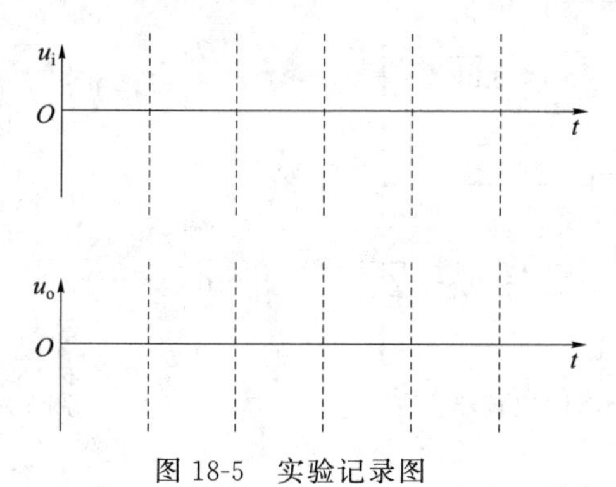

图 18-5　实验记录图

表 18-2　实验记录表

$+U_{om}$/V	$-U_{om}$/V

(5) u_i 接可调直流电源,改变 u_i 幅值,用万用表直流电压挡测量 U_i、U_o 值,记录于表 18-3,作出该比较器的电压传输特性曲线。

表 18-3　实验记录表

U_i/V			0		
U_o/V					

注意:改变 u_i 幅值时,先从小于零向零方向测量,当测量到 u_i 接近于零值时,缓慢增大 u_i,用万用表观测 u_o 的值,当观察到 U_o 的数值由 $+U_{om}\rightarrow -U_{om}$ 跳变时,用万用表测量此时的 u_i、u_o 的数值,作为一组数据记录在表 18-3 中,再用同样的方法从大于零向零方向进行测量。参照图 18-2(b),作出该比较器的电压传输特性曲线。

2. 反相滞回比较器

实验电路如图 18-6 所示。

(1) 观察输入 u_i 与输出 u_o 的波形

按图 18-6 接线,在输入端 u_i 接 50 Hz,峰峰值为 20 V 的正弦信号,用示波器观察并记录 u_i、u_o 波形,并记录于图 18-7。

注意:

① 观测波形前先调节示波器相关旋钮,使两条水平扫描基线重合并位于屏幕的水平中线上。

② 当输出波形 u_o 由 $+u_{om}\rightarrow -U_{om}$ 跳变时与输入波形 u_i 有一个相交点,此时的 u_i 值就是临界值 $+U_\Sigma$,可用水平游标测量该相交点与屏幕水平中线之间的数值得到;同理可

测输出波形由$-U_{om} \rightarrow +U_{om}$跳变时，对应与输入波形$u_i$的值，该值就是临界值$-U_\Sigma$。将$+U_\Sigma$、$-U_\Sigma$记录于图18-7的$u_i$波形上。

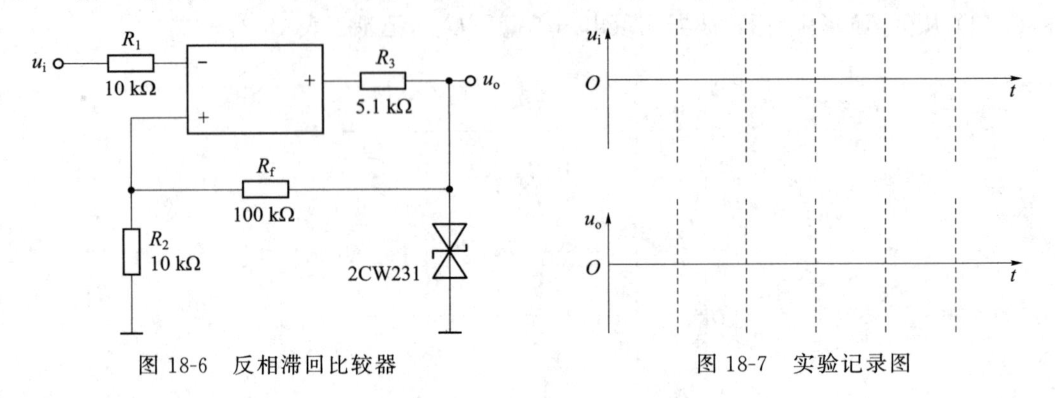

图18-6　反相滞回比较器　　　　图18-7　实验记录图

(2) 测量电压传输特性

输入信号u_i改接可调直流电源，改变u_i幅值，用万用表直流电压挡测量u_i、u_o值，记录于表18-4中。

表18-4　实验记录表

U_i/V	-1	0	0.5	($+U_\Sigma$)	0.6
U_o/V					
U_i/V	1	0	-0.5	($-U_\Sigma$)	-0.6
U_o/V					

注意：

① 当增大u_i的值逼近$+U_\Sigma$值时，可以缓慢增大u_i，用万用表观测u_o的值，当观察到u_o的数值由$+U_{om} \rightarrow -U_{om}$跳变时，用万用表测量此时的$u_i$数值就是临界值$+U_\Sigma$，记录于表18-4中。

② 同上，当减小u_i的值逼近$-U_\Sigma$值时，可以缓慢减小u_i，用万用表观测u_o的值，当观察到u_i的数值由$-U_{om} \rightarrow +U_{om}$跳变时，用万用表测量此时的$u_i$数值就是临界值$-U_\Sigma$，记录于表18-4中。

根据表18-4，参照图18-3(b)，作出反相滞回比较器的电压传输特性曲线，并将用万用表测量到的临界值$+U_\Sigma$、$-U_\Sigma$与步骤(1)中示波器测量到的数值作比较。

(3) 将分压支路电阻R_F由100 kΩ改为200 kΩ，重复实验步骤(1)、步骤(2)，观察u_i、u_o的波形，记录于图18-8中，记录实验数据于表18-5，并作出其电压传输特性曲线。

表18-5　实验记录表

U_i/V	-1	0	0.27	($+U_\Sigma$)	0.4
U_o/V					
U_i/V	1	0	-0.27	($-U_\Sigma$)	-0.4
U_o/V					

3. 同相滞回比较器

实验线路如图 18-9 所示。

(1) 参照反相滞回比较器的实验步骤，自拟实验步骤及方法，测量记录电压传输特性曲线。

(2) 将结果与反相滞回比较器的传输特性曲线进行比较。

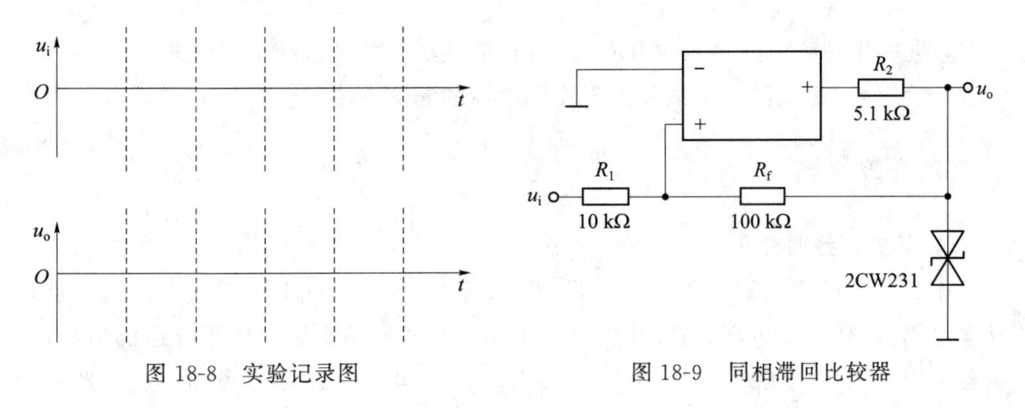

图 18-8　实验记录图　　　　图 18-9　同相滞回比较器

4. 窗口比较器

参照图 18-4 的电路，自拟实验步骤和方法，测定其电压传输特性。

五、 实验注意事项

(1) 每一个实验电路都要供给集成电路±12 V 直流电源。千万不要把正负电源极性接反或将输出端短路，否则会烧坏集成块。

(2) 按照实验原理图接好线路并仔细检查，确保电路的连接正确。

(3) 每次换接电路前都必须关掉电源。

六、 预习要求

复习电压比较器的工作原理，熟悉各类比较器的电压传输特性曲线。

七、 实验报告要求

(1) 整理实验数据，绘制各类比较器的电压传输特性曲线。

(2) 反相滞回比较器中，R_F 的不同(从 100 kΩ 改为 200 kΩ)会引起传输特性曲线的哪些不同？说明滞回特性传输曲线和元件之间的关系。

(3) 总结窗口比较器与滞回比较器的传输特性曲线的不同之处。

实验 19　功率放大器

一、 实验目的

(1) 进一步理解由分立元件组成的 OTL 低频功率放大器的工作原理。

(2) 学会 OTL 电路的调试及主要性能指标的测试方法。

二、 实验原理

1. 功率放大器简介

功率放大器的作用是为负载提供足够大的输出功率。对于功率放大器的要求是输出功率足够大、效率尽量高、非线性失真尽可能小。按照输出级晶体管导通的情况，功率放大器可以分为甲类、乙类、甲乙类、丙类、丁类等，甲类、乙类、甲乙类功率放大器一般用于低频工作，而丙类、丁类功率放大器常用于高频工作。从理论上说，甲类功率放大器的效率最高能达到 50%，乙类功率放大器的最大工作效率可达 78.5%，而甲乙类功率放大器的最大工作效率介于甲类和乙类之间；丙类和丁类高频功率放大器由于晶体管的导通角小，其工作效率能够超过 80%，甚至 95%以上。

低频功率放大器的输出级通常采用性质互补的两个晶体管构成推挽式发射极输出形式，以提高带载能力。目前，常用的推挽式功率放大器主要有无输出变压器（Output Transfomer Less，OTL）和无输出电容（Output Capacitor Less，OCL）的两种功率放大器。

2. 实验电路

图 19-1 所示为 OTL 低频功率放大器。其中由晶体管 V_1 组成推动级(也称前置放大级)，V_2、V_3 是一对参数对称的 NPN 和 PNP 型晶体管，它们组成互补推挽 OTL 功率放大器电路。V_2、V_3 都接成射极输出器形式，因此具有输出电阻低、负载能力强等优点，适合于做功率输出级。C_o 是输出耦合电容，将交流信号输出耦合给负载 R_L。

V_1 管接成共发射极形式，工作于甲类状态，它的集电极电流 I_{C1} 可通过电位器 R_{W2} 进行调节。I_{C1} 流经电位器 R_{W2} 及二极管 D_1，分出一部分给 V_2、V_3 提供偏压。调节 R_{W2}，可以使 V_2、V_3 得到合适的电流而处于微导通状态，工作于甲乙类状态，以克服交越失真。R_{C1} 的大小会影响前置级的电压增益。静态时要求功率放大器输出端中点 A 的电位 $U_A = 1/2U_{CC}$，可以通过调节 R_{W1} 来实现。同时，由于 R_{W1} 的一端接在 A 点，因此在电路中引入交、直流电压并联负反馈，有助于稳定放大器的静态工作点，还能改善非线性失真。

当电路输入正弦交流信号 u_i 时，经 V_1 放大并倒相后，同时作用于 V_2、V_3 的基极。

u_i 的负半周使 V_2 管导通、V_3 管截止,电流由电源经 V_2 的集电极、发射极通过电容 C_o 流向负载 R_L,同时向电容 C_o 充电,形成输出电压 u_o 的正半周波形;在输入信号 u_i 的正半周,V_3 导通、V_2 截止,已充好电的电容器 C_o 起着电源的作用,通过 V_3 和负载 R_L 放电,形成输出电压 u_o 的负半周波形。这样,输入信号变化一周时,在 R_L 上就得到完整的正弦波。

C_2 和 R 构成自举电路,用于提高输出电压的最大峰值幅度,以得到大的动态范围。由于 C_2 和 R 的值选择足够大,C_2 两端的电压 U_{C2} 基本上为常数,这样 B 点的电位 $U_B = U_{C2} + U_A$ 将随着 A 点的电位升高而自动升高。所以,即使输出电压幅度升得很高,B 点的电位也会保证有足够的电流流进 V_2 的基极,使 V_2 充分导通。这种工作方式成为自举,即电路本身把 V_B 提高了。

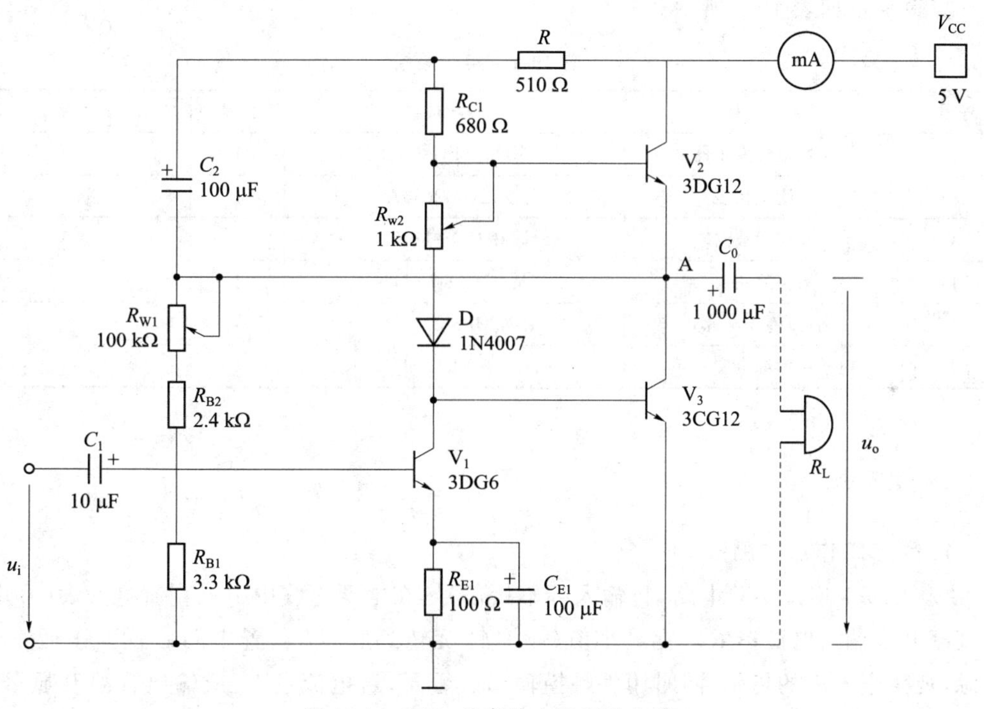

图 19-1 OTL 功率放大器实验电路

3. OTL 电路的主要性能指标及测量

(1) 最大不失真输出功率 P_{om}

在理想情况下的最大不失真输出功率为

$$P_{om} = \frac{U_{CC}^2}{8R_L}$$

在实验中,可通过测量 R_L 两端的电压有效值,然后求得实际的最大不失真输出功率

$$P_{om} = \frac{U_o^2}{R_L}$$

(2) 效率 η

OTL 功率放大器效率的定义为

$$\eta=\frac{P_{om}}{P_E}\times 100\%$$

式中，P_E 为直流电源供给的平均功率。

在理想情况下，OTL 功率放大器的最高效率为 78.5%，在实验中，可通过测量求得。首先测量电源供给的平均电流 I_{DC}，求得 $P_E=U_{CC}\cdot I_{DC}$，而负载上的交流功率已通过测量并由公式求出，这样就可以用公式来计算功率放大器的实际效率。

三、 实验设备

实验设备如表 19-1 所示。

表 19-1 实验设备

序号	名 称	型号与规格	数量	备注
1	函数信号发生器	固纬 AFG-2225	1	
2	交流毫伏表	数英 SM2030A	1	
3	双踪示波器	固纬 GDS-1102B	1	
4	数字万用表	固纬 GDM-8341	1	
5	直流稳压电源	麦创 MPS-3003H-3	1	
6	电子技术综合实验箱	风标 FB-EDU-SMD-D	1	

四、 实验内容

1. 静态工作点的测试

按图 19-1 连接实验电路，将输入端不接信号，在电源进线中串入直流毫安表(万用电表直流电流挡)，电位器 R_{W2} 置最小值(顺时针旋转到底)，R_{W1} 置中间位置。接通 +5 V 电源，观察毫安表的指示，同时用手触摸输出级管子，若电流过大，或输出管温升显著，应立即断开电源检查原因(如 R_{W2} 开路、电路自激或输出管 V_2、V_3 性能不好等)。如无异常现象，可开始调试。

(1) 调节输出端中点电位 U_A

调节电位器 R_{W1}，用数字万用表直流电压挡测量 A 点电位，使 $U_A=\frac{1}{2}U_{CC}=2.5$ V。

(2) 调整输出级静态电流并测试各级静态工作点

1) 静态调试法

调节 R_{W2}，使 V_2、V_3 管的 $I_{C2}=I_{C3}=5\sim10$ mA。从减小交越失真角度而言，应适当加大输出级静态电流，但该电流过大，会使效率降低，所以一般以 5～10 mA 为宜。由于毫安表串联在电源进线中，毫安表测得的是整个放大器的电流，但一般 V_1 的集电极电流

I_{C1}较小，从而可以把测得的总电流近似当作末级的静态电流。如果要准确得到末级静态电流，就要从总电流中减去 I_{C1}之值。

2）动态调试法

先调整 R_{W2}，使其阻值为 0，在功率放大器输入端接入 $f=1$ kHz 的正弦信号 u_i，用示波器观察负载电阻 R_L 两端的波形。逐渐增大输入信号的幅值，直到输出波形出现交越失真（但不应有饱和失真和截止失真），然后缓慢增大 R_{W2}，当交越失真刚好消失时，停止调节 R_{W2}，恢复 $u_i=0$，此时 A 点的直流电压可能有些变化，需重新调节 R_{W1}，使 A 点的电位为 2.5 V。再微调 R_{W2}，使电阻 R_L 两端波形没有交越失真现象。这时，直流毫安表读数即为输出级静态电流。一般数值应在 5～10 mA，如过大，则要检查电路。

在调整 R_{W2}时，要注意旋转方向，不要调得过大，更不能开路，以免损坏输出管。输出级静态电流调好以后，测量各级静态工作点，记入表 19-2。

表 19-2　静态工作点的测量（$I_{C2}=I_{C3}=$____mA　$U_A=2.5$ V）

	晶体管		
	V_1	V_2	V_3
U_B/V			
U_C/V			
U_E/V			

2. 最大输出功率 P_{om}和效率 η 的测试

（1）测量 P_{om}

负载电阻保持不变，输入端接 $f=1$ kHz 的正弦信号 u_i，用示波器观察输出电压 u_o波形。逐渐增大 u_i，使输出电压达到最大不失真输出，用交流毫伏表测出负载 R_L 上的电压 U_{om}，做好记录，并用公式计算出 POM 。

$$P_{om}\frac{U_{om}^2}{R_L}$$

（2）测量 η

当输出电压为最大不失真输出时，读出直流毫安表中的电流值，此电流可认为是直流电源供给的平均电流 I_{DC}（有一定误差），由此可近似求得 $P_E=U_{CC}I_{DC}$，再根据上面测得的 P_{om}，利用公式即可求出 $\eta=\dfrac{P_{om}}{P_E}$。

3. 研究自举电路的作用

（1）对如图 19-1 所示的带有自举电路的实验电路，输入 $f=1$ kHz 的正弦信号 u_i，在 $P_o=P_{omax}$时，测量电路的电压增益 $A_u=\dfrac{U_{om}}{U_i}$。

（2）去掉自举电路，即将 C_2 开路，R 短路。输入端接入 $f=1$ kHz 的正弦信号 u_i，用示波器观察输出电压 u_o 波形。逐渐增大 u_i，使输出电压达到最大且不失真，用交流毫伏

表测出负载 R_L 上的电压 U_{om}，计算此时的 A_u，用示波器显示波形，并观察与有自举时的不同，比较两种情况下的测量结果、分析研究自举电路的作用。

4. 噪声电压的测试

将功率放大器输入端对地短路（$u_i=0$），用示波器观察输出噪声的波形，并用交流毫伏表测量输出电压，即为噪声电压 U_N，本电路若 $U_N<15$ mV，即满足要求。

5. 试听

输入信号改用录音机线路输出信号，功率放大器输出端接试听音箱及示波器。开机试听，并观察语言和音乐信号的输出波形。

五、预习要求

复习 OTL 功率放大器的工作原理。

六、实验报告要求

（1）整理实验数据，计算静态工作点、最大不失真输出功率 P_{om}、效率 η 等，并与理论值进行比较。

（2）分析自举电路的作用。

（3）分析实验中遇到的现象、发生的问题及相应的解决办法。

实验 20　直流稳压电源

一、 实验目的

(1) 熟悉整流、滤波及稳压电路的功能,加深对直流稳压电源工作原理的理解。

(2) 学会测量直流稳压电源的各项指标。

(3) 通过数据测量和波形观察进一步了解直流稳压电源的性能。

二、 实验原理

电子设备一般都需要直流电源供电。这些直流电除了少数直接利用干电池和直流发电机外,大多数是采用把交流电(市电)转变为直流电的直流稳压电源。

直流稳压电源由电源变压器、整流、滤波和稳压电路四部分组成,其原理框图如图 20-1 所示。电网供给的交流电压 u_1(220 V,50 Hz) 经电源变压器降压后,得到符合电路需要的交流电压 u_2,然后由整流电路变换成方向不变、大小随时间变化的脉动电压 u_3,再用滤波器滤去其交流分量,就可得到比较平直的直流电压 u_i。但这样的直流输出电压,还会随交流电网电压的波动或负载的变动而变化。在对直流供电要求较高的场合,还需要使用稳压电路,以保证输出直流电压更加稳定。

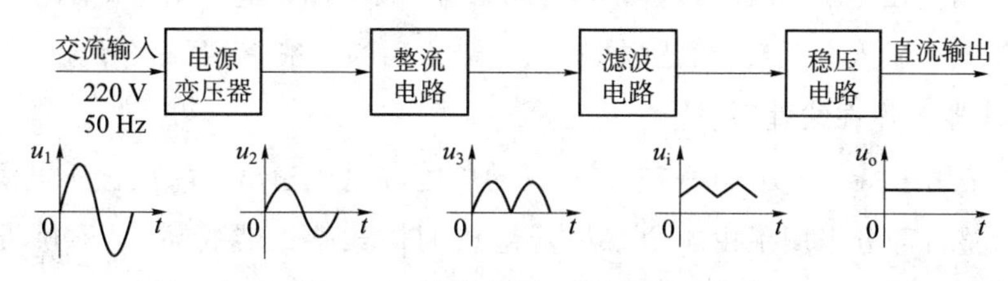

图 20-1　直流稳压电源原理框图

稳压电源的主要性能指标如下:

1. 输出电阻 r_0

输出电阻 R_o 定义为:当输入电压 U_i(指稳压电路输入电压)保持不变,由于负载变化而引起的输出电压变化量与输出电流变化量之比,即

$$r_o = \left.\frac{\Delta U_o}{\Delta I_o}\right|_{U_i = 常数}$$

2. 稳压系数 S(电压调整率)

稳压系数定义为:当负载保持不变,输出电压相对变化量与输入电压相对变化量之比,即

$$S = \left.\frac{\Delta U_o / U_o}{\Delta U_i / U_i}\right|_{R_L = 常数}$$

由于工程上常把电网电压波动±10%作为极限条件，因此也有将此时输出电压的相对变化 $\Delta U_o/U_o$ 作为衡量指标，称为电压调整率。

随着半导体工艺的发展，稳压电路也制成了集成器件。由于集成稳压器具有体积小，外接线路简单、使用方便、工作可靠和通用性等优点，因此在各种电子设备中应用十分普遍，基本上取代了由分立元件构成的稳压电路。集成稳压器的种类很多，应根据设备对直流电源的要求来进行选择。对于大多数电子仪器、设备和电子电路来说，通常是选用串联线性集成稳压器。而在这种类型的器件中，又以三端式稳压器应用最为广泛。

W7800、W7900 系列三端式集成稳压器的输出电压是固定的，在使用中不能进行调整。W7800 系列外形及接线图如图 20-2 所示。

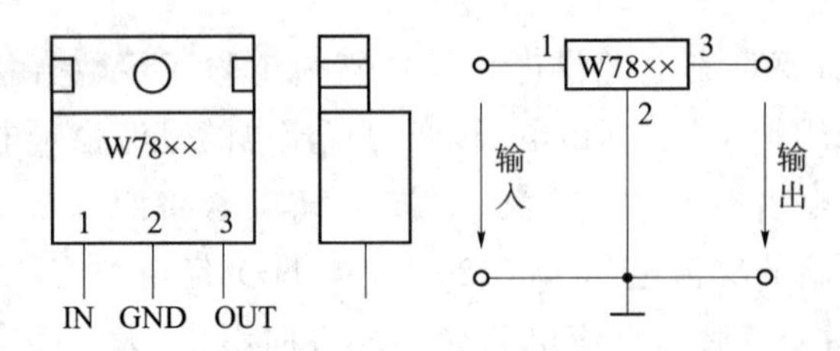

图 20-2　W7800 系列三端式集成稳压器的外形及接线图

本实验所用集成稳压器为三端固定正稳压器 W7812，它的主要参数有：输出直流电压U_o＝＋12 V，输出电流 78L 系列：0.1 A，78M 系列：0.5 A，电压调整率 10 mV/V，输出电阻 r_o＝0.15 Ω，输入电压 U_i 的范围 15～17 V 。因为一般 U_i 要比 U_o 大 3～5 V，才能保证集成稳压器工作在线性区。

图 20-3 是用三端式稳压器 W7812 构成的单电源电压输出串联型稳压电源的实验电路图。其中，整流部分采用了由 4 个二极管组成的桥式整流器成品(又称桥堆)，型号为 2W06(或 KBP306)，内部接线和外部引脚引线如图 20-4 所示。滤波电容 C_1、C_2 一般选取几百或几千微法。当稳压器距离整流滤波电路比较远时，在输入端必须接入电容器 C_3(数值为 0.33 μF)，以抵消线路的电感效应，防止产生自激振荡。输出端电容 C_4(0.1 μF)用以滤除输出端的高频信号，改善电路的暂态响应。

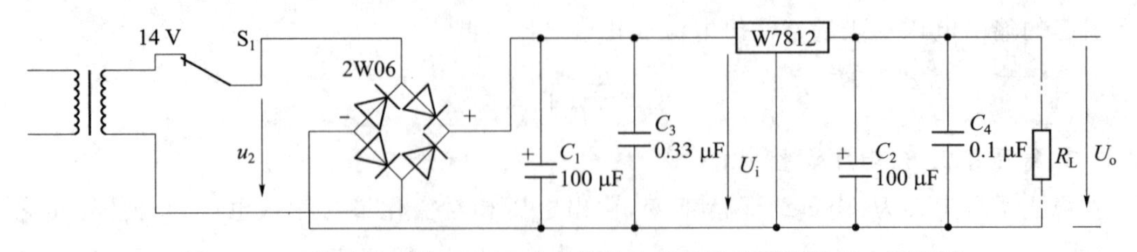

图 20-3　三端式稳压器 W7812 构成的单电源输出串联型稳压电源电路

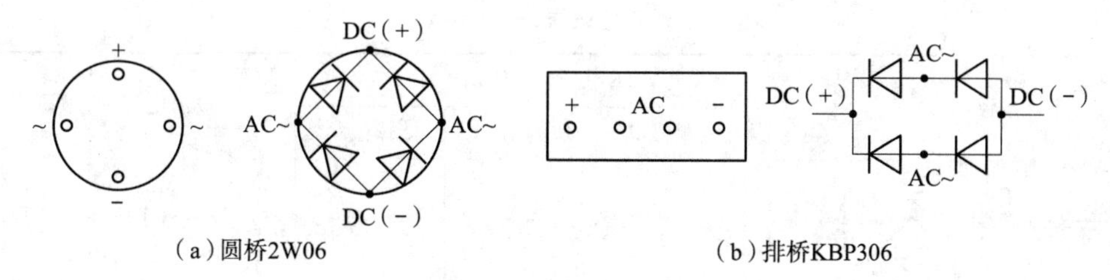

图 20-4　桥堆引脚图

三、实验设备

实验设备如表 20-1 所示。

表 20-1　实验设备

序号	名　　称	型号与规格	数量	备注
1	函数信号发生器	固纬 AFG-2225	1	
2	交流毫伏表	数英 SM2030A	1	
3	双踪示波器	固纬 GDS-1102B	1	
4	数字万用表	固纬 GDM-8341	1	
5	直流稳压电源	麦创 MPS-3003H-3	1	
6	电子技术综合实验箱	风标 FB-EDU-SMD-D	1	

四、实验内容

1. 整流滤波电路的测试

按图 20-5 连接实验电路。取可调工频电源电压为 14 V，作为整流电路输入电压 u_2。

(1) 取 $R_L = 240\ \Omega$，不加滤波电容，用万用表交流电压挡测量输入电压 U_2，再换万用表直流电压挡测量输出电压 U_o，并用示波器观察 u_o 波形，记入表 20-2 。

(2) 取 $R_L = 240\ \Omega$，$C = 470\ \mu F$，重复内容(1)的要求，记入表 20-2。

(3) 取 $R_L = 120\ \Omega$，$C = 470\ \mu F$，重复内容(1)的要求，记入表 20-2。

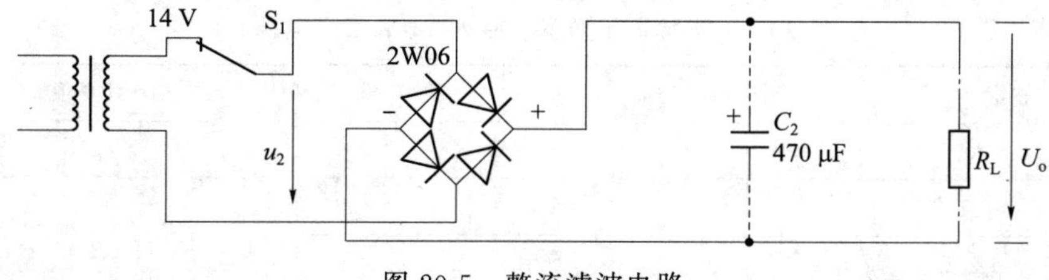

图 20-5　整流滤波电路

表 20-2　实验记录表($U_2=14$ V)

电路形式		输入电压 U_2	输出电压 u_o		输出电压 u_o 波形
		实测值/V	实测值/V	计算值/V	
$R_L=240\ \Omega$	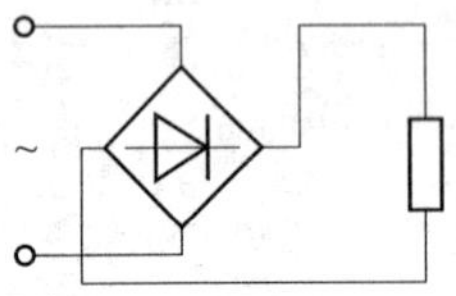 整流				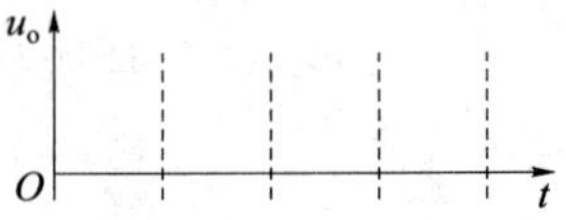
$R_L=240\ \Omega$ $C=470\ \mu F$	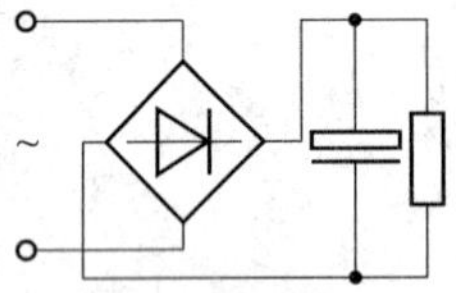 整流滤波				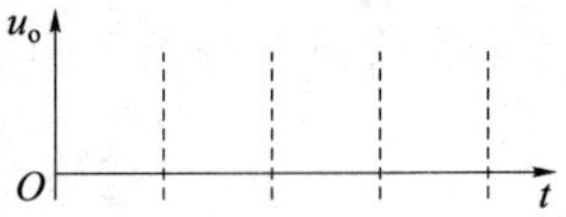
$R_L=120\ \Omega$ $C=470\ \mu F$	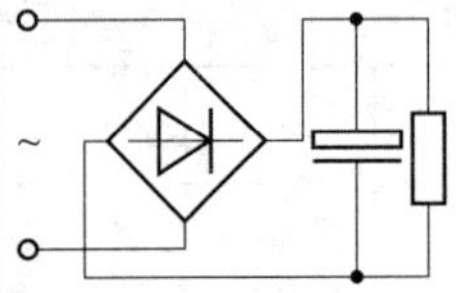 整流滤波				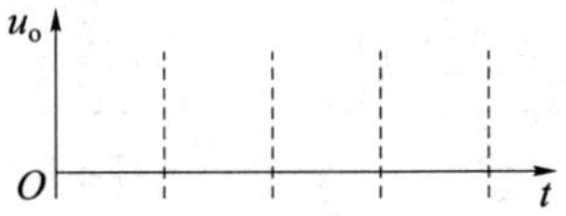

注意：

① 每次改接电路时，必须切断工频电源。

② 在观察输出电压 u_o 波形的过程中，垂直灵敏度旋钮"V/div"位置调好以后，不要再变动，否则将无法比较各波形的脉动情况。

③ 本实验只要求用示波器观察和测量输出电压的波形。输入交流电压和输出直流电压不能用双踪示波器同时观察，因为它们不共地。

2. 串联型稳压电源性能测试

先切断工频电源，在图 20-5 基础上按图 20-3 连接实验电路。

(1) 测量输出电阻 r_o。

取 $U_2=14$ V，分别测量空载、$R_L=120\ \Omega$ 时的输出电压 U_o，填入表 20-3。并用公式计算输出电阻 r_o。

表 20-3　实验记录表(U_2 接入 14 V 工频电源)

测试值		计算值
R_L	U_o/V	r_o/Ω
∞(空载)	$U_\infty=$	
120 Ω	$U_L=$	

公式：$r_o=\frac{U_\infty-U_L}{U_L}R_L$

(2) 测量稳压系数 S

取 $R_L=120\ \Omega$，U_2 分别接 14 V 和 16 V 的工频电源，用万用表交流电压挡测量整流电路输入电压 U_2，换用直流电压挡测量滤波电路输出电压 U_i(稳压器输入电压)及输出电压 U_o，填入表 20-4。并用公式计算出稳压系数 S。

表 20-4　实验记录表(U_2 分别接入 14 V、16 V 工频电源)

测试值				计算值
工频电源	U_2/V	U_i/V	U_o/V	S(计算值)
14 V				
16 V				

$$S=\frac{\Delta U_o}{U_o}\Big/\frac{\Delta U_i}{U_i}$$

(以 U_2 为 14 V 时，测量的 U_i、U_o 为基准。)

五、 实验注意事项

(1) 正确连接线路，检查无误后再接通交流电源。

(2) 要特别注意整流桥 4 个端子的接入，应根据具体实验装置辨别清楚两个交流输入端和两个直流输入端，以及两个直流输入端的极性，不能接反。

(3) 滤波电容的极性和三端稳压器的输入、输出端不能接反，否则会造成元件损坏甚至人员损伤。

(4) 在桥式整流滤波稳压电路实验中，电路输入端与输出端不能共地，不能用双踪示波器同时观察交流输入 U_2 和整流输出 U_o 的波形，以免造成短路。

六、 预习要求

复习直流稳压电源的组成和工作原理。并完成本实验报告的预习思考题。

七、 实验报告要求

(1) 对表 20-2 中实测值与理论值比较，分析误差产生的原因。

(2) 在桥式整流电路实验中，如果某个二极管分别发生开路、短路、反接 3 种情况，各种情况将会出现什么问题?

(3) 根据表 20-3 和表 20-4 所测得的数据，计算稳压电路的输出电阻 r_o 和稳压系数 S。

(4) 分析实验中出现的故障及所采用的排除方法。

数字电子技术部分

实验 21　简单组合逻辑电路的设计

一、实验目的

（1）学习组合逻辑电路的分析和设计方法。

（2）通过对一些简单电路的设计，掌握组合逻辑电路的测试与验证方法。

二、实验原理

组合逻辑电路是最常见的逻辑电路之一，其特点是任意时刻的输出信号仅取决于该时刻的输入信号，而与信号作用前电路的状态无关。组合逻辑电路的设计任务是根据实际的逻辑问题，定义逻辑状态的含义，再根据所给定事件的因果关系列出逻辑真值表，然后由逻辑真值表写出逻辑表达式，再用卡诺图或代数法化简以得到最简逻辑表达式，最后用给定的逻辑器件实现该表达式，画出逻辑电路图。所谓最简是指电路所用器件的数量最少元器件的种类最少，而且元器件之间的连线也最少。

三、实验设备

实验设备如表 21-1 所示。

表 21-1　实验设备

序号	名称	型号与规格	数量
1	电子技术综合实验箱	风标 FB-EDU-SMD-E	1
2	集成电路	74LS00、74LS04、74LS20	各 1

四、实验内容

1. 验证 TTL 集成电路的逻辑功能

验证 TTL 集成电路的逻辑功能，确保芯片正常方可继续下面的实验内容。

分别按图接线，门的输入端连接“逻辑电平开关”输出插口，以得到低电平“0”与高电平“1”逻辑电平信号。开关向上时为高电平“1”，向下时为低电平“0”。门的输出端接由 LED 发光二极管组成的“逻辑电平显示器”的输入插口，红色 LED 亮表示逻辑高电平“1”，绿色 LED 亮表示逻辑低电平“0”（不同实验箱逻辑电平表示方式稍有不同，有些实验箱是 LED 灯亮表示高电平“1”，灯灭表示低电平“0”）。

（1）验证 74LS00（图 21-1）的逻辑功能。用“1”表示高电平，“0”表示低电平，将测试数据填入表 21-3，并与表 21-2 比较。

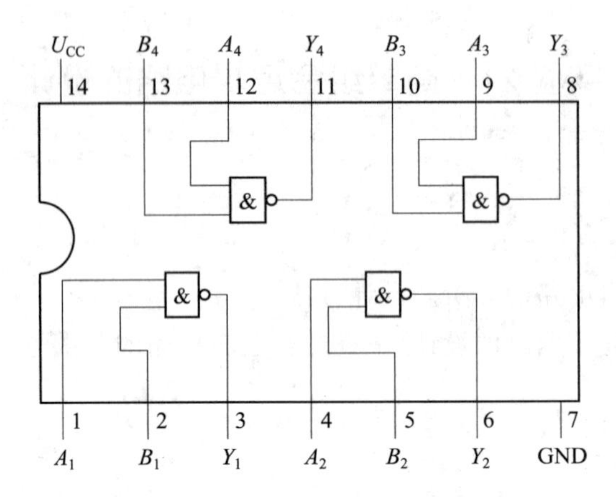

图 21-1 74LS00 与非门引脚排列图

表 21-2 74LS00 逻辑真值表($Y=\overline{AB}$)

输入		输出
A	B	Y
0	0	1
0	1	1
1	0	1
1	1	0

表 21-3 实验记录表

输入		输出	输入		输出	输入		输出	输入		输出
A_1	B_1	Y_1	A_2	B_2	Y_2	A_3	B_3	Y_3	A_4	B_4	Y_4
0	0		0	0		0	0		0	0	
0	1		0	1		0	1		0	1	
1	0		1	0		1	0		1	0	
1	1		1	1		1	1		1	1	

(2) 验证 74LS04(图 21-2)的逻辑功能。测试数据填入表 21-4。

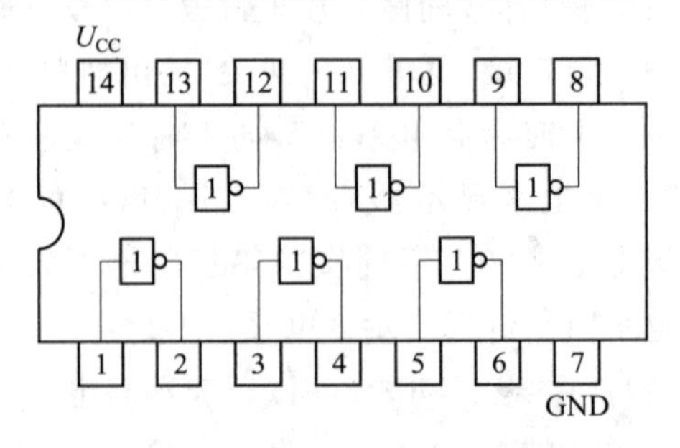

图 21-2 74LS04 非门引脚排列图

表 21-4　实验记录表

序号	1 脚	2 脚	3 脚	4 脚	5 脚	6 脚	9 脚	8 脚	11 脚	10 脚	13 脚	12 脚
1	0		0		0		0		0		0	
2	1		1		1		1		1		1	

(3) 验证 74LS20(图 21-3)的逻辑功能。测试数据填入表 21-5。

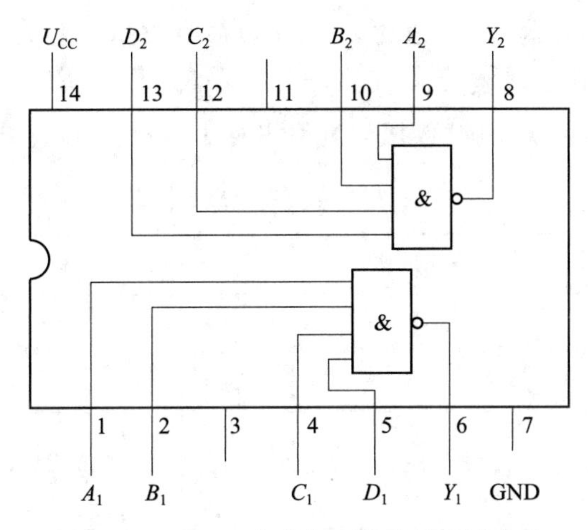

图 21-3　74LS20 与非门逻辑功能测试电路

表 21-5　实验记录表

序号	输入				输出	
	A_n	B_n	C_n	D_n	Y_1	Y_2
1	1	1	1	1		
2	1	1	1	0		
3	1	1	0	1		
4	1	1	0	0		
5	1	0	1	1		
6	1	0	1	0		
7	1	0	0	1		
8	1	0	0	0		
9	0	1	1	1		
10	0	1	1	0		
11	0	1	0	1		
12	0	1	0	0		
13	0	0	1	1		
14	0	0	1	0		
15	0	0	0	1		
16	0	0	0	0		

2. 裁判表决电路

有 A、B、C 三名裁判，其中 A 为主裁判，B、C 为副裁判。裁判用“0”表示不合格，用“1”表示合格。当主裁判和一名或一名以上副裁判认为运动员的动作合格时，输出为高电平“1”；否则输出为低电平“0”。要求用一片与非门 74LS00 实现。

(1) 根据题意填写表 21-6 所示的真值表(预习报告完成此步骤)。

(2) 写出 Y 的逻辑表达式并用卡诺图化简(预习报告完成此步骤)。

(3) 因为要用一片与非门 74LS00 实现，所以应将表达式变为与非表达式，并画出实验电路图(预习报告完成此步骤)。

(4) 按实验电路图接线，测试数据与真值表对比，并验证设计结果。

表 21-6 真值表

A	B	C	Y	Y(测试数据)

3. 数值比较器

有 A、B 两个一位二进制数，L_1、L_2、L_3 为 3 个指示灯。要求：当 $A<B$ 时，L_1 为高电平“1”，L_2、L_3 为低电平“0”；$A=B$ 时，L_2 为高电平“1”，L_1、L_3 为低电平“0”；$A>B$ 时，L_3 为高电平“1”，L_1、L_2 为低电平“0”。要求用一片与非门 74LS00、一片非门 74LS04、一片与非门 74LS20 实现。

(1) 根据题意填写表 21-7 所示真值表(预习报告完成此步骤)。

(2) 写出逻辑 L_1、L_2、L_3，表达式并用卡诺图化简(预习报告完成此步骤)。

(3) 将表达式变换成可以用非门、与非门实现的形式，并画出实验电路图(预习报告完成此步骤)。

(4) 按实验电路图接线，测试数据与真值表对比，并验证设计结果。

表 21-7　真值表

输入		输出			输出(测试数据)		
A	B	L_1	L_2	L_3	L_1	L_2	L_3

五、实验注意事项

(1) 要认清集成电路芯片的定位标记,看准芯片的引脚号,芯片电源极性不允许接错。实验中要求使用 $U_{CC}=+5$ V。

(2) 实验中同时用到多个集成电路芯片时,每一个芯片都需要正确连接电源。

六、预习要求

(1) 复习组合逻辑电路的分析和设计方法,熟悉集成电路 74LS00、74LS04 和 74LS20 的外引线排列。

(2) 完成实验内容中要求在预习报告中完成的步骤。

七、实验报告要求

(1) 根据实验数据验证 74LS00、74LS04 和 74LS20 的逻辑功能。

(2) 分析实验结果,判断对实验内容 2、实验内容 3 的设计是否正确。

(3) 通过本实验,谈谈你对设计组合逻辑电路的体会。

实验22　加　法　器

一、 实验目的

(1) 熟悉半加器和全加器的逻辑功能。

(2) 掌握半加器和全加器的测试方法。

二、 实验原理

在数字系统中,经常需要进行算术运算、逻辑操作及数字大小比较等操作,实现这些运算功能的电路是加法器。加法器是一般组合逻辑电路,主要功能是实现二进制数的算术加法运算。

1. 半加器

半加器完成两个一位二进制数相加,而不考虑由低位来的进位。半加器逻辑表达式为

$$S_n = A_n \overline{B}_n + \overline{A}_n B_n = A_n \oplus B_n, C_n = A_n B_n$$

半加器的逻辑符号如图 22-1 所示,A_n、B_n 为输入端,S_n 为本位和数输出端,C_n 为向高位进位输出端。图 22-2 所示为用与门 74LS08 和异或门 74LS86 实现半加器的电路图。

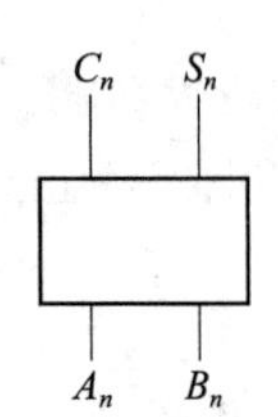

图 22-1　半加器逻辑符号

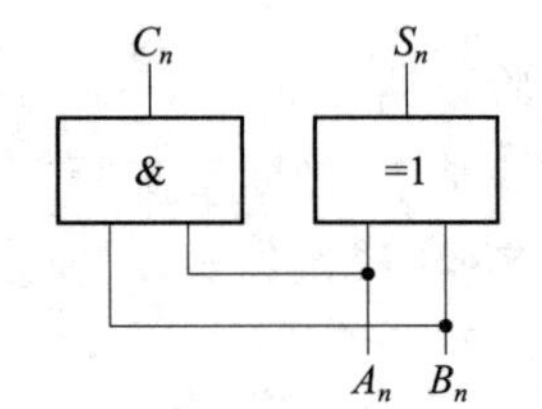

图 22-2　实现半加器的电路图

2. 全加器

全加器是带有进位的二进制加法器,全加器的逻辑表达式为

$$S_n = \overline{A}_n \overline{B}_n C_{n-1} + \overline{A}_n B_n \overline{C}_{n-1} + A_n \overline{B}_n \overline{C}_{n-1} + A_n B_n C_{n-1}$$

$$C_n = \overline{A}_n B_n C_{n-1} + A_n \overline{B}_n C_{n-1} + A_n B_n \overline{C}_{n-1} + A_n B_n C_{n-1}$$

全加器的逻辑符号如图 22-3 所示,它有 3 个输入端 A_n、B_n、C_n(C_{n-1} 为低位来的进位输入端),两个输出端 S_n、C_n。实现全加器逻辑功能的方案有多种,图 22-4 所示为用与门 74LS08、或门 74LS32 及异或门 74LS86 构成的全加器。

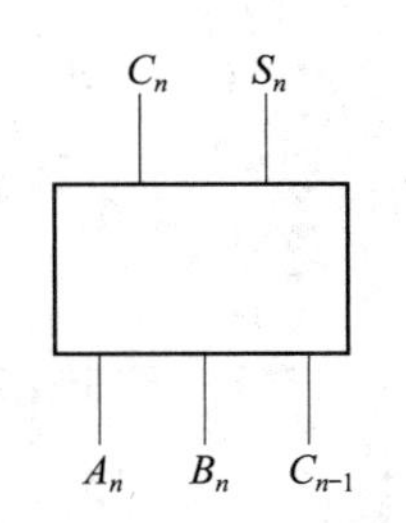

图 22-3　全加器逻辑符号

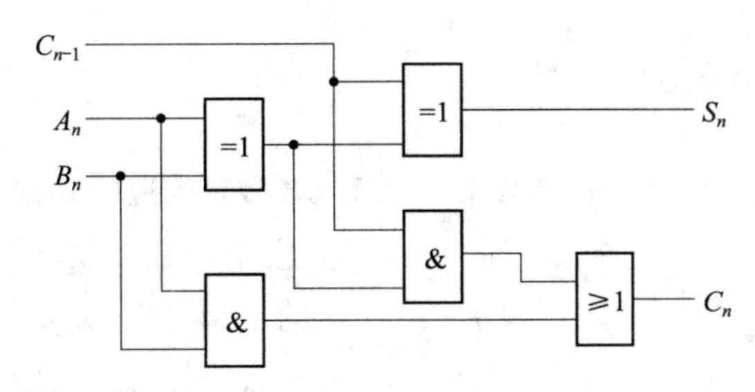

图 22-4　实现全加器的电路图

本实验所用的与门型号为二输入四与门 74LS08，74LS08 引脚图如图 22-5 所示；所用或门型号为二输入四或门 74LS32，74LS32 引脚图如图 22-6 所示；所用异或门型号为二输入四异或门 74LS86，74LS86 引脚图如图 22-7 所示。

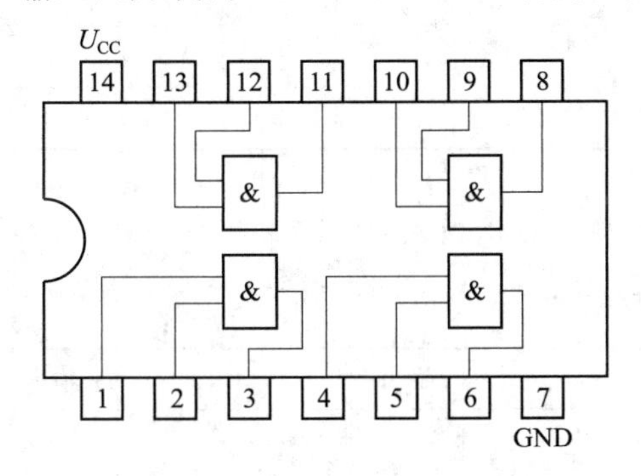

图 22-5　74LS08 引脚图

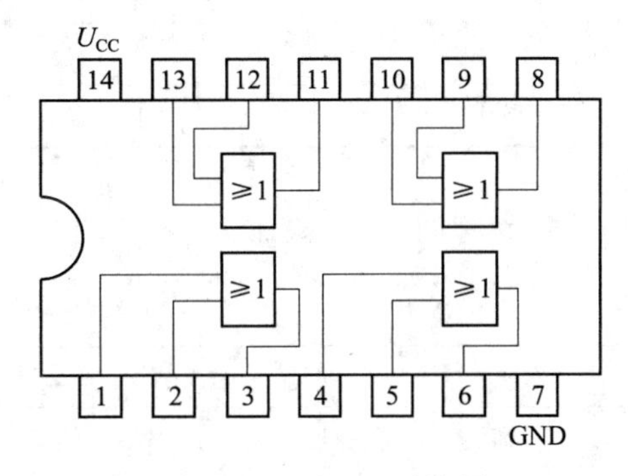

图 22-6　74LS32 引脚图

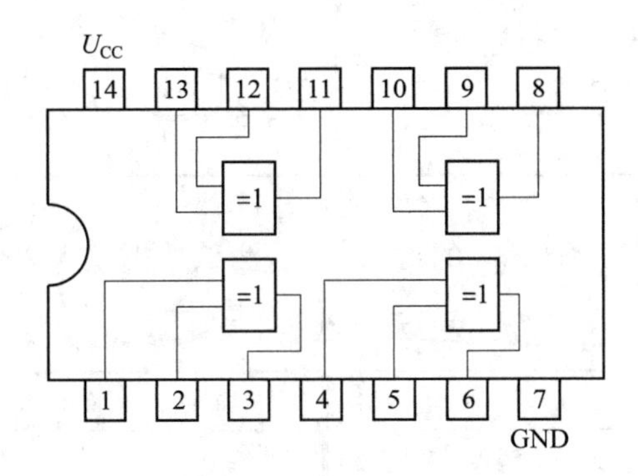

图 22-7　74LS86 引脚图

三、实验设备

实验设备如表 22-1 所示。

表 22-1　实验设备

序号	名称	型号与规格	数量
1	电子技术综合实验箱	风标 FB-EDU-SMD-E	1
2	集成电路	74LS08、74LS32、74LS86	各 1

四、实验内容

1. 检查 74LS08、74LS32 以及 74LS86 的逻辑功能

门的输入端连接逻辑电平开关,输出端连接逻辑电平显示器。

(1) 参考图 22-5,验证 74LS08 的逻辑功能,测试数据填入表 22-2。

表 22-2　实验记录表

输入		输出	输入		输出	输入		输出	输入		输出
A_1	B_1	Y_1	A_2	B_2	Y_2	A_3	B_3	Y_3	A_4	B_4	Y_4
0	0		0	0		0	0		0	0	
0	1		0	1		0	1		0	1	
1	0		1	0		1	0		1	0	
1	1		1	1		1	1		1	1	

(2) 参考图 22-6,验证 74LS32 的逻辑功能,测试数据填入表 22-3。

表 22-3　实验记录表

输入		输出	输入		输出	输入		输出	输入		输出
A_1	B_1	Y_1	A_2	B_2	Y_2	A_3	B_3	Y_3	A_4	B_4	Y_4
0	0		0	0		0	0		0	0	
0	1		0	1		0	1		0	1	
1	0		1	0		1	0		1	0	
1	1		1	1		1	1		1	1	

(3) 参考图 22-7,验证 74LS86 的逻辑功能,测试数据填入表 22-4。

表 22-4　实验记录表

输入		输出	输入		输出	输入		输出	输入		输出
A_1	B_1	Y_1	A_2	B_2	Y_2	A_3	B_3	Y_3	A_4	B_4	Y_4
0	0		0	0		0	0		0	0	
0	1		0	1		0	1		0	1	
1	0		1	0		1	0		1	0	
1	1		1	1		1	1		1	1	

2. 用 74LS08 和 74LS86 构成一位半加器

参考图 22-8 连接实验电路。按表 22-5 改变输入端状态,测试半加器的逻辑功能,并记录数据。

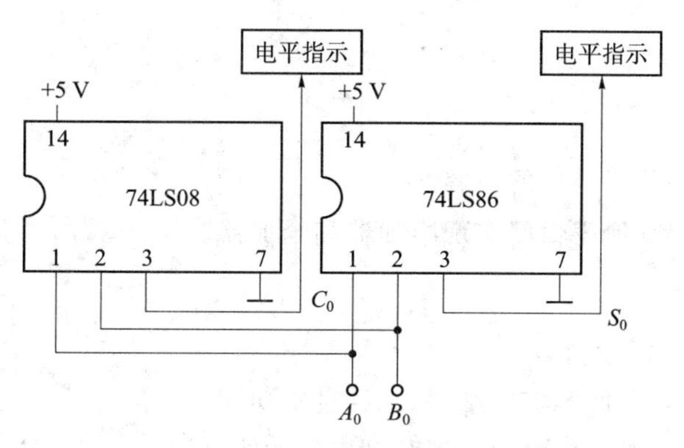

图 22-8　半加器实验电路

表 22-5　实验记录表

输入		输出	
A_n	B_n	S_n	C_n
0	0		
0	1		
1	0		
1	1		

3. 用 74LS08、74LS86 及 74LS32 构成一位全加器

按图 22-4 连接实验电路，按表 22-6 改变输入端状态，测试全加器的逻辑功能，并记录数据。

表 22-6　实验记录表

输入			输出	
A_n	B_n	C_{n-1}	S_n	C_n
0	0	0		
0	0	1		
0	1	0		
0	1	1		
1	0	0		
1	0	1		
1	1	0		
1	1	1		

五、预习要求

(1) 复习有关加法器部分的内容。

(2) 思考能否用其他逻辑门实现半加器和全加器。

六、实验报告要求

(1) 整理半加器、全加器实验结果,总结逻辑功能。

(2) 通过本实验,谈谈你对加法器及其应用的体会。

实验 23 数据选择器

一、实验目的

（1）掌握中规模集成数据选择器的逻辑功能及使用方法。

（2）学习用数据选择器构成组合逻辑电路的方法。

二、实验原理

数据选择器是常用的组合逻辑部件之一。它由组合逻辑电路对数字信号进行控制来完成较复杂的逻辑功能。它有若干个数据输入端 $D_0, D_1, \cdots$，若干个控制输入端 A_0，$A_1, \cdots$，一个输出端 Y_0。在控制输入端加上适当的信号，即可从多个输入数据源中将所需的数据信号选择出来，送到输出端。使用时也可以在控制输入端加上一组二进制编码程序的信号，使电路按要求输出一串信号，所以它也是一种可编程序的逻辑器件。

1. 双 4 选 1 数据选择器 74LS153

中规模集成芯片 74LS153 为双 4 选 1 数据选择器。所谓双 4 选 1 数据选择器，就是在一块集成芯片上有两个 4 选 1 数据选择器。74LS153 引脚排列如图 23-1 所示，功能如表 23-1 所示。

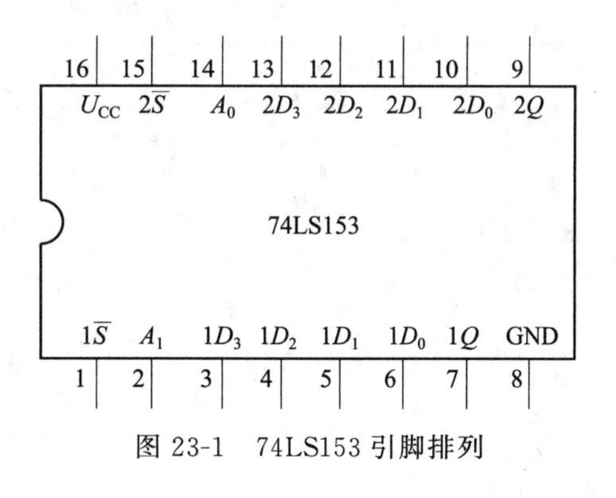

图 23-1 74LS153 引脚排列

表 23-1 74LS153 功能表

输入			输出
$\overline{S}$	A_1	A_0	Q
1	×	×	0
0	0	0	D_0
0	0	1	D_1
0	1	0	D_2
0	1	1	D_3

$1\overline{S}$、$2\overline{S}$ 为两个独立的使能端；A_1、A_0 为公用的地址输入端；$1D_0 \sim 1D_3$ 和 $2D_0 \sim 2D_3$ 分别为两个 4 选 1 数据选择器的数据输入端；$1Q$、$2Q$ 为两个输出端。74LS153 的逻辑表达式为

$$Y=S(\overline{A}_1\overline{A}_0D_0+\overline{A}_1A_0D_1+A_1\overline{A}_0D_2+A_1A_0D_3)$$

(1) 当使能端 $1\overline{S}(2\overline{S})=1$ 时，多路开关被禁止，无输出，$Q=0$。

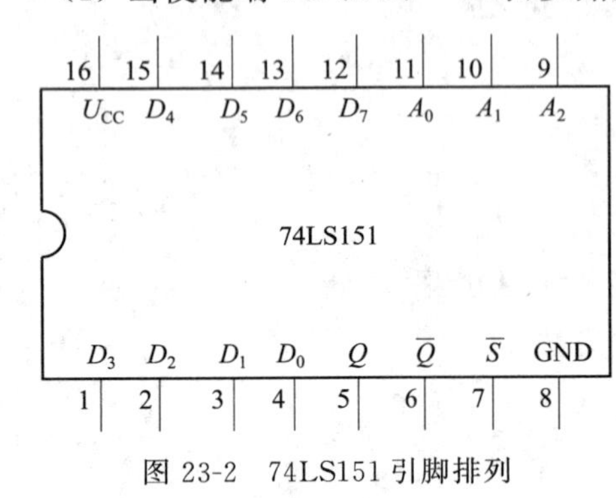

图 23-2　74LS151 引脚排列

(2)当使能端 $1\overline{S}(2\overline{S})=0$ 时，多路开关正常工作，根据地址码 A_1、A_0 的状态，将相应的数据 $D_0\sim D_3$ 送到输出端 Q。

① 如 $A_1A_0=00$，则选择 D_0 数据到输出端，即 $Q=D_0$；

② 如 $A_1A_0=01$，则选择 D_1 数据到输出端，即 $Q=D_1$，以此类推。

2. 8 选 1 数据选择器 74LS151

中规模集成芯片 74LS151 为互补输出的 8 选 1 数据选择器，引脚排列如图 23-2 所示，功能如表 23-2 所示。

表 23-2　74LS151 功能表

输入				输出	
$\overline{S}$	A_2	A_1	A_0	Q	$\overline{Q}$
1	×	×	×	0	1
0	0	0	0	D_0	$\overline{D}_0$
0	0	0	1	D_1	$\overline{D}_1$
0	0	1	0	D_2	$\overline{D}_2$
0	0	1	1	D_3	$\overline{D}_3$
0	1	0	0	D_4	$\overline{D}_4$
0	1	0	1	D_5	$\overline{D}_5$
0	1	1	0	D_6	$\overline{D}_6$
0	1	1	1	D_7	$\overline{D}_7$

选择控制端(地址端)为 $A_2\sim A_0$，按二进制译码，从 8 个输入数据 $D_0\sim D_7$ 中，选择一个需要的数据送到输出端 Q；$\overline{S}$为使能端，低电平有效。

74LS151 的逻辑表达式为

$$Y=S(\overline{A}_2\overline{A}_1\overline{A}_0D_0+\overline{A}_2\overline{A}_1A_0D_1+\overline{A}_2A_1\overline{A}_0D_2+\overline{A}_2A_1A_0D_3+$$
$$A_2\overline{A}_1\overline{A}_0D_4+A_2\overline{A}_1A_0D_5+A_2A_1\overline{A}_0D_6+A_2A_1A_0D_7)$$

(1) 使能端$\overline{S}=1$ 时，不论 $A_2\sim A_0$ 的状态如何，均无输出($Q=0$,$\overline{Q}=1$)，多路开关被禁止。

(2) 使能端$\overline{S}=0$时,多路开关正常工作,根据地址码A_2、A_1、A_0的状态选择D_0～D_7中某一个通道的数据输送到输出端Q。

① 如$A_2A_1A_0=000$,则选择D_0数据到输出端,即$Q=D_0$;

② 如$A_2A_1A_0=001$,则选择D_1数据到输出端,即$Q=D_1$,以此类推。

三、 实验设备

实验设备如表23-3所示。

表23-3 实验设备

序号	名称	型号与规格	数量
1	电子技术综合实验箱	风标 FB-EDU-SMD-E	1
2	集成电路	74LS151、74LS153	各1

四、 实验内容

1. 测试74LS153双4选1数据选择器的逻辑功能

地址端、数据输入端、使能端接逻辑开关,输出端接电平指示器。

按表23-1逐项进行功能验证,确保芯片正常方可进行下一步的实验。测试数据填入表23-4。

表23-4 实验记录表

输入			输出
$\overline{S}$	A_1	A_0	Q
1	×	×	
0	0	0	
0	0	1	
0	1	0	
0	1	1	

2. 用74LS153实现3人表决电路

要求输入端有任意2个或2个以上为高电平"1"时,输出为高电平"1",其他情况则输出为低电平"0"。

① 自己设计用4选1构成3人表决实验电路图(预习报告完成此步骤)。

② 按实验电路图接线,测试数据填入表23-5。

表 23-5 实验记录表

A	B	C	Q

3. 测试数据选择器 74LS151 的逻辑功能

按图 23-3 接线，地址端为 A_2、A_1、A_0，数据端为 $D_0 \sim D_7$，使能端$\overline{S}$接逻辑电平开关，输出端 Q 接逻辑电平显示器，按表 23-2 逐项进行功能验证，确保芯片正常后方可进行下一步的实验。测试数据填入表 23-6。

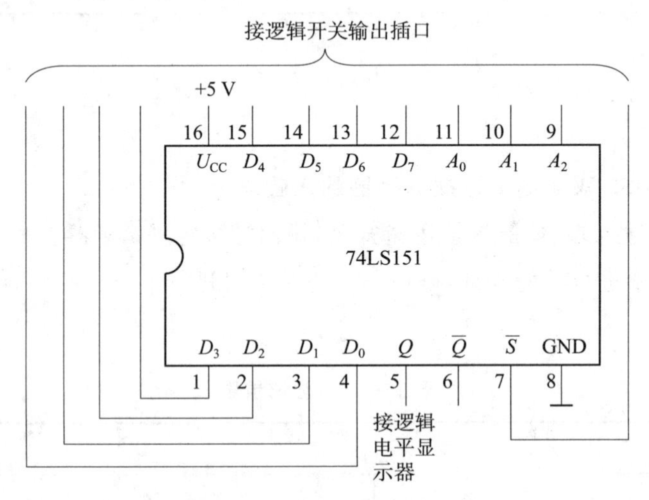

图 23-3 74LS151 逻辑功能测试

表 23-6 实验记录表

输入				输出	
$\overline{S}$	A_2	A_1	A_0	Q	$\overline{Q}$
1	×	×	×		
0	0	0	0		
0	0	0	1		
0	0	1	0		
0	0	1	1		
0	1	0	0		
0	1	0	1		
0	1	1	0		
0	1	1	1		

4. 用 74LS151 实现 3 人表决电路

要求输入端有任意 2 个或 2 个以上为高电平“1”时，输出为高电平“1”，其他情况则输出为低电平“0”。

(1) 设计用 8 选 1 数据选择器构成 3 人表决电路的实验电路图(预习报告完成此步骤)。

(2) 按实验电路图接线，测试数据填入表 23-7。

表 23-7 实验记录表

A	B	C	Q

五、 预习要求

(1) 复习有关数据选择器的逻辑功能及使用方法。

(2) 完成实验内容中要求预习报告完成的步骤。

六、 实验报告要求

(1) 总结 74LS153 和 74LS151 的逻辑功能。

(2) 通过本实验，谈谈你对数据选择器及其应用的体会。

实验24　触　发　器

一、 实验目的

(1) 掌握基本 RS 触发器、JK 触发器、D 触发器和 T 触发器的逻辑功能。

(2) 熟悉各触发器之间逻辑功能的相互转换的方法。

二、 实验原理

触发器是具有记忆功能的二进制信息存储器件，是时序逻辑电路的基本单元之一。触发器按逻辑功能分 RS、JK、D、T 触发器；按电路触发方式可分为主从型触发器和边沿型触发器两大类。

1. 基本 RS 触发器

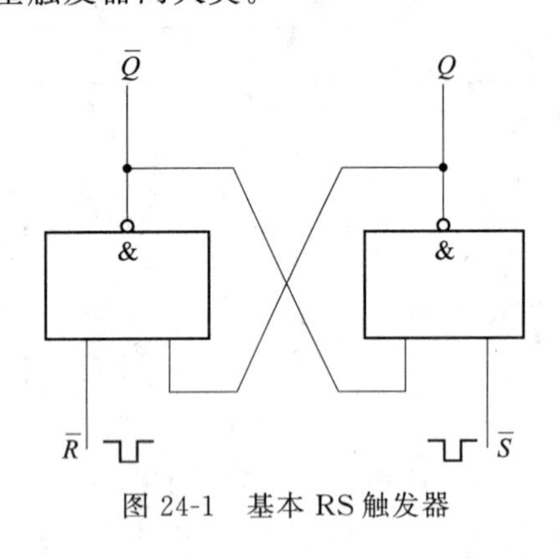

图 24-1　基本 RS 触发器

图 24-1 所示为由两个与非门交叉耦合构成的基本 RS 触发器，它是无时钟控制低电平直接触发的触发器。基本 RS 触发器具有置“0”、置“1”和“保持”3 种功能。通常称$\overline{S}$为置“1”端，因为当$\overline{S}=0(\overline{R}=1)$时触发器被置“1”；$\overline{R}$为置“0”端，因为当$\overline{R}=0(\overline{S}=1)$时触发器被置“0”；当$\overline{S}=\overline{R}=1$时状态保持；当$\overline{S}=\overline{R}=0$时，触发器状态不定，应避免此种情况发生。表 24-1 所示为基本 RS 触发器的功能表。

基本 RS 触发器也可以用两个“或非门”组成，此时为高电平触发有效。

表 24-1　基本 RS 触发器功能表

输入			输出
$\overline{S}$	$\overline{R}$	Q^{n+1}	$\overline{Q}^{n+1}$
0	1	1	0
1	0	0	1
1	1	Q^n	$\overline{Q}^n$
0	0	ϕ	ϕ

注：ϕ 为不定态。

2. JK 触发器

在输入信号为双端的情况下，JK 触发器是功能完善、使用灵活和通用性较强的一种触发器。本实验采用 74LS112 双 JK 触发器，是下降边沿触发的边沿触发器。引脚排列及逻辑符号如图 24-2 所示。

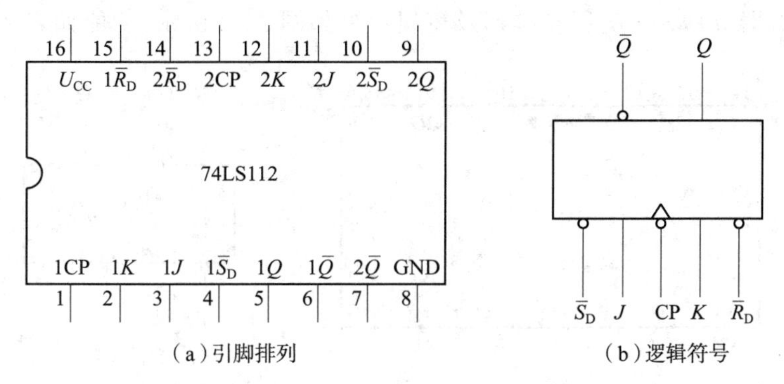

（a）引脚排列　　（b）逻辑符号

图 24-2　74LS112 双 JK 触发器引脚排列及逻辑符号

JK 触发器的状态方程为 $Q^{n+1}=J\overline{Q^n}+\overline{K}Q^n$

J 和 K 是数据输入端，是触发器状态更新的依据。若 J、K 有两个或两个以上输入端，则组成“与”的关系。Q 与$\overline{Q}$为两个互补输出端。通常把 $Q=0$、$\overline{Q}=1$ 的状态定为触发器“0”状态，而把 $Q=1$、$\overline{Q}=0$ 的状态定为“1”状态。

下降沿触发 JK 触发器的功能如表 24-2 所示。

表 24-2　下降沿触发 JK 触发器的功能表

输入					输出	
$\overline{S}_D$	$\overline{R}_D$	CP	J	K	Q^{n+1}	$\overline{Q}^{n+1}$
0	1	×	×	×	1	0
1	0	×	×	×	0	1
0	0	×	×	×	ϕ	ϕ
1	1	↓	0	0	Q^n	$\overline{Q}^n$
1	1	↓	1	0	1	0
1	1	↓	0	1	0	1
1	1	↓	1	1	$\overline{Q}^n$	Q^n
1	1	↑	×	×	Q^n	$\overline{Q}^n$

注：×为任意态；↓为高到低电平变化；↑为低到高电平变化；Q^n（$\overline{Q}^n$）为现态；

Q^{n+1}（$\overline{Q}^{n+1}$）为次态；ϕ 为不定态；下同。

JK 触发器常被用作缓冲存储器、移位寄存器和计数器。

3. D 触发器

在输入信号为单端的情况下，D 触发器使用起来最为方便。其状态方程为 $Q^{n+1}=D^n$，其输出状态的更新发生在 CP 脉冲的上升沿，故又称为上升沿触发的边沿触发器。触发器的状态只取决于时钟到来前 D 端的状态。D 触发器的应用很广，可用作数字信号的寄存、移位寄存、分频和波形发生等。D触发器有很多种型号,可根据各种用途的需要而选用,如双D触发器74LS74、四D触发器74LS175、六D触发器74LS174等。

双D触发器74LS74的引脚排列及逻辑符号如图24-3所示,功能如表24-3所示。

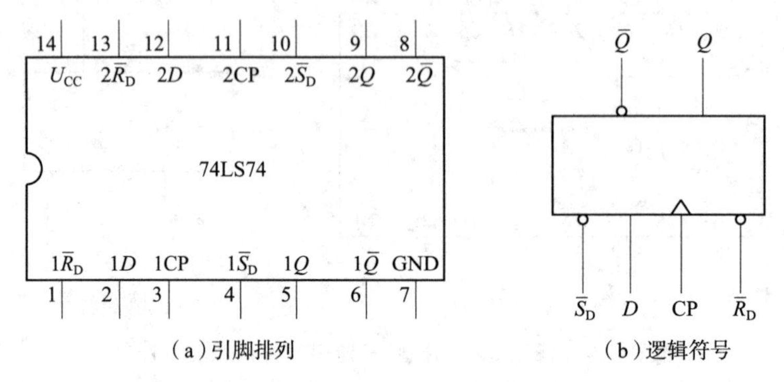

(a)引脚排列 (b)逻辑符号

图24-3 双D触发器74LS74的引脚排列及逻辑符号

表24-3 双D触发器74LS74功能表

输入				输出	
$\overline{S}_D$	$\overline{R}_D$	CP	D	Q^{n+1}	$\overline{Q}^{n+1}$
0	1	×	×	1	0
1	0	×	×	0	1
0	0	×	×	φ	φ
1	1	↑	1	1	0
1	1	↑	0	0	1
1	1	↓	×	Q^n	$\overline{Q}^n$

4. 触发器之间的相互转换

在集成触发器的产品中,每一种触发器都有自己固定的逻辑功能,但可以利用转换的方法获得具有其他功能的触发器。例如,将触发器的J、K两端连在一起,并认它为T端,就得到所需的T触发器,如图24-4(a)所示,其状态方程为$Q^{n+1}=T\overline{Q}^n+\overline{T}Q^n$。

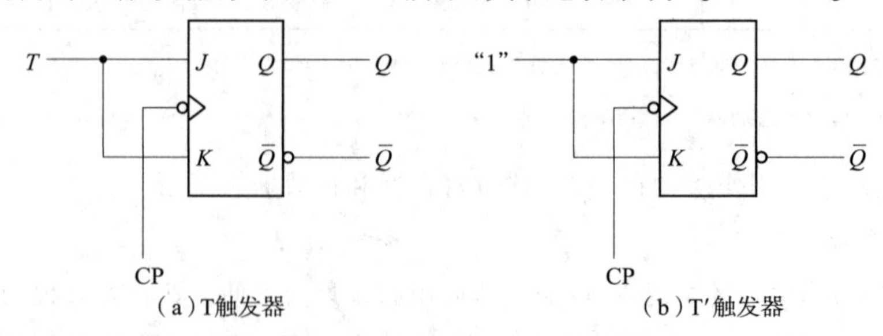

(a)T触发器 (b)T′触发器

图24-4 JK触发器转换为T、T′触发器

T触发器的功能如表24-4所示。当 $T=0$ 时，时钟脉冲作用后，其状态保持不变；当 $T=1$ 时，时钟脉冲作用后，触发器状态翻转。所以，若将T触发器的T端置“1”，如图24-4(b)所示，即得T′触发器。在T′触发器的CP端每来一个CP脉冲信号，触发器的状态就翻转一次，故称之为反转触发器，它广泛用于计数电路中。

表 24-4　T触发器功能表

输入				输出
$\overline{S}_D$	$\overline{R}_D$	CP	T	Q^{n+1}
0	1	×	×	1
1	0	×	×	0
1	1	↓	0	Q^n
1	1	↓	1	$\overline{Q}^n$

三、实验设备

实验设备如表24-5所示。

表 24-5　实验设备

序号	名称	型号与规格	数量
1	电子技术综合实验箱	风标 FB-EDU-SMD-E	1
2	集成电路	74LS00、74LS112、74LS74	各1

四、实验内容

1. 测试基本RS触发器的逻辑功能

按图24-1用74LS00的两个与非门组成基本RS触发器，注意芯片7引脚接地，14引脚接+5 V，输入端 $\overline{R}$、$\overline{S}$ 连接逻辑电平开关的输出插口，输出端 Q、$\overline{Q}$ 连接逻辑电平显示输入插口，按表24-6的要求测试，并记录结果。

表 24-6　实验记录表

$\overline{R}$	$\overline{S}$	Q	$\overline{Q}$
1	1→0		
	0→1		
1→0	1		
0→1			
0	0		

2. 测试双 JK 触发器 74LS112 逻辑功能

(1) 测试$\overline{R}_D$、$\overline{S}_D$的复位、置位功能。任取一只 JK 触发器，$\overline{R}_D$、$\overline{S}_D$、J、K 端接逻辑开关输出插口，CP 端接单次脉冲源，Q、$\overline{Q}$端接逻辑电平显示输入插口。改变$\overline{R}_D$、$\overline{S}_D$(J、K、CP 处于任意状态)，并在$\overline{R}_D=0$($\overline{S}_D=1$)或$\overline{S}_D=0$($\overline{R}_D=1$)作用期间任意改变 J、K 及 CP 的状态，观察 Q、$\overline{Q}$的状态。按表 24-7 要求测试，记录相应的结果。

表 24-7　实验记录表

输入					输出	
$\overline{S}_D$	$\overline{R}_D$	CP	J	K	Q	$\overline{Q}$
0	1	×	×	×		
1	0	×	×	×		
0	0	×	×	×		

(2) 测试 JK 触发器的逻辑功能。此时$\overline{R}_D=1$，$\overline{S}_D=1$，J、K 端接逻辑开关输出插口，CP 端接单次脉冲源，按表 24-8 的要求改变 J、K、CP 端的状态，观察 Q、$\overline{Q}$的状态变化，观察触发器状态更新是否发生在 CP 脉冲的下降沿(即 CP 由 1→0)，记录相应的结果。

表 24-8　实验记录表

序号	输入					输出 Q^{n+1}	
	$\overline{S}_D$	$\overline{R}_D$	CP	J	K	$Q^n=0$ ($\overline{R}_D$→0→1)	$Q^n=1$ ($\overline{S}_D$→0→1)
1	1	1	0→1	0	0		
2	1	1	1→0				
3	1	1	0→1	0	1		
4	1	1	1→0				
5	1	1	0→1	1	0		
6	1	1	1→0				
7	1	1	0→1	1	1		
8	1	1	1→0				

(3)将 JK 触发器的 J、K 端连在一起，构成 T、T′触发器。

参考图 24-4 所示的连接实验电路，此时$\overline{R}_D=1$，$\overline{S}_D=1$，J、K 两端连在一起并接逻辑开关输出插口，CP 端接单次脉冲源，输出端 Q 接逻辑电平显示输入插口，按表 24-9 的要求测试，记录相应的结果。

表 24-9　实验记录表

序号	输入				输出$\overline{Q}^{n+1}$	
	$\overline{S}_D$	$\overline{R}_D$	CP	J、K 端连在一起构成 T、T′触发器	$Q^n=0$ ($\overline{R}_D\to0\to1$)	$Q^n=1$ ($\overline{S}_D\to0\to1$)
1	1	1	0→1	$T=1$ 即 $J=K=1$ 翻转功能		
2	1	1	1→0			
3	1	1	0→1	$T=0$ 即 $J=K=0$ 保持功能		
4	1	1	1→0			

3. 测试双 D 触发器 74LS74 的逻辑功能

(1) 测试$\overline{R}_D$、$\overline{S}_D$ 的复位、置位功能。测试方法同实验内容 2(1),测试数据填入表 24-10。

表 24-10　实验记录表

输入				输出	
$\overline{S}_D$	$\overline{R}_D$	CP	D	Q	$\overline{Q}$
0	1	×	×		
1	0	×	×		
0	0	×	×		

(2) 测试 D 触发器的逻辑功能。按表 24-11 的要求进行测试,并观察触发器状态更新是否发生在 CP 脉冲的上升沿(即由 0→1),记录相应的结果。

表 24-11　实验记录表

序号	输入				输出 Q^{n+1}	
	$\overline{S}_D$	$\overline{R}_D$	CP	D	$Q^n=0$ ($\overline{R}_D\to0\to1$)	$Q^n=1$ ($\overline{S}_D\to0\to1$)
1	1	1	0→1	0		
2	1	1	1→0			
3	1	1	0→1	1		
4	1	1	1→0			

(3) 将 D 触发器的$\overline{Q}$端与 D 端相连接(此时不外接逻辑电平),转换为 T′触发器,如图 24-5 所示。此时$\overline{R}_D=1$,$\overline{S}_D=1$,$\overline{Q}$端与 D 端相连接,CP 端接单次脉冲源,输出端 Q 接逻辑电平显示输入插口,按表 24-12 的要求测试,记录相应的结果。

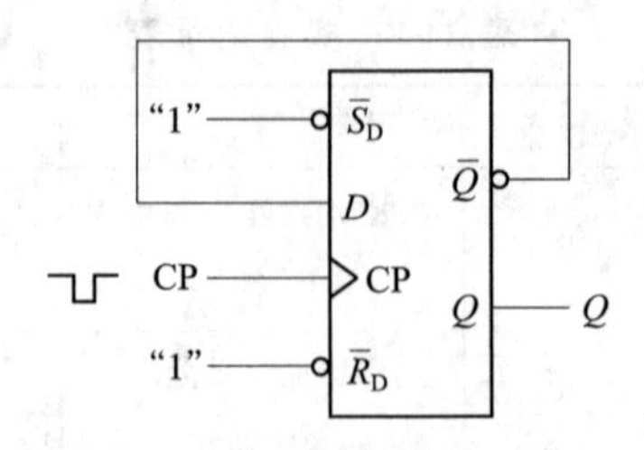

图 24-5 D触发器转换为T′触发器

表 24-12 实验记录表

序号	输入				输出 Q^{n+1}	
	$\overline{S}_D$	$\overline{R}_D$	CP	$D=\overline{Q}$	$Q^n=0$ ($\overline{R}_D$→0→1)	$Q^n=1$ ($\overline{S}_D$→0→1)
1	1	1	0→1	—		
2	1	1	1→0			

五、预习要求

(1) 复习有关触发器内容。

(2) 熟悉各触发器功能测试表格。

六、实验报告要求

(1) 试由实验结果比较基本RS触发器、74LS112双JK触发器、74LS74双D触发器的触发方式有什么不同。

(2) 通过本实验,谈谈你对触发器及其应用的体会。

实验 25 译 码 器

一、 实验目的

（1）掌握中规模集成译码器的逻辑功能和使用方法。

（2）熟悉数码管的使用。

二、 实验原理

译码器是一种多输入、多输出的组合逻辑电路器件，作用是把给定的代码按既定规则进行“翻译”，使输出通道中相应的一路有信号输出。译码器在数字系统中有广泛的应用不仅用于代码的转换、终端的数字显示，还用于数据分配，存储器寻址和组合控制信号等，不同的需求可选用不同种类的译码器。

译码器可分为变量译码器和显示译码器两大类。变量译码器一般是一种较少输入变为较多输出的器件，常见的有 n 线-2^n 线译码和 8421BCD 码译码两类；显示译码器用来将二进制数转换成对应的七段码，一般可分为驱动 LED 和驱动 LCD 两类。

1. 变量译码器(又称二进制译码器)

二进制译码器用于表示输入变量的状态，如 2 线-4 线、3 线-8 线和 4 线-16 线译码器。若有 n 个输入变量，则有 2^n 个不同的组合状态，即有 2^n 个输出端可供使用，而每一个输出所代表的函数对应于 n 个输入变量的最小项。本实验以 3 线-8 线译码器 74LS138 为例进行分析。

（1）74LS138 的工作原理

74LS138 的逻辑图及引脚排列如图 25-1 所示，其中 A_2、A_1、A_0 为地址输入端，$\overline{Y}_0$～$\overline{Y}_7$ 为译码输出端，S_1、$\overline{S}_2$、$\overline{S}_3$ 为使能端。

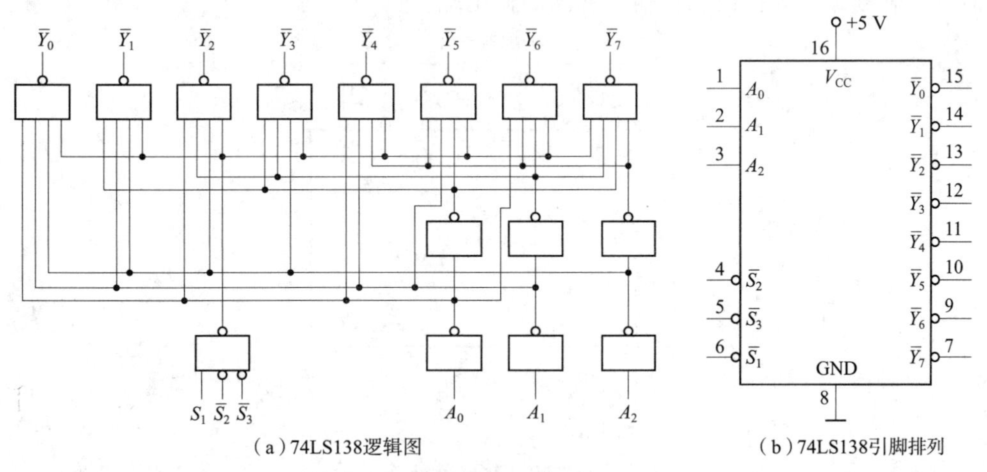

（a）74LS138逻辑图　　（b）74LS138引脚排列

图 25-1　74LS138 的逻辑图及引脚排列

74LS138 的逻辑功能表如表 25-1 所示，当 $S_1=1$，$\overline{S}_2+\overline{S}_3=0$ 时，器件使能，地址码所指定的输出端有信号(低电平 0)输出，其他所有输出端均无信号(高电平 1)输出。当 $S_1=0$，$\overline{S}_2+\overline{S}_3=\times$ 时，或 $S_1=\times$，$\overline{S}_2+\overline{S}_3=1$ 时，译码器被禁止，所有输出同时为 1。

表 25-1　74LS138 的逻辑功能表

序号	输入					输出							
	S_1	$\overline{S}_2+\overline{S}_3$	A_2	A_1	A_0	$\overline{Y}_0$	$\overline{Y}_1$	$\overline{Y}_2$	$\overline{Y}_3$	$\overline{Y}_4$	$\overline{Y}_5$	$\overline{Y}_6$	$\overline{Y}_7$
1	1	0	0	0	0	0	1	1	1	1	1	1	1
2	1	0	0	0	1	1	0	1	1	1	1	1	1
3	1	0	0	1	0	1	1	0	1	1	1	1	1
4	1	0	0	1	1	1	1	1	0	1	1	1	1
5	1	0	1	0	0	1	1	1	1	0	1	1	1
6	1	0	1	0	1	1	1	1	1	1	0	1	1
7	1	0	1	1	0	1	1	1	1	1	1	0	1
8	1	0	1	1	1	1	1	1	1	1	1	1	0
9	0	×	×	×	×	1	1	1	1	1	1	1	1
10	×	1	×	×	×	1	1	1	1	1	1	1	1

(2) 74LS138 作数据分配器和地址译码器

二进制译码器实际上也是负脉冲输出的脉冲分配器。若利用使能端中的一个输入端输入数据信息，器件就成为一个数据分配器(又称多路分配器)，如图 25-2 所示。若在 S_1 输入端输入数据信息，$\overline{S}_2=\overline{S}_3=0$，地址码所对应的输出是 S_1 数据信息的反码；若从 $\overline{S}_2$ 端输入数据信息，令 $S_1=1$、$\overline{S}_3=0$，地址码所对应的输出就是 $\overline{S}_2$ 端数据信息的原码。若数据信息是时钟脉冲，则数据分配器成为时钟脉冲分配器。

根据输入地址的不同组合译出唯一地址，故可用作地址译码器。接成多路分配器，可将一个信号源的数据信息传输到不同的输出端。

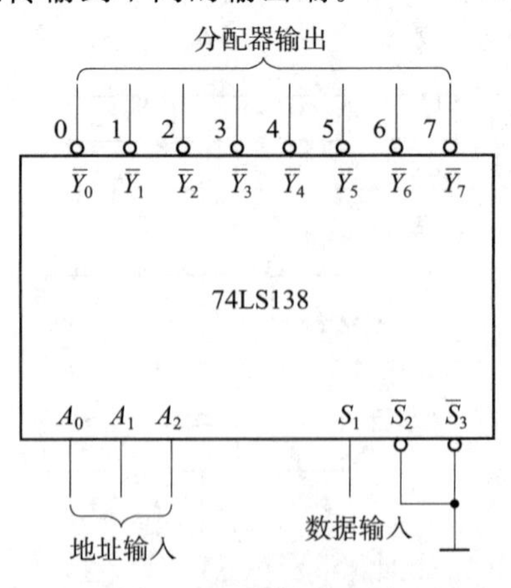

图 25-2　数据分配器

2. 显示译码器

(1) LED 数码管

LED 数码管是目前最常用的数字显示器之一，图 25-3(a)、(b)所示分别为共阴极数码管和共阳极数码管的内部原理，图 25-3(c)为两种数码管的符号及引脚功能图。

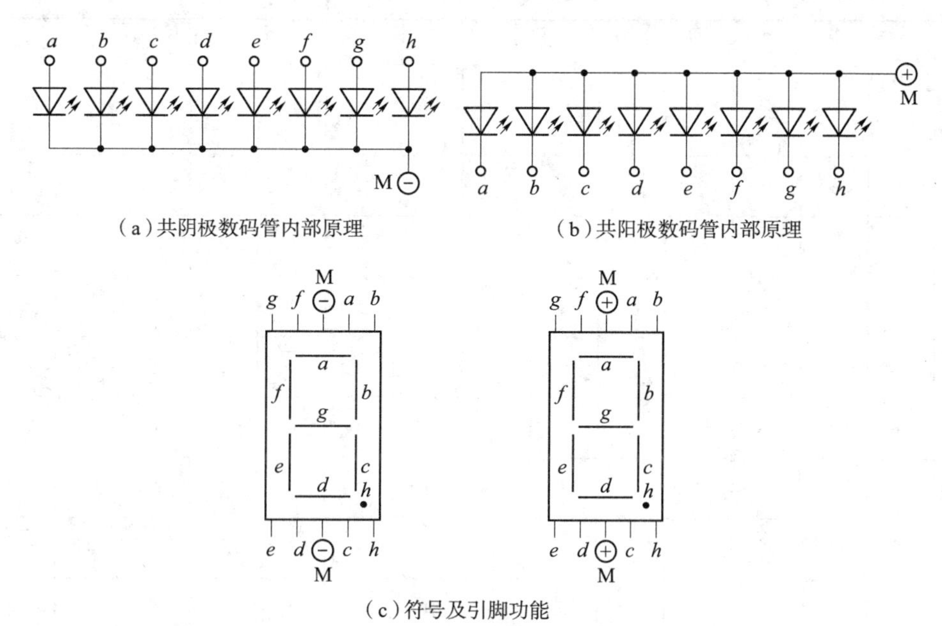

图 25-3 LED 数码管

一位 LED 数码管可用来显示一个 0～9 十进制数和一个小数点。小型数码管每段发光二极管的正向压降随显示光(通常为红、绿、蓝、黄、橙色)的颜色不同略有差别，通常为 1.8～2.5 V，每个发光二极管的点亮电流为 5～10 mA。LED 数码管要显示 BCD 码所表示的十进制数字就需要有一个专门的译码器，该译码器不但要完成译码功能，还要有相当的驱动能力。

(2) BCD 码七段译码驱动器

BCD 码七段译码驱动器常用型号有 74LS47(共阳)、74LS48(共阴)、CD4511(共阴)等。本实验采用 CD4511BCD 码锁存/七段译码/驱动器，驱动共阴极 LED 数码管。

CD4511 引脚排列如图 25-4 所示，其中引脚 D、C、B、A 为 BCD 码输入端；引脚 a、b、c、d、e、f、g 为译码输出端，输出高电平“1”有效，用来驱动共阴极 LED 数码管；引脚$\overline{\mathrm{LT}}$为测试输入端，当$\overline{\mathrm{LT}}=0$ 时，译码输出全为 1；引脚$\overline{\mathrm{BI}}$为消隐输入端，当$\overline{\mathrm{BI}}=0$ 时，译码输出全为 0；引脚 LE 为锁定端，当 LE=1 时，译码器处于锁定(保持)状态，译码输出保持在 LE=0 时的数值，当 LE=0 时正常输出译码。

图 25-4 CD4511 引脚排列

表 25-2 为 CD4511 功能表。CD4511 内接有上拉电阻，故只需在输出端与数码管之间串联接入限流电阻即可工作。译码器还有拒伪码功能，当输入数据码超过 1001 时，输出全为 0，数码管熄灭。

表 25-2　CD4511 功能表

序号	输入							输出							
	LE	$\overline{BI}$	$\overline{LT}$	D	C	B	A	a	b	c	d	e	f	g	显示字型
1	×	×	0	×	×	×	×	1	1	1	1	1	1	1	8
2	×	0	1	×	×	×	×	0	0	0	0	0	0	0	消隐
3	0	1	1	0	0	0	0	1	1	1	1	1	1	0	0
4	0	1	1	0	0	0	1	0	1	1	0	0	0	0	1
5	0	1	1	0	0	1	0	1	1	0	1	1	0	1	2
6	0	1	1	0	0	1	1	1	1	1	1	0	0	1	3
7	0	1	1	0	1	0	0	0	1	1	0	0	1	1	4
8	0	1	1	0	1	0	1	1	0	1	1	0	1	1	5
9	0	1	1	0	1	1	0	0	0	1	1	1	1	1	6
10	0	1	1	0	1	1	1	1	1	1	0	0	0	0	7
11	0	1	1	1	0	0	0	1	1	1	1	1	1	1	8
12	0	1	1	1	0	0	1	1	1	1	0	0	1	1	9
13	0	1	1	1	0	1	0	0	0	0	0	0	0	0	消隐
14	0	1	1	1	0	1	1	0	0	0	0	0	0	0	消隐
15	0	1	1	1	1	0	0	0	0	0	0	0	0	0	消隐
16	0	1	1	1	1	0	1	0	0	0	0	0	0	0	消隐
17	0	1	1	1	1	1	0	0	0	0	0	0	0	0	消隐
18	0	1	1	1	1	1	1	0	0	0	0	0	0	0	消隐
19	1	1	1	×	×	×	×	锁存							锁存

译码器 CD4511 驱动一位共阴极 LED 数码管的电路连接如图 25-5 所示，电阻 R 取值大小会影响 LED 数码管的显示亮度，实验中 R 取值 330 Ω。将逻辑电平开关输出插

口连接至 CD4511 的相应输入端 D、C、B、A，拨动逻辑开关就可令数码管显示相应的数字 0 ～ 9。

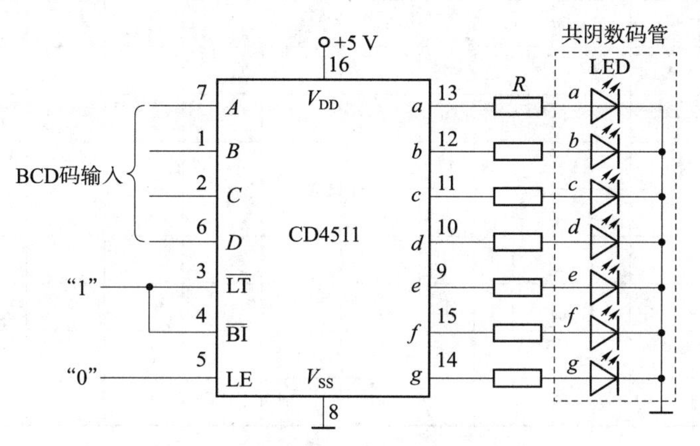

图 25-5　CD4511 驱动一位共阴极 LED 数码管

三、 实验设备

实验设备如表 25-3 所示。

表 25-3　实验设备

序号	名称	型号与规格	数量
1	电子技术综合实验箱	风标 FB-EDU-SMD-E	1
2	集成电路	74LS138、CD4511	各 1
3	LED 数码管	共阴极	1
4	电阻	330 Ω	7

四、 实验内容

1. 测试译码器 74LS138 的逻辑功能

将译码器使能端 S_1、$\overline{S}_2$、$\overline{S}_3$ 及地址端 A_2、A_1、A_0 分别接至逻辑电平开关输出口，8 个输出端$\overline{Y}_0$～$\overline{Y}_7$ 依次连接在逻辑电平显示器的 8 个输入口上，拨动逻辑电平开关，按表 25-1 逐项测试 74LS138 的逻辑功能，并将测试数据填入表 25-4 中。

表 25-4　实验记录表

序号	输入					输出							
	S_1	$\overline{S}_2+\overline{S}_3$	A_2	A_1	A_0	$\overline{Y}_0$	$\overline{Y}_1$	$\overline{Y}_2$	$\overline{Y}_3$	$\overline{Y}_4$	$\overline{Y}_5$	$\overline{Y}_6$	$\overline{Y}_7$
1	1	0	0	0	0								
2	1	0	0	0	1								

续表

序号	输入					输出							
	S_1	$\overline{S}_2+\overline{S}_3$	A_2	A_1	A_0	$\overline{Y}_0$	$\overline{Y}_1$	$\overline{Y}_2$	$\overline{Y}_3$	$\overline{Y}_4$	$\overline{Y}_5$	$\overline{Y}_6$	$\overline{Y}_7$
3	1	0	0	1	0								
4	1	0	0	1	1								
5	1	0	1	0	0								
6	1	0	1	0	1								
7	1	0	1	1	0								
8	1	0	1	1	1								
9	0	×	×	×	×								
10	×	1	×	×	×								

2. 显示译码器 CD4511 驱动 LED 数码管

按照图 25-5 连接实验电路，将 D、C、B、A 分别接至逻辑电平开关输出插口，拨动逻辑电平开关，按表 25-2 逐项测试 CD4511 的逻辑功能，用逻辑电平显示器测试 $a \sim g$ 相应引脚输出高低电平并填入表 25-5 中，同时将观察到的数码管的显示字形填入表 25-5 中。

表 25-5　实验记录表

序号	输入							输出							
	LE	$\overline{\mathrm{BI}}$	$\overline{\mathrm{LT}}$	D	C	B	A	a	b	c	d	e	f	g	显示字型
1	0	1	1	0	0	0	0								
2	0	1	1	0	0	0	1								
3	0	1	1	0	0	1	0								
4	0	1	1	0	0	1	1								
5	0	1	1	0	1	0	0								
6	0	1	1	0	1	0	1								
7	0	1	1	0	1	1	0								
8	0	1	1	0	1	1	1								
9	0	1	1	1	0	0	0								
10	0	1	1	1	0	0	1								
11	0	1	1	1	0	1	0								
12	0	1	1	1	0	1	1								
13	0	1	1	1	1	0	0								
14	0	1	1	1	1	0	1								
15	0	1	1	1	1	1	0								
16	0	1	1	1	1	1	1								

五、预习要求

（1）复习变量译码器和显示译码器的原理。

（2）根据实验任务，画出所需的实验线路及记录表格。

六、实验报告要求

（1）根据实验记录的数据及结果，验证相关芯片的逻辑功能，并对芯片的应用进行总结。

（2）通过本实验，谈谈你对译码器及其应用的实验体会。

实验 26　移位寄存器

一、实验目的

(1) 掌握移位寄存器逻辑功能及使用方法。

(2) 熟悉 8 位移位寄存器的应用——实现串行数据转并行数据。

二、实验原理

寄存器是数字系统中用来存储二进制数据的逻辑部件。1 个触发器可存储 1 位二进制数据,存储 n 位二进制数据的寄存器需要用 n 个触发器组成。寄存器是脉冲边沿敏感电路,只有寄存数据或代码的功能。

移位寄存器是一个具有移位功能的寄存器,是指寄存器中所存的代码能够在移位脉冲的作用下依次左移或右移。既能左移又能右移的称为双向移位寄存器,只需要改变左、右移的控制信号就可实现双向移位要求。移位寄存器根据其存取信息的方式不同可分为串入串出、串入并出、并入串出、并入并出 4 种形式。

1. 移位寄存器工作原理

图 26-1 所示是一个用 D 触发器级联构成的 4 位移位寄存器,串行二进制数据从输入端 D 输入,左边触发器的输出作为右邻触发器的数据输入。

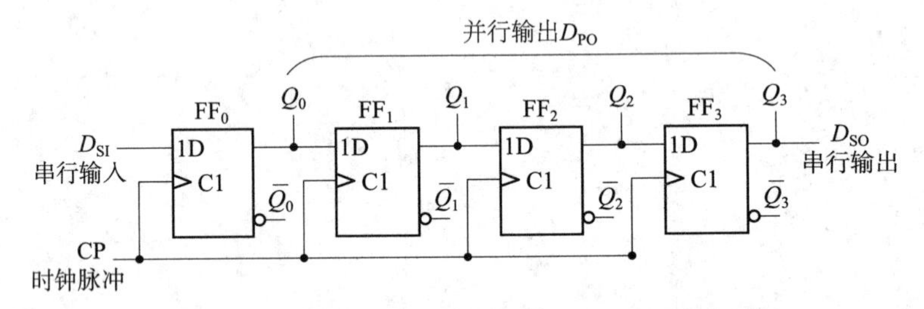

图 26-1　用 D 触发器级联构成的 4 位移位寄存器

若将串行数码 $D_3D_2D_1D_0$ 从高位(D_3)至低位(D_0)按时钟序列依次送到 D_{SI} 端,经过第一个时钟脉冲后,$Q_0=D_3$。由于跟随数码 D_3 后面的数码是 D_2,故经过第二个时钟脉冲后,触发器 FF_0 的状态移入触发器 FF_1,而 FF_0 变为新的状态,即 $Q_1=D_3$,$Q_0=D_2$。以此类推,可得到该移位寄存器的状态,如表 26-1 所示,其中×表示不确定状态。

表 26-1　图 26-1 电路的状态表

CP	Q_0	Q_1	Q_2	Q_3
第一个 CP 脉冲之前	×	×	×	×
1	D_3	×	×	×

续表

CP	Q_0	Q_1	Q_2	Q_3
2	D_2	D_3	×	×
3	D_1	D_2	D_3	×
4	D_0	D_1	D_2	D_3

由表 26-1 可知，输入数码依次由低位触发器移到高位触发器。经过 4 个时钟脉冲后，4 个触发器的输出状态 $Q_3Q_2Q_1Q_0$ 与输入数码 $D_3D_2D_1D_0$ 相对应，实现了串行输入数据转换为并行输出数据。

移位寄存器只能用对脉冲边沿敏感的触发器而不能用对电平敏感的锁存器来构成，因为锁存器在时钟脉冲高电平期间输出跟随输入变化的特性将使移位操作失去控制。

2. 8 位边沿触发式移位寄存器

本实验选用 8 位边沿触发式移位寄存器，型号为 74HC164，串行输入数据，然后并行输出数据，其内部逻辑图如图 26-2 所示。电路原理与图 26-1 所示类似，只是把位数扩展到 8 位，增加了异步清零输入端 CLEAR。

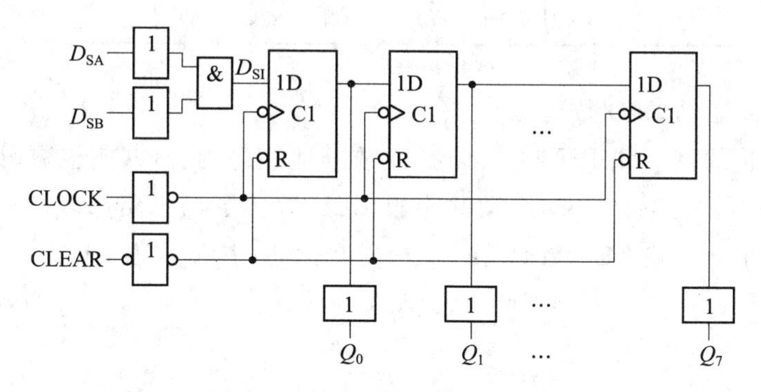

图 26-2　74HC164 的内部逻辑图

8 位移位寄存器 74HC164 的逻辑符号及引脚功能如图 26-3 所示。

D_{SA}和 D_{SB}是两个串行数据输入端，实际输入移位寄存器的数据为 $D_{SI}=D_{SA}\cdot D_{SB}$。在实际应用中，既可以把两个输入端连接在一起作为数据输入，也可以将任何一个输入端用作高电平使能端，控制另一输入端的数据输入，又或者把不用的输入端接高电平，但不要悬空。例如，令 $D_{SA}=1$，则允许 D_{SB}的串行数据进入移位寄存器；反之，$D_{SA}=0$，则禁止 D_{SB}而输入逻辑 0。

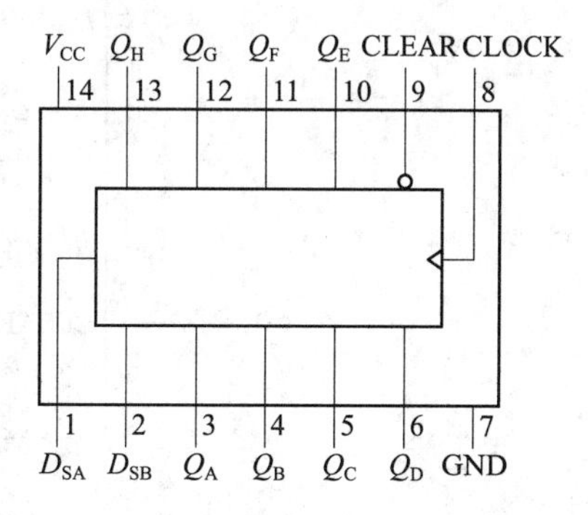

图 26-3　74HC164 的逻辑符号及引脚功能

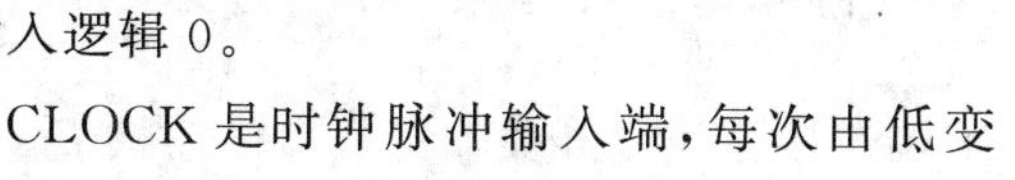

CLOCK 是时钟脉冲输入端，每次由低变

高出现上升沿时，数据右移一位，输入到 Q_A。Q_A 是两个数据输入端（D_{SA} 和 D_{SB}）的逻辑与，在 $Q_H \sim Q_A$ 端可得到 8 位并行数据输出，同时在 Q_H 端得到串行数据输出。

CLEAR 是异步清零复位输入端，接低电平将使其他所有输入端都无效，非同步地清除寄存器，强制所有的输出为低电平。

74HC164 的逻辑功能表如表 26-2 所示，输入端的×表示不确定的任意电平状态；↑表示从低电平到高电平的上升沿；$Q_{A0} \sim Q_{H0}$ 表示规定的稳态输入条件建立前的电平状态；$Q_{An} \sim Q_{Gn}$ 表示时钟脉冲 CLK 最近一次上升沿↑之前的电平状态。

表 26-2　74HC164 的逻辑功能表

序号	输入				输出							
	CLEAR	CLOCK	D_{SA}	D_{SB}	Q_A	Q_B	Q_C	Q_D	Q_E	Q_F	Q_G	Q_H
1	0	×	×	×	0	0	0	0	0	0	0	0
2	1	0	×	×	Q_{A0}	Q_{B0}	Q_{C0}	Q_{D0}	Q_{E0}	Q_{F0}	Q_{G0}	Q_{H0}
3	1	↑	1	1	1	Q_{An}	Q_{Bn}	Q_{Cn}	Q_{Dn}	Q_{En}	Q_{Fn}	Q_{Gn}
4	1	↑	0	×	0	Q_{An}	Q_{Bn}	Q_{Cn}	Q_{Dn}	Q_{En}	Q_{Fn}	Q_{Gn}
5	1	↑	×	0	0	Q_{An}	Q_{Bn}	Q_{Cn}	Q_{Dn}	Q_{En}	Q_{Fn}	Q_{Gn}

3. 74HC164 驱动 LED 数码管

LED 数码管的基本知识可参考实验 25 或其他相关内容，共阴极数码管引脚功能如图 25-3(c)左图所示。74HC164 驱动共阴极 LED 数码管的电路原理图如图 26-4 所示，电阻 R 取值大小会影响 LED 数码管的显示亮度，实验中 R 取值 330 Ω。

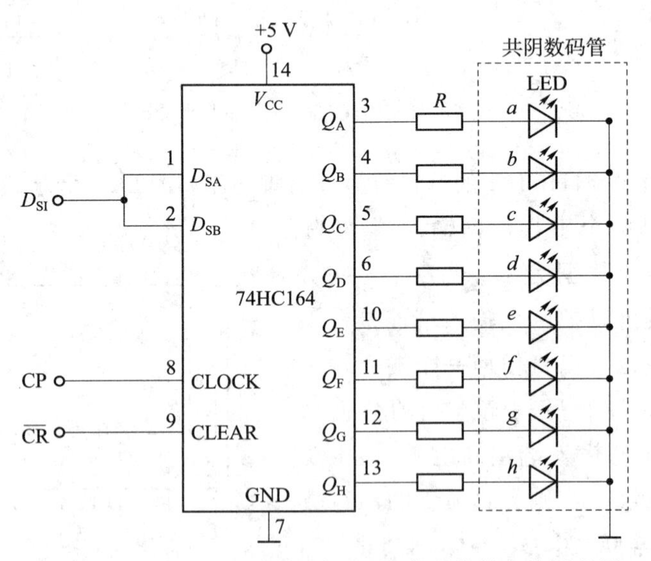

图 26-4　74HC164 驱动共阴极 LED 数码管的电路原理图

将 CP 端连接到单次脉冲源，D_{SI} 端和 $\overline{CR}$ 端连接至逻辑开关输出插口。连接 D_{SI} 端的逻辑开关可设置数据为高电平“1”或低电平“0”，每按一次单次脉冲源，CP 端接收一个时钟脉冲，数据就向后移动一位；连接$\overline{CR}$端的逻辑开关拨到低电平输出，则清除寄存器并强制所有的输出为低电平。

当 74HC164 的输出端为高电平时，点亮相应的 LED，即数码管对应的笔画发光；当输出端为低电平时，熄灭相应的 LED，即数码管对应的笔画不亮，从而实现在数码管上显示 0～9 的实验效果。

三、实验设备

实验设备如表 26-3 所示。

表 26-3　实验设备

序号	名称	型号与规格	数量
1	电子技术综合实验箱	风标 FB-EDU-SMD-E	1
2	集成电路	74HC164	1
3	LED 数码管	共阴极	1
4	电阻	330 Ω	8

四、实验内容

1. 测试移位寄存器 74HC164 的逻辑功能

参考图 26-4 接线，将 CP 端连接单次脉冲源，D_{SI}端和$\overline{CR}$端连接逻辑开关输出插口，输出端 Q_A～Q_H 端依次连接逻辑电平显示器的输入插口。

以代码 11101011 为例，先确定 D_{SI}端当前数据为“1”或“0”，再按一次单次脉冲源，移位寄存器里的代码向后移动一位，经过 8 个 CP 时钟脉冲以后，串行输入的 8 位代码全部移入移位寄存器中，同时在 8 个触发器的输出端得到了并行输出的代码，记录实验数据填入表 26-4 中。任何时候把连接$\overline{CR}$端的逻辑开关拨到低电平输出，74HC164 的寄存器都被清除并输出低电平。除了输入代码 1110 1011 外，还可以依次输入 1111 1111、0000 0000、1100 1100、1010 1010 等任意 8 位二进制代码，观察实验效果。

表 26-4　实验记录表

序号	输入			输出							
	$\overline{CR}$	CP	$D_{SI}=D_{SA}\cdot D_{SB}$	Q_A	Q_B	Q_C	Q_D	Q_E	Q_F	Q_G	Q_H
1	1	第一个 CP 脉冲之前	×	×	×	×	×	×	×	×	×
2	1	1	1								
3	1	2	1								

续 表

序号	输入			输出							
	$\overline{CR}$	CP	$D_{SI}=D_{SA}\cdot D_{SB}$	Q_A	Q_B	Q_C	Q_D	Q_E	Q_F	Q_G	Q_H
4	1	3	1								
5	1	4	0								
6	1	5	1								
7	1	6	0								
8	1	7	1								
9	1	8	1								
10	0	×	×								

2. 74HC164 驱动共阴极数码管显示

按图 26-4 接线，将 CP 端连接单次脉冲源，D_{SI}端和$\overline{CR}$端连接逻辑开关输出插口输出端 $Q_A \sim Q_H$ 分别串联电阻 R 后连接到共阴极数码管。

当 74HC164 的输出端 $Q_A \sim Q_H$ 输出高电平时，数码管的相应笔画点亮；输出低电平时，数码管熄灭。按表 26-5 的要求操作，观察数码管相应笔画是点亮或熄灭，对应的高或低电平填入表中的输出栏，并把数码管显示的字符填入表中的显示字形栏。

表 26-5　实验记录表

序号	输入			输出								显示字形
	$\overline{CR}$	CP	$D_{SI}=D_{SA}\cdot D_{SB}$	Q_A	Q_B	Q_C	Q_D	Q_E	Q_F	Q_G	Q_H	
1	1	↑ （8 次）	从左到右依次 0011 1111	×	×	×	×	×	×	×	×	
2	1	↑ （8 次）	从左到右依次 0000 0110									
3	1	↑ （8 次）	从左到右依次 0101 1011									
4	1	↑ （8 次）	从左到右依次 0110 0110									
5	1	↑ （8 次）	从左到右依次 0110 1101									
6	1	↑ （8 次）	从左到右依次 0111 1101									
7	1	↑ （8 次）	从左到右依次 0000 0111									

续表

序号	输入			输出								显示字形
	$\overline{CR}$	CP	$D_{SI}=D_{SA}\cdot D_{SB}$	Q_A	Q_B	Q_C	Q_D	Q_E	Q_F	Q_G	Q_H	
8	1	↑（8次）	从左到右依次 0111 1111									
9	1	↑（8次）	从左到右依次 0110 1111									
10	0	×	×									

五、预习要求

（1）复习寄存器和移位寄存器的有关内容。

（2）完成实验内容中要求预习报告完成的步骤。

六、实验报告要求

（1）验证移位寄存器 74HC164 的逻辑功能，并对芯片的应用进行总结。

（2）通过本实验，谈谈你对移位寄存器及其应用的体会。

实验27　计　数　器

一、实验目的

（1）掌握译码器的基本功能和七段数码显示器的工作原理。

（2）掌握中规模集成计数器的使用及功能测试方法。

（3）学会阅读计数器的波形图、计数器和译码器的功能表。

二、实验原理

1. 译码及显示

计数器将时钟脉冲个数按4位二进制输出，必须通过译码器把这个二进制数码译成适用于七段数码管显示的代码。

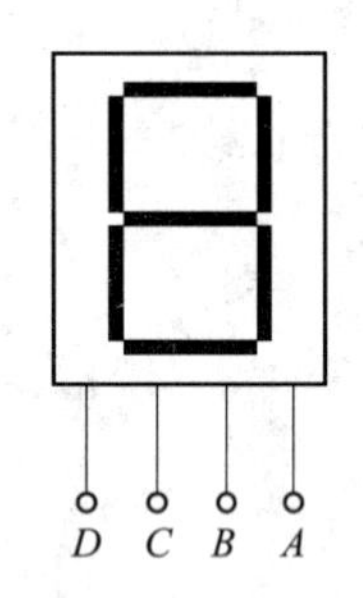

图27-1　译码显示模块

译码及数码管显示电路原理参考实验25中的显示译码器内容，在电子技术综合实验箱中已连接好，只要在译码器的D、C、B、A输入端输入相应的4位二进制代码，即可控制数码管显示相应的十进制数字，译码显示模块如图27-1所示。

2. 计数器

本实验采用中规模集成计数器74LS192，它是同步十进制可逆计数器，具有双时钟输入以及清除和置数等功能，其引脚排列及逻辑符号如图27-2所示。

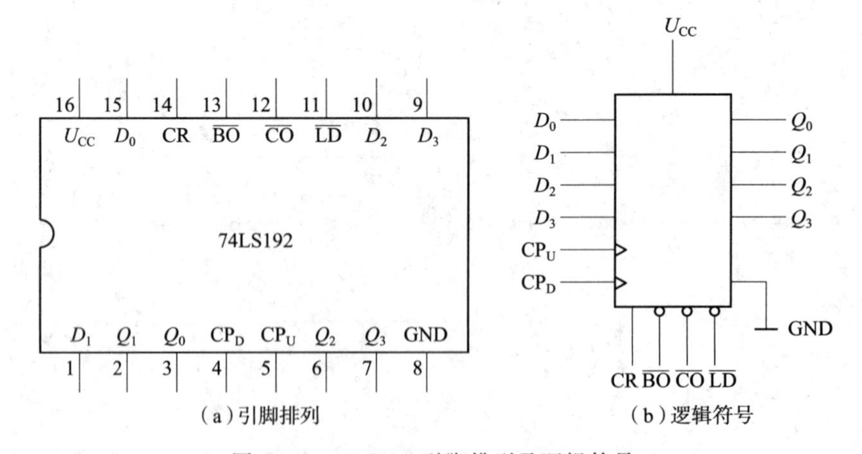

图27-2　74LS192引脚排列及逻辑符号

注：$\overline{LD}$为置数端；CP_U为加计数端；CP_D为减计数端；$\overline{CO}$为非同步进位输出端；$\overline{BO}$为非同步借位输出端；D_0、D_1、D_2、D_3为计数器输入端；Q_0、Q_1、Q_2、Q_3为数据输出端；CR为清除端。

74LS192 的功能如表 27-1 所示，具体说明如下。

表 27-1　74LS192 功能表

序号	输入								输出			
	CR	$\overline{LD}$	CP_U	CP_D	D_3	D_2	D_1	D_0	Q_3	Q_2	Q_1	Q_0
1	1	×	×	×	×	×	×	×	0	0	0	0
2	0	0	×	×	d	c	b	a	d	c	b	a
3	0	1	↑	1	×	×	×	×	加计数			
4	0	1	1	↑	×	×	×	×	减计数			

当清除端 CR 为高电平"1"时，计数器直接清零；CR 置低电平则执行其他功能。

当 CR 为低电平且置数端$\overline{LD}$也为低电平时，数据直接从置数端 D_0、D_1、D_2、D_3 置入计数器。

当 CR 为低电平且$\overline{LD}$为高电平时，执行计数功能。执行加计数时，减计数端 CP_D 接高电平，计数脉冲由加计数端 CP_U 输入，在计数脉冲上升沿进行 8421 码十进制加法计数。执行减计数时，加计数端 CP_U 接高电平，计数脉冲由减计数端 CP_D 输入。

3. 用复位法实现任意进制计数器

假定已有 N 进制计数器，而需要得到一个 M 进制计数器时，只要 $M<N$，用复位法使计数器计数到 M 时置"0"，即获得 M 进制计数器。图 27-3 所示为一个由 74LS192 十进制计数器接成的六进制计数器。

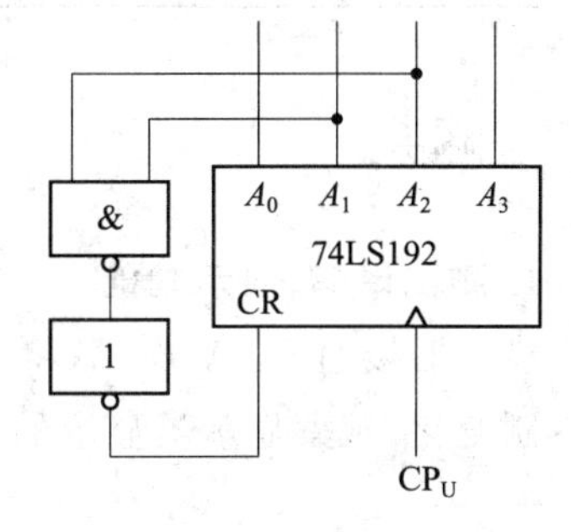

图 27-3　六进制计数器

根据需要合理运用非门 74LS04、二输入与非门 74LS00 以及四输入与非门 74LS20 等，即可实现任意进制计数器。

4. 计数器的级联使用

一个十进制计数器只能表示 0～9 十个数，为了扩大计数器计数范围，常将多个十进制计数器级联使用。

同步计数器往往设有进位(或借位)输出端，故可选用其进位(或借位)输出信号驱动下一级计数器。

由低位的 74LS192 的进位输出$\overline{CO}$控制高一位的 74LS192 的 CP_U 端，构成的加计数级联电路如图 27-4 所示。同理，由低位的 74LS192 的借位输出$\overline{BO}$控制高一位的 74LS192 的 CP_D 端，即可构成减计数级联电路。

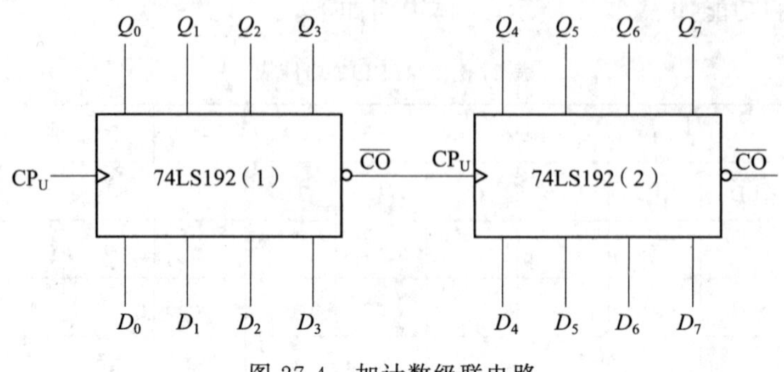

图 27-4　加计数级联电路

三、实验设备

实验设备如表 27-2 所示。

表 27-2　实验设备

序号	名称	型号与规格	数量
1	电子技术综合实验箱	风标 FB-EDU-SMD-E	1
2	集成电路	74LS192	2
		74LS00、74LS04、74LS20	各 1

四、实验内容

1. 测试译码、显示功能

显示器接通+5 V电源，将4位逻辑电平送入译码器输入端，使输入逻辑电平按4位二进制变化，观察显示器显示的字符与输入逻辑电平的对应关系，并记入表 27-3。

表 27-3　实验记录表

序号	译码器输入				显示字形
	D	C	B	A	
0					
1					
2					
3					
4					
5					
6					
7					
8					

续表

序号	译码器输入				显示字形
	D	C	B	A	
9					
10					
11					
12					
13					
14					
15					

2. 测试 74LS192 同步十进制可逆计数器的逻辑功能

计数脉冲由单次脉冲源提供；清除端 CR、置数端$\overline{LD}$、数据输入端 D_3、D_2、D_1、D_0 分别接逻辑开关；输出端 Q_3、Q_2、Q_1、Q_0 分别接实验设备的译码显示输入插口 D、C、B、A；$\overline{CO}$和$\overline{BO}$接逻辑电平显示插口。按表 27-1 逐项测试并判断该集成块的功能是否正常。

(1) 清除

令 CR=1，其他输入为任意态，这时 $Q_3Q_2Q_1Q_0=0000$，译码数字显示为 0。清除功能完成后，置 CR=0。

(2) 置数

CR=0，CP_U、CP_D 任意，数据输入端输入任意一组二进制数，令$\overline{LD}=0$，观察计数译码显示输出、预置功能是否完成，此后置$\overline{LD}=1$。

(3) 加计数

CR=0，$\overline{LD}=CP_D=1$，CP_U 接单次脉冲源。清零后送入 10 个单次脉冲，观察译码数字显示是否按 8421 码十进制状态转换表进行，输出状态变化是否发生在 CP_U 的上升沿。

(4) 减计数

CR=0，$\overline{LD}=CP_U=1$，CP_D 接单次脉冲源。清零后送入 10 个单次脉冲，观察译码数字显示是否按 8421 码十进制状态转换表进行，输出状态变化是否发生在 CP_D 的上升沿。

按以上步骤验证 74LS192 的清除、置数、加计数、减计数逻辑功能，测试数据填入表 27-4。

表 27-4　实验记录表

序号	输入								输出			
	CR	$\overline{LD}$	CP_U	CP_D	D_3	D_2	D_1	D_0	Q_3	Q_2	Q_1	Q_0
1	1	×	×	×	×	×	×	×				
2	0	0	×	×	d	c	b	a				
3	0	1	↑	1	×	×	×	×	________计数			
4	0	1	1	↑	×	×	×	×	________计数			

3. 八进制计数器

用一片 74LS192 和一片 74LS00 构成八进制计数器，画出实验电路图，记录相应的结果。

4. 两位十进制加法计数器

按图 27-3 所示的电路，用两片 74LS192 组成两位十进制加法计数器，CP_U 接单次脉冲源，进行由 00～99 累加计数，并记录相应的结果。

5. 两位十进制减法计数器

将两位十进制加法计数器改为两位十进制减法计数器，实现由 99～00 递减计数，画出实验电路图，记录相应的结果。

五、 预习要求

（1）复习有关计数器部分的内容。

（2）画出组成两位十进制加法计数器和组成两位十进制减法计数器的详细线路图。

六、 实验报告要求

（1）从实验结果，总结用 74LS192 集成计数器组成 N 位十进制加（减）法计数器的方法。

（2）通过本实验，谈谈你对计数器及其应用的体会。

实验 28　集成定时器

一、实验目的

（1）了解集成定时器的电路结构和引脚功能。

（2）熟悉 555 集成时基电路的典型应用。

二、实验原理

集成时基电路又称为集成定时器或 555 电路，是一种数字、模拟混合型的中规模集成电路，应用十分广泛。它是一种产生时间延迟和多种脉冲信号的电路，由于内部电压标准使用了 3 个 5 kΩ 电阻，故取名 555 电路。其电路类型有双极型和 CMOS 型两大类，两者的结构与工作原理类似。几乎所有的双极型产品型号最后的 3 位数码都是 555 或 556，所有的 CMOS 产品型号最后 4 位数码都是 7555 或 7556，两者的逻辑功能和引脚排列完全相同，易于互换。555 和 7555 是单定时器，556 和 7556 是双定时器。双极型的电源电压 $U_{cc}=+5\sim+15$ V，输出的最大电流可达 200 mA；CMOS 型的电源电压为 $+3\sim+18$ V。

1. 555 电路的工作原理

555 电路的内部电路框图及引脚排列如图 28-1 所示。它含有两个电压比较器、一个基本 RS 触发器、一个放电开关管 V。比较器的参考电压由 3 个 5 kΩ 的电阻器构成的分压器提供，它们使高电平比较器 A_1 的同相输入端和低电平比较器 A_2 的反相输入端的参考电平分别为 $\frac{2}{3}U_{CC}$ 和 $\frac{1}{3}U_{CC}$。A_1 与 A_2 的输出端控制 RS 触发器状态和放电开关管状态。当输入信号自 6 脚（即高电平触发）输入并超过参考电平 $\frac{2}{3}U_{CC}$ 时，触发器复位，555 的输出端 3 脚输出低电平，同时放电开关管导通；当输入信号自 2 脚输入并低于 $\frac{1}{3}U_{CC}$ 时，触发器置位，555 的 3 脚输出高电平，同时放电开关管截止。

$\overline{R}_D$ 是复位端（4 脚），当 $\overline{R}_D=0$ 时，555 输出低电平。平时 $\overline{R}_D$ 端开路或接 U_{CC}。

U_C 是控制电压端（5 脚），平时输出 $\frac{2}{3}U_{CC}$ 作为比较器 A_1 的参考电平。若 5 脚外接一个输入电压，则改变了比较器的参考电平，从而实现对输出的另一种控制；在不接外加电压时，通常接一个 0.01 μF 的电容到地，起滤波作用，以消除外来的干扰，确保参考电平的稳定。

V 为放电管，当 V 导通时，将给接于脚 7 的电容器提供低阻放电通路。

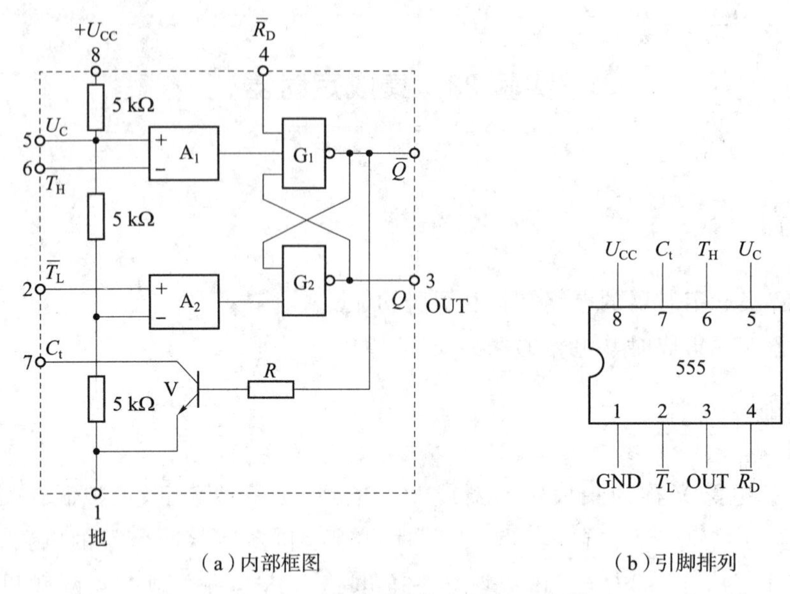

(a)内部框图　　(b)引脚排列

图 28-1　555 定时器内部框图及引脚排列

555 定时器主要是与电阻、电容构成充放电电路，并由两个比较器来检测电容器上的电压，以确定输出电平的高低和放电开关管的通断。这就很方便地构成从微秒到数十分钟的延时电路，可方便地构成单稳态触发器、多谐振荡器、施密特触发器等脉冲产生或波形变换电路。

2. 555 定时器的典型应用

(1) 构成单稳态触发器

图 28-2(a)所示为由 555 定时器和外接定时元件 R、C 构成的单稳态触发器。触发电路由 C_1、R_1、D 构成，其中 D 为钳位二极管。稳态时，555 电路输入端处于电源电平，内部放电开关管 V 导通，输出端 F 输出低电平。当有一个外部负脉冲触发信号经 C_1 加到 2 脚，并使 2 脚电位瞬时低于$\frac{1}{3}U_{CC}$时，低电平比较器动作，单稳态电路即开始一个暂态过程，电容 C 开始充电，U_C 按指数规律增长。当 U_C 充电到$\frac{2}{3}U_{CC}$时，高电平比较器动作，比较器 A_1 翻转，输出 u_o 从高电平返回低电平，放电开关管 V 重新导通，电容 C 上的电荷很快经放电开关管放电，暂态结束，恢复稳态，为下一个触发脉冲的到来做好准备。波形图如图 28-2(b)所示。

暂稳态的持续时间 t_w(即为延时时间)取决于外接元件 R、C 值的大小，$t_w=1.1RC$。通过改变 R、C 的大小，可使延时时间在几微秒到几十分钟之间变化。当这种单稳态电路作为计时器时，可直接驱动小型继电器，并可以使用复位端(4 脚)接地的方法来中止暂态，重新计时。此外尚须用一个续流二极管与继电器线圈并接，以防继电器线圈反向电势损坏内部功率管。

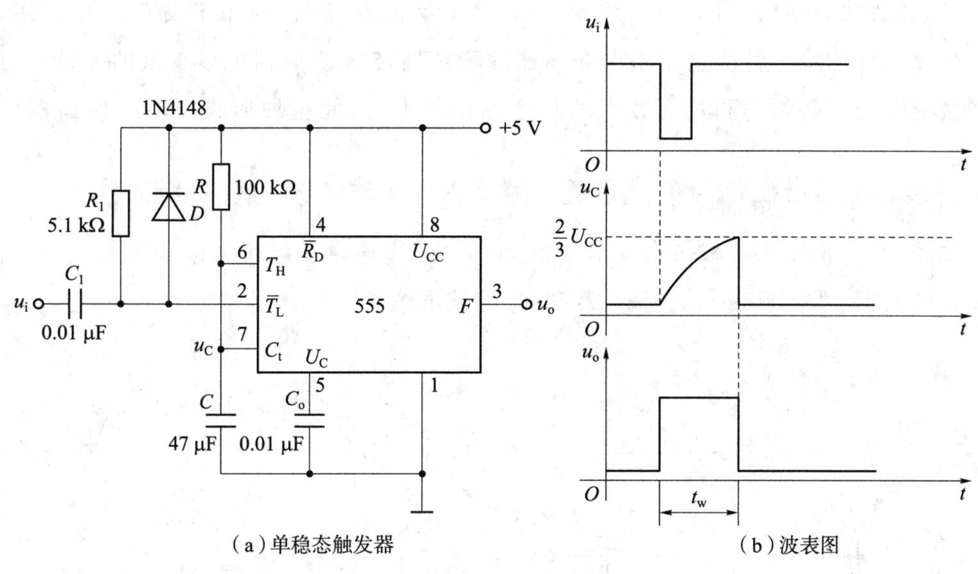

(a)单稳态触发器　　(b)波表图

图 28-2　单稳态触发器

(2) 构成多谐振荡器

图 28-3(a)所示为由 555 定时器和外接元件 R_1、R_2、C 构成的多谐振荡器,2 脚与 6 脚直接相连。电路没有稳态,仅存在两个暂稳态,电路也不需要外加触发信号,利用电源通过 R_1、R_2 向 C 充电,以及 C 通过 R_2 向放电端 C_1 放电,使电路产生振荡。电容 C 在 $\frac{1}{3}U_{CC}$ 和 $\frac{2}{3}U_{CC}$ 之间充电和放电,其波形如图 28-3(b)所示。输出信号的时间参数为

$$T=t_{w1}+t_{w2},\qquad t_{w1}=0.7(R_1+R_2)C,\qquad t_{w2}=0.7R_2C$$

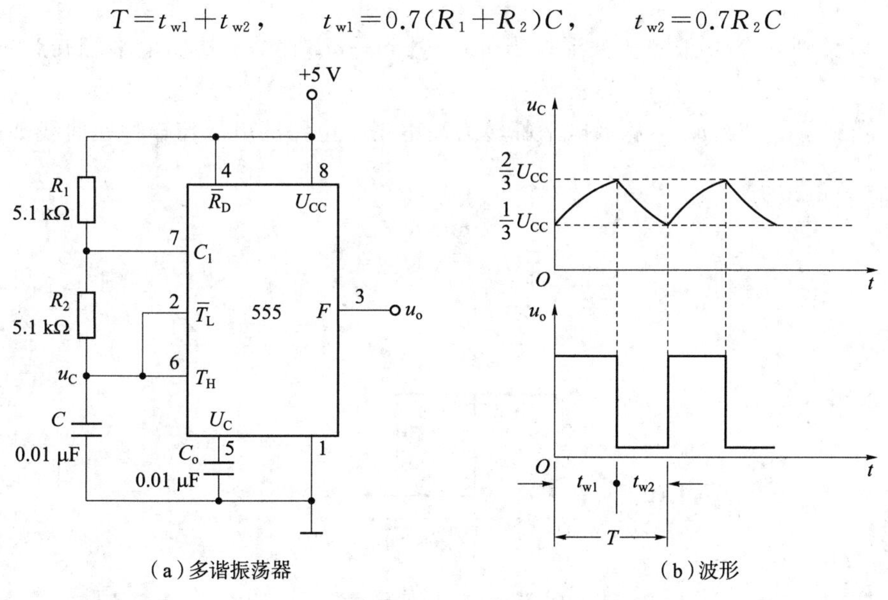

(a)多谐振荡器　　(b)波形

图 28-3　多谐振荡器和波形

555 电路要求 R_1 与 R_2 均应大于或等于 1 kΩ，但 R_1+R_2 应小于或等于 3.3 MΩ。

外部元件的稳定性决定了多谐振荡器的稳定性，555 定时器配以少量的元件即可获得较高精度的振荡频率和具有较强的功率输出能力，因此这种形式的多谐振荡器应用很广。

(3) 组成施密特触发器

如图 28-4 所示，只要将 555 定时器的 2 脚与 6 脚连在一起作为信号输入端，即得到施密特触发器。图 28-5 所示为 u_s、u_i 和 u_o 的波形图。

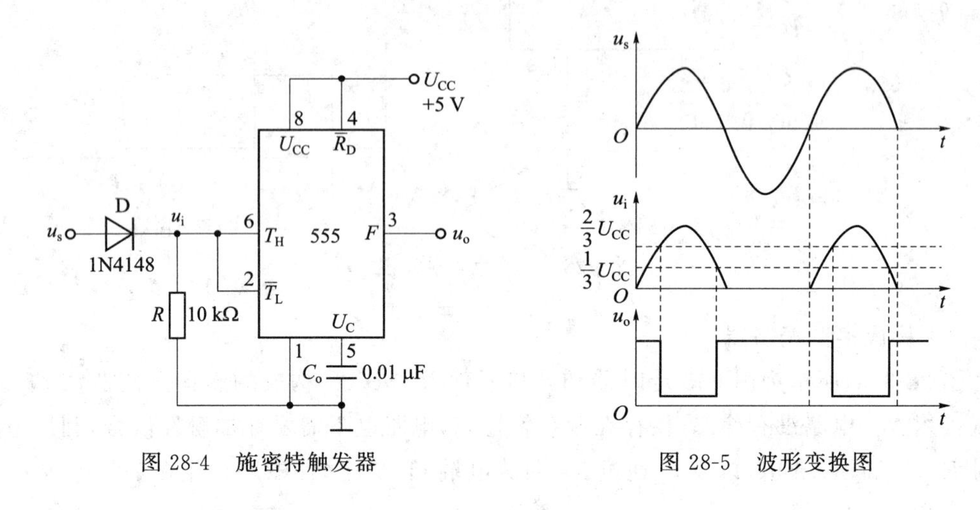

图 28-4　施密特触发器

图 28-5　波形变换图

设被整形变换的电压为正弦波 u_s，其正半波通过二极管 D 同时加到 555 定时器的 2 脚和 6 脚，得到 u_i 为半波整流波形。当 u_i 上升到 $\frac{2}{3}U_{CC}$ 时，u_o 从高电平翻转为低电平；当 u_i 下降到 $\frac{1}{3}U_{CC}$ 时，u_o 又从低电平翻转为高电平。电路的电压传输特性曲线如图 28-6 所示。回差电压为

$$\Delta u=\frac{2}{3}U_{CC}-\frac{1}{3}U_{CC}=\frac{1}{3}U_{CC}$$

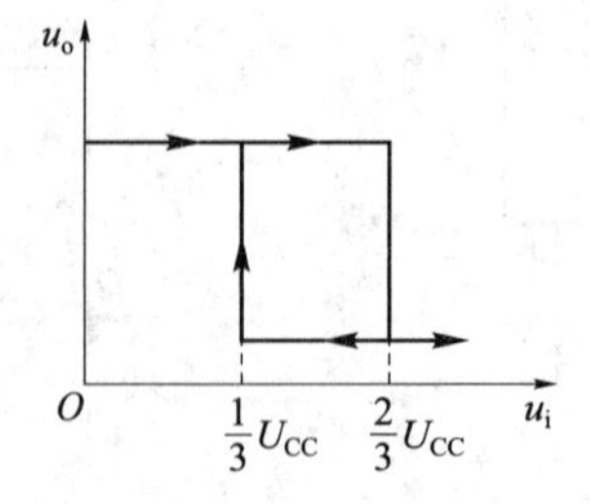

图 28-6　电压传输特性

三、实验设备

实验设备如表 28-1 所示。

表 28-1 实验设备

序号	名称	型号与规格	数量
1	电子技术综合实验箱	风标 FB-EDU-SMD-E	1
2	示波器	固纬 GDS-1102B	1
3	信号发生器	固纬 AFG-2225	1
4	集成电路	NE555	1
5	二极管、电位器、电阻、电容		若干

四、实验内容

1. 单稳态触发器及其应用

(1) 由单稳态触发器实现触摸延时开关，如图 28-7 所示，555 定时器和定时元件 R、C 构成单稳态触发器，u_o 接到逻辑电平显示器。555 定时器处于稳态时，u_o 输出低电平，LED 熄灭；当人手触摸 M 时，人体感应杂波信号进入 555 定时器的触发端 2 引脚，其信号负半周使 555 定时器的触发端电位瞬时低于$\frac{1}{3}U_{CC}$，触发翻转进入暂态置位，u_o 输出高电平，LED 点亮；此时＋5 V 电源通过电阻 R 向电容 C 充电，使 C 两端电压不断上升，当升至$\frac{2}{3}U_{CC}$时，暂态结束，电路翻转回稳态复位，u_o 输出低电平，LED 熄灭。按图 28-7 接线，检查无误后接通电源，观察实验效果。

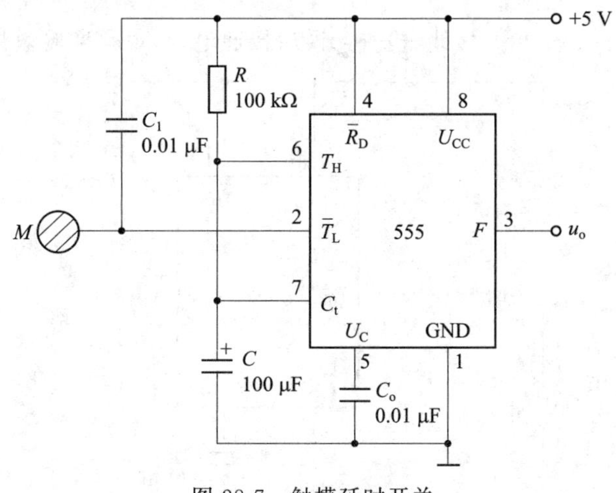

图 28-7 触摸延时开关

※(2) 按图 28-2 连线，输入信号 u_i 由单次脉冲源提供，用双踪示波器观察并记录 u_C、u_o 的波形，记录幅度与暂稳时间。

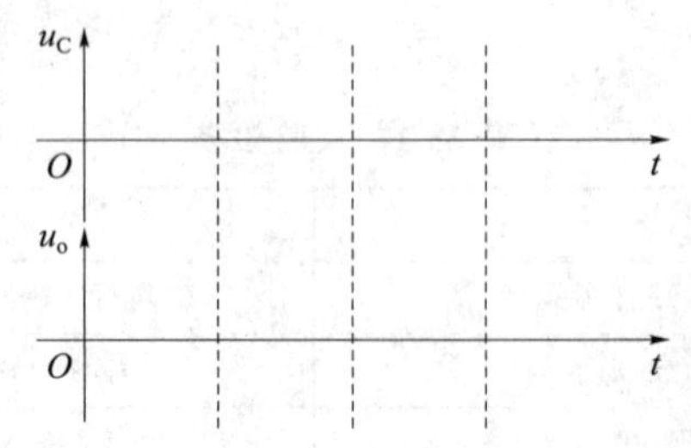

2. 多谐振荡器及其应用

(1) 由多谐振荡器实现闪烁灯，按图 28-3 接线，但把 R_2 改为 100 kΩ 电位器，C 改为 47 μF，并把 u_o 接到逻辑电平显示器，调节电位器，观察逻辑电平显示器的 LED 闪烁快慢。

(2) 按图 28-3 接线，用示波器观察并记录 u_o 的波形，记录频率。

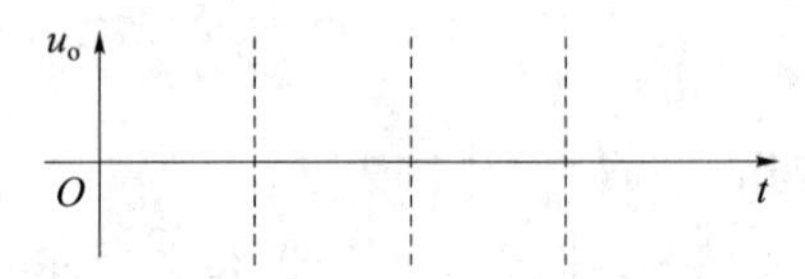

3. 施密特触发器及其应用

由施密特触发器实现按键延时开关，如图 28-8 所示，555 定时器的 2 引脚与 6 引脚连在一起作为信号输入端，组成施密特触发器，u_o 接到逻辑电平显示器。由于电阻 R 的上拉作用，信号输入端为高电平，此时 u_o 输出低电平，LED 熄灭；一旦按钮开关 S_1 按下，则信号输入端接地变为低电平，同时电容 C 充满电荷，此时由于信号输入端的电压已经低于 $\frac{1}{3}U_{CC}$，因此 u_o 从低电平翻转为高电平，LED 点亮。按钮开关 S_1 松开后，电容 C 通过电阻 R 放电，直到信号输入端的电压上升到 $\frac{2}{3}U_{CC}$ 时，u_o 从高电平翻转为低电平，LED 熄灭，从而实现按键延时开关功能。按图 28-8 接线，检查无误后接通电源，观察实验效果。

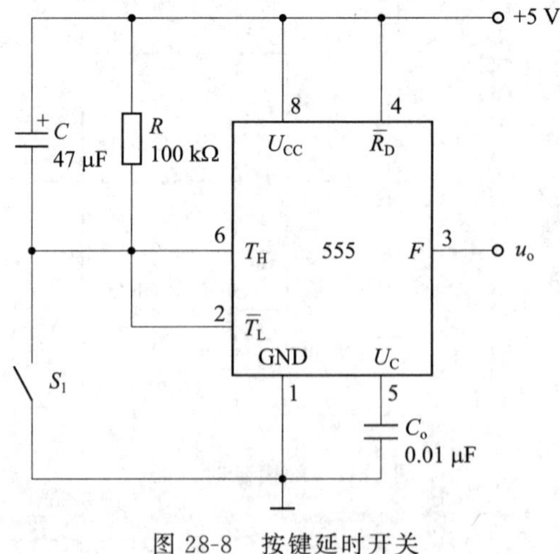

图 28-8　按键延时开关

五、 预习要求

(1) 复习有关555定时器的工作原理及其应用。

(2) 拟定实验中记录数据、波形所需要的表格等。

六、 实验报告要求

(1) 定量画出实验所要求记录的各点波形。

(2) 总结单稳态触发器、多谐振荡器及施密特触发器的功能和各自的特点。

(3) 通过本实验,谈谈你对555定时器应用的体会。

实验 29　电子秒表

一、 实验目的

(1) 学习数字电路中基本 RS 触发器、单稳态触发器、时钟发生器及计数、译码显示等单元电路的综合应用。

(2) 学习电子秒表的调试方法。

二、 实验原理

图 29-1 所示为电子秒表的电路原理图。按功能分成 4 个单元电路进行分析。

1. 基本 RS 触发器

图 29-1 中单元Ⅰ为用集成与非门构成的基本 RS 触发器，属低电平直接触发的触发器，有直接置位、复位的功能。

它的一路输出$\overline{Q}$作为单稳态触发器的输入，另一路输出 Q 作为与非门 U1C 的输入控制信号。

按动按钮开关 S_2(接地)，则门 U1A 输出$\overline{Q}=1$，门 U1B 输出 $Q=0$。S_2 复位后 Q、$\overline{Q}$状态保持不变。再按动按钮开关 S_1，则 Q 由 0 变为 1，门 U1C 开启，为计数器启动做好准备；$\overline{Q}$由 1 变 0，送出负脉冲，启动单稳态触发器工作。

基本 RS 触发器在电子秒表中的职能是启动和停止秒表的工作。

2. 单稳态触发器

图 29-1 中单元Ⅱ为用集成与非门构成的微分型单稳态触发器，图 29-2 所示为各点波形图。

单稳态触发器的输入触发负脉冲信号 u_i 由基本 RS 触发器$\overline{Q}$端提供，输出负脉冲通过非门后 u_o 加到计数器的清除端 CR(CR 高电平有效)。

静态时，门 U2B 应处于截止状态，故电阻 R 必须小于门的关门电阻 R_{off}。定时元件 R、C 取值不同，输出脉冲宽度也不同。当触发脉冲宽度小于输出脉冲宽度时，可以省去输入微分电路的 R_p 和 C_p。

单稳态触发器在电子秒表中的职能是为计数器提供清零信号。

3. 时钟发生器

图 29-1 中单元Ⅲ为用 555 定时器构成的多谐振荡器，是一种性能较好的时钟源。

调节电位器 R_W，使在输出端 3 引脚获得频率为 10 Hz 的矩形波信号。当基本 RS 触发器 $Q=1$ 时，门 U1C 开启，此时 10 Hz 脉冲信号通过门 U1C 作为计数脉冲加于计数器①的计数输入端 CP_U。

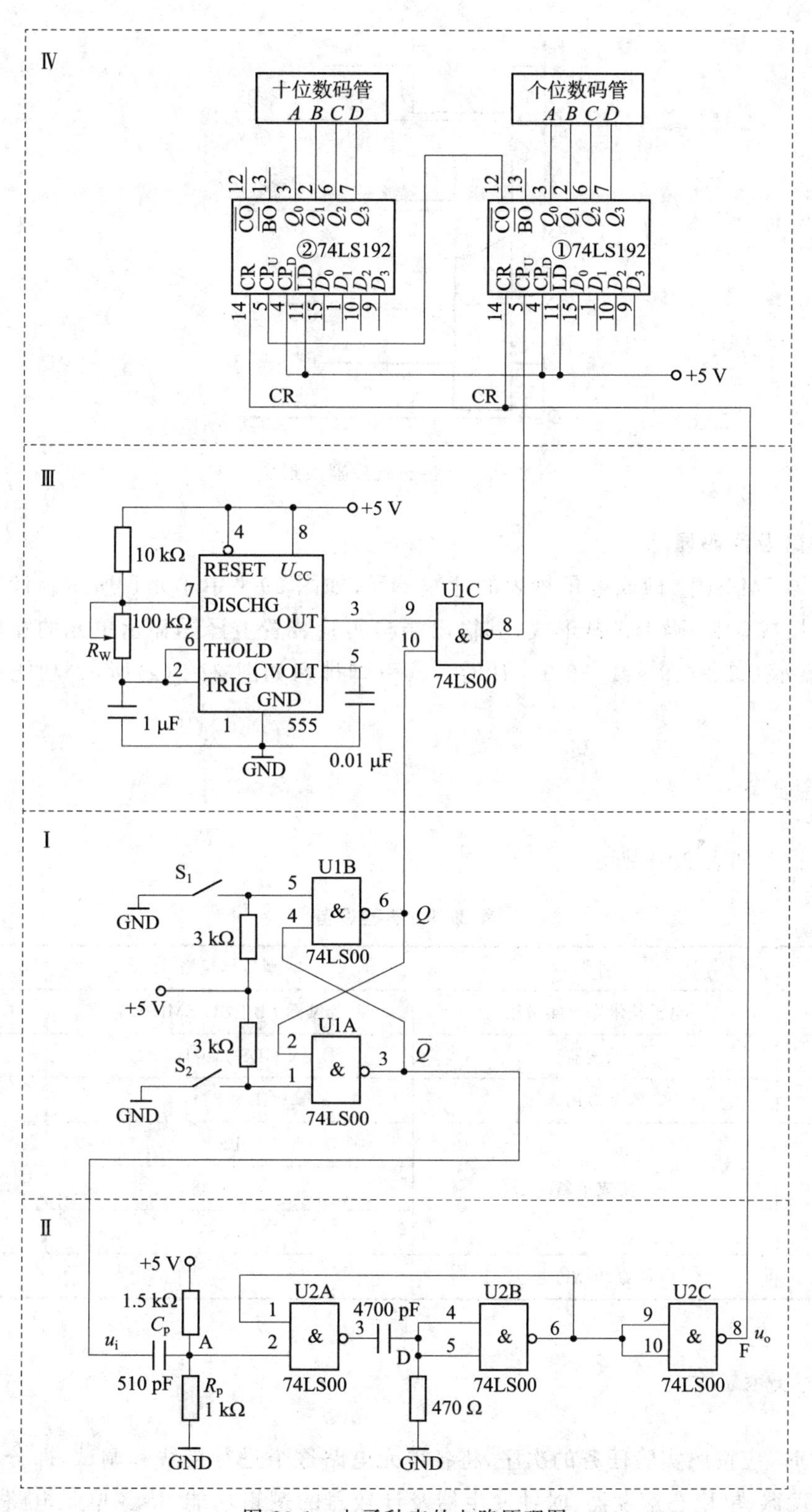

图 29-1　电子秒表的电路原理图

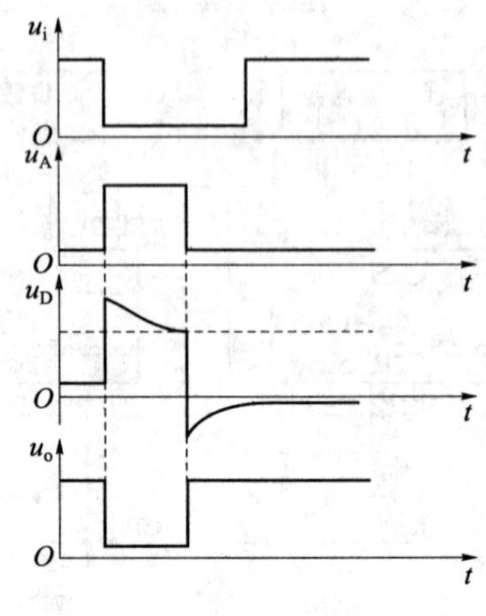

图 29-2　单稳态触发器波形图

4. 计数及译码显示

计数器 74LS192 构成电子秒表的计数单元，如图 29-1 中单元Ⅳ所示。计数器①及计数器②接成 8421 码十进制形式，其输出端与实验装置上译码显示单元的相应输入端连接，可显示 0.1～0.9 s、1～9.9 s 计时。其引脚排列如图 27-2(a)所示，功能如表 27-1 所示。

三、实验设备

实验设备如表 29-1 所示。

表 29-1　实验设备

序号	名称	型号与规格	数量
1	电子技术综合实验箱	风标 FB-EDU-SMD-E	1
2	示波器	GDS-1102B	1
3	数字万用表	GDM-8341	1
4	集成电路	74LS00	2
		74LS192	2
		NE555	1
5	电位器、电阻、电容		若干

四、实验内容

实验时，应按照实验任务的次序，将各单元电路逐个进行接线和调试，即分别测试基本 RS 触发器、单稳态触发器、时钟发生器及计数器的逻辑功能，待各单元电路工作正常后，再将有关电路逐级连接起来进行测试，直到测试电子秒表整个电路的功能。

这样的测试方法有利于检查和排除故障，保证实验顺利进行。

1. 基本 RS 触发器的测试

输出端 Q、$\overline{Q}$接逻辑电平显示输入插口，分别按下 S_1、S_2，观察并记录 Q、$\overline{Q}$逻辑电平，数据填入表 29-2。

表 29-2　实验记录表

序号	按键	Q	$\overline{Q}$
1	按下 S_1		
2	按下 S_2		

2. 单稳态触发器的静态测试

用万用表直流电压挡测量 U2(74LS00)的 7 脚、14 脚、2 脚、3 脚、5 脚、6 脚各点电压值，记录相应的数据到表 29-3。

表 29-3　实验记录表

序号	引脚	电压	引脚	电压	引脚	电压
1	7 脚		2 脚		5 脚	
2	14 脚		3 脚		6 脚	

3. 时钟发生器的测试

用示波器观察芯片 NE555 的 3 脚输出电压波形并测量其频率，调节 R_W，使输出矩形波频率为 10 Hz。

在图 29-3 中画出一个周期的输出电压波形图。

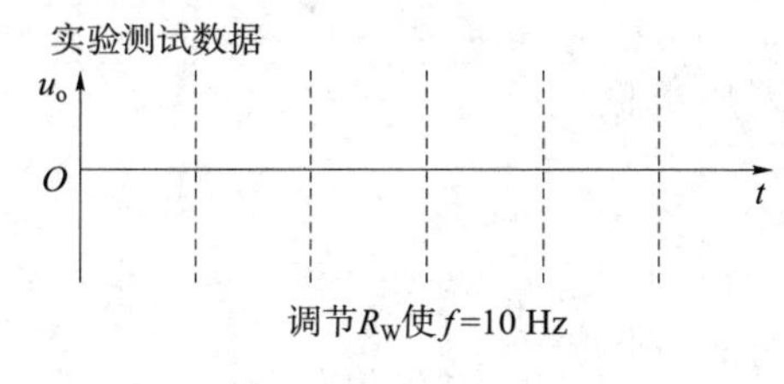

图 29-3　输出电压波形图

4. 计数器的测试

(1) 计数器①及计数器②接成 8421 码十进制形式，Q_3～Q_0 接实验设备上译码显示输入端 D、C、B、A，按表 27-1 验证其逻辑功能，分别测试计数器①及计数器②并记录相应的结果到表 29-4。

(2) 将计数器①、②级连，进行逻辑功能测试，记录相应的结果。

表 29-4 实验记录表

序号	输入								十位输出				个位输出			
	CR	$\overline{LD}$	CP_U	CP_D	D_3	D_2	D_1	D_0	Q_3	Q_2	Q_1	Q_0	Q_3	Q_2	Q_1	Q_0
1	1	×	×	×	×	×	×	×								
2	0	0	×	×	d	c	b	a								
3	0	1	↑	1	×	×	×	×	______计数				______计数			
4	0	1	1	↑	×	×	×	×	______计数				______计数			

5. 电子秒表的整体测试

各单元电路测试正常后，按图 29-1 把几个单元电路连接起来，进行电子秒表的总体测试。

先按一下按钮开关 S_2，此时电子秒表不工作，再按一下按钮开关 S_1，则计数器清零后便开始计时，观察数码管显示计数情况是否正常。如需要停止计时，按一下开关 S_2，计时立即停止，但数码管保留所计时之值；再按一下按钮开关 S_1，则计数器又清零重新开始计时，如此循环。

五、 实验注意事项

（1）由于实验电路中使用器件较多，实验前必须合理安排各器件在实验装置上的位置，使电路逻辑清楚，接线较短。

（2）本实验连线比较多，要细心连接，保证连线正确。

六、 预习报告

（1）复习数字电路中 RS 触发器、单稳态触发器、时钟发生器及计数器等部分的内容。

（2）理顺调试电子秒表的步骤。

七、 实验报告要求

（1）总结调试电子秒表的方法。

（2）分析调试中发现的问题，指出排除故障的方法，并谈谈你对电子秒表的实验体会。

附　录
实验报告

实验1　直流电路的认识实验

未完成预习　　**实 验 报 告**　　完成预习

专业班级＿＿＿＿＿＿＿＿姓名＿＿＿＿＿＿＿＿班内序号＿＿＿＿＿＿＿＿

实验日期：＿＿年＿月＿日第＿至＿节；指导老师（现场签章）：＿＿＿＿＿＿＿＿

一、实验目的

（1）熟悉并掌握实验室相关仪器仪表的使用方法。

（2）用实验数据证明电路中电位的相对性、电压的绝对性。

二、实验原理

（1）QS-NDG3 型现代电工技术实验台的使用。

（2）电位与电压之间相对值和绝对值的关系。

三、实验设备与器材

QS-NDG3 型现代电工技术实验台，导线若干。

四、实验步骤和测量数据表格

1. 认识实验台

填写实验台各部分的名称。

A：＿＿＿＿＿＿　B：＿＿＿＿＿＿　C：＿＿＿＿＿＿

D：＿＿＿＿＿＿　E：＿＿＿＿＿＿　F：＿＿＿＿＿＿

G：＿＿＿＿＿＿　H：＿＿＿＿＿＿

2. 开启实验台电源

3. 练习使用直流恒压电源及直流电压表

恒压源电压测量数值如表 B1-1 所示。

表 B1-1　恒压源电压测量数值

	可调电源 U_1			可调电源 U_2			固定电源	
设定值/V							+12	−12
实测值/V								

4. 练习使用恒流源及直流电流表

(1) 关闭直流电源模块及直流电表模块电源开关。

(2) 用一根导线将恒流源输出的两个端子短接,开启直流电源模块电源。

(3) 将"范围选择"开关切换至 2 mA 挡,调整右侧"输出调节"旋钮,将液晶屏显示输出电流值调为 1.5 mA。

(4) 保持右侧"输出调节"旋钮不变,若此时直接将"范围选择"开关切换至 20 mA 量挡,输出电流将突增/缓慢变化至______mA。如果此时恒流源输出的两端子不是短接而是接了负载,则可能导致负载______。因此,此步骤的操作正确/不正确。

(5) 将"输出调节"旋钮调至最小(逆时针旋到尽头),调节"范围选择"开关,选择 200 mA 量程挡,再调整"输出调节"旋钮至输出为 150 mA。此过程中输出电流会/不会突增,因此,该操作正确/不正确。

恒流源电流测量数值如表 B1-2 所示。

表 B1-2 恒流源电流测量数值

	2 mA 挡			20 mA 挡			200 mA 挡		
设定值/mA									
实测值/mA									

5. 直流仪表综合运用——直流电路电位、电压和电流的测量

实验电路:

电位测量数据如表 B1-3 所示。

表 B1-3 电位测量数据

电位参考点	项目	电位			
		V_A	V_B	V_D	V_F
A	理论计算值/V				
	实际测量值/V				
	相对误差				

续表

电位参考点	项目	电位			
		V_A	V_B	V_D	V_F
B	理论计算值/V				
	实际测量值/V				
	相对误差				

电压测量数据如表 B1-4 所示。

表 B1-4　电压测量数据

项目		电压			
		U_{AB}	U_{BD}	U_{DF}	U_{FA}
理论计算值/V					
根据电位测量值计算/V	参考点为 A				
	参考点为 D				
实际测量值/V					

电流测量数据如表 B1-5 所示。

表 B1-5　电流测量数据

项目	电流		
	I_1	I_2	I_3
理论计算值/mA			
实际测量值/mA			
相对误差			

6. 关闭电源

五、 预习思考题

（1）电压与电位之间的区别是什么？（　　）。

A. 电压是电位差的绝对值　　B. 电位是电压的绝对值

C. 电压是两点之间的电位差　　D. 电位是两点之间的电压差

（2）电位是相对于什么来取值的？（　　）。

A. 地线　　B. 电源

C. 任何参考点　　D. 电源正极

(3) 在电路中,如果一个电阻两端的电压为5 V,通过它的电流为1 A,那么该电阻的电位是多少?(　　)。

A. 5 V　　　　B. 1 V

C. 不能确定　　　　D. 0 V

六、实验报告要求及实验结果分析题

实验步骤、数据必需手写在实验报告上,原始测量数据需在课堂上由老师确认并盖章。

(1) 根据实验数据,填写表 B1-3、表 B1-5 的"相对误差"一栏,相对误差$=\frac{\text{测量值}-\text{计算值}}{\text{计算值}}\times 100\%$。表 B1-4 中"根据电位测量值计算"一栏,依据表 B1-3 的实际测量值计算,$U_{AB}=U_A-U_B$,$U_{CD}=U_C-U_D$,以此类推。

(2) 以其中一组数据说明电路中电位的相对性、电压的绝对性。例如,参考点不同时,对比表 B1-3 中 V_A 的实测值,说明电位的相对性;参考点不同时,对比表 B1-4"根据电位测量值计算"一栏的两个 U_{AB},说明电压的绝对性。

实验2　电路元件伏安特性的测量

未完成预习

实验报告

完成预习

专业班级________姓名________班内序号________
实验日期：____年__月__日第__至__节；指导老师(现场签章)：________

一、实验目的

(1) 学会识别常用电路元件的方法。
(2) 掌握线性元件、非线性元件以及二极管元件的伏安特性的测量方法。

二、实验原理

(1) 任一二端元件的特性可用该元件上的端电压 U 与通过该元件的电流 I 之间的函数关系 $U=f(I)$ 来表示，即用 $U-I$ 平面上的一条曲线来表征，这条曲线称为该元件的伏安特性曲线。

(2) 根据伏安特性的不同，元件通常分为：线性电阻、非线性电阻、普通二极管、稳压二极管。

(3) 绘制伏安特性曲线通常采用逐点测试法，即在不同的端电压作用下，测量出相应的电流，然后逐点绘制出伏安特性曲线。

三、实验设备与器材

现代电工技术实验台，导线若干。

四、实验步骤和测量数据表格

(1) 测量线性电阻的伏安特性
实验电路：

线性电阻伏安特性数据如表 B2-1 所示。

表 B2-1　线性电阻伏安特性数据

U_R/V	0	2	4	6	8	10
I /mA						

(2) 测量非线性电阻(白炽灯)的伏安特性

实验电路：

6.3 V 白炽灯泡伏安特性数据如表 B2-2 所示。

表 B2-2　6.3 V 白炽灯泡伏安特性数据

U_L/V	0	1	2	3	4	5	6
I/mA							

(3) 测量普通二极管的正向特性

实验电路：

二极管正向特性实验数据如表 B2-3 所示。

表 B2-3　二极管正向特性实验数据

U_{D+}/V	0	0.2	0.4	0.45	0.5	0.55	0.60	0.65	0.70	0.75
I/mA										

(4) 测量普通二极管的反向特性

实验电路：

二极管反向特性实验数据如表 B2-4 所示。

表 B2-4 二极管反向特性实验数据

U_{D-}/V	0	-5	-10	-15	-20	-25	-30
I/mA							

(5) 测定稳压二极管的正向特性

实验电路：

稳压管正向特性实验数据如表 B2-5 所示。

表 B2-5 稳压管正向特性实验数据

U_{D+}/V	0	0.2	0.4	0.45	0.5	0.55	0.60	0.65	0.70	0.75
I/mA										

(6) 测定稳压二极管的反向特性

实验电路：

稳压管反向特性实验数据如表 B2-6 所示。

表 B2-6　稳压管反向特性实验数据

U_{D-}/V	0	-1	-1.5	-2	-2.5	-2.8	-3	-3.2	-3.5	-3.55
I/mA										

五、 预习思考题

(1) 关于通过伏安特性曲线判断一个电阻是线性的还是非线性的,以下说法正确的是(　　)。

A. 检查曲线是否通过坐标轴原点　　B. 观察曲线是否对称

C. 测量曲线的斜率　　D. 以上说法都对

(2) 非线性电阻的阻值如何随电流变化?(　　)。

A. 保持不变　　B. 随电流线性增加

C. 随电流非线性变化　　D. 先增加后减少

(3) 稳压二极管在反向击穿时,其两端的电压变化情况是(　　)。

A. 电压随电流的增加而显著增加　　B. 电压随电流的增加而减少

C. 电压基本保持恒定　　D. 电压在一定范围内波动

六、 实验报告要求及实验结果分析题

实验步骤、数据必需手写在实验报告上,原始测量数据需在课堂上由老师确认并盖章。

(1) 根据各实验结果数据,分别绘制出线性电阻、白炽灯、普通二极管、稳压二极管的伏安特性曲线。

线性电阻伏安特性曲线:

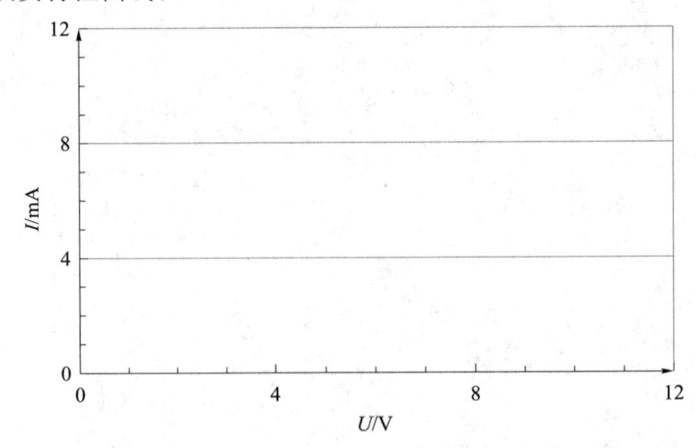

白炽灯伏安特性曲线：

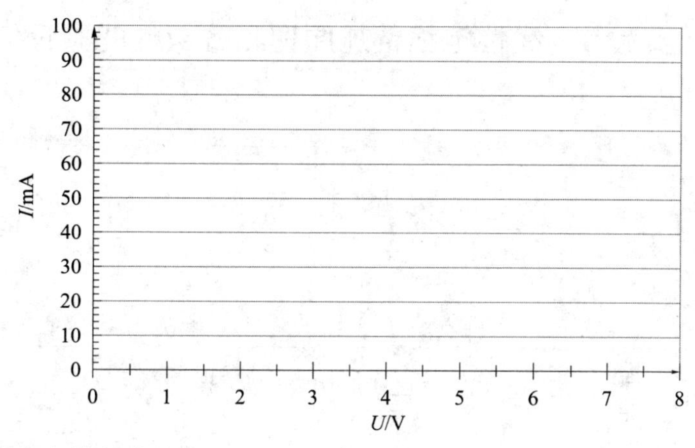

普通二极管伏安特性曲线：

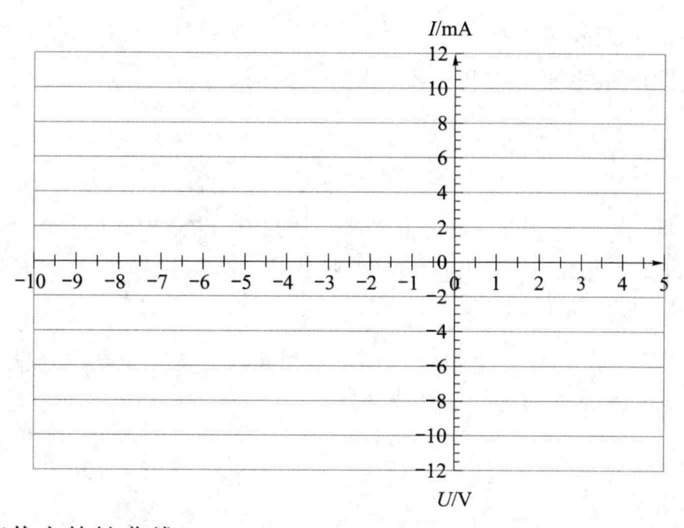

稳压二极管伏安特性曲线：

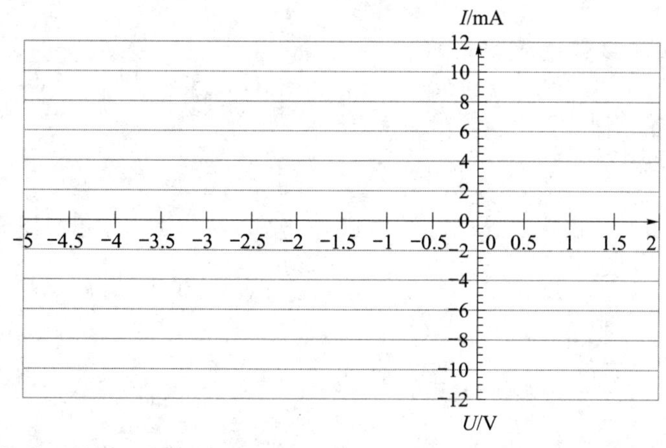

(2) 将以上各伏安特性曲线与图 2-1 对比，试分析各元件的伏安特性的特点。

实验3　线性电路叠加原理和齐次性的验证

未完成预习	实 验 报 告	完成预习

专业班级________________姓名________________班内序号________________

实验日期：____年__月__日第__至__节；指导老师(现场签章)：________________

一、实验目的

（1）了解基尔霍夫电路定律。

（2）验证线性电路叠加定理和齐次性定理的正确性。

二、实验原理

（1）叠加定理：在有多个独立源共同作用下的线性电路中，通过每一个元件的电流或其两端的电压，可以看成由每一个独立源单独作用时在该元件上所产生的电流或电压的代数和。

（2）齐次性定理：在只有一个激励作用的线性电路中，若将该激励信号增大或减少 k 倍时，电路的响应也将随之增大或减少 k 倍。

三、实验设备与器材

QS-NDG3 型现代电工技术实验台，导线若干。

四、实验步骤和测量数据表格

（1）实验电路

叠加定理实验数据如表 B3-1 所示。

表 B3-1　叠加定理实验数据　　(U_{S1}=____V,U_{S2}=____V)

测量项目 实验内容	U_{FE}/V	U_{BC}/V	I_1/mA	I_2/mA	I_3/mA	U_{FA}/V	U_{AD}/V	U_{DE}/V	U_{BA}/V	U_{DC}/V
U_{S_1}=____单独作用										
U_{S_2}=____单独作用										
U_{S_1}=____、 U_{S_2}=____共同作用										
U'_{S_2}=____单独作用										

(2) 实验电路

二极管电路实验数据如表 B3-2 所示。

表 B3-2　二极管电路实验数据　　(U_{S1}=____V,U_{S2}=____V)

测量项目 实验内容	U_{FE}/V	U_{BC}/V	I_1/mA	I_2/mA	I_3/mA	U_{FA}/V	U_{AD}/V	U_{DE}/V	U_{BA}/V	U_{DC}/V
U_{S_1}=____单独作用										
U_{S_2}=____单独作用										
U_{S_1}=____、 U_{S_2}=____共同作用										
U'_{S_2}单独作用										

五、 预习思考题

(1) 实验台的恒压源和恒流源带有输出显示,而实验中又可使用直流电压表、电流表测出电压和电流,请问电压、电流值应该取哪个仪表数值,为什么?

(2) 在验证叠加原理的实验中,如果电路的某个部分发生变化,以下哪项必须保持不变?(　　)。

A. 电路总电流　　　　　　B. 电路总电阻

C. 电路总电压　　　　　　D. 其他部分的电压和电流

(3) 如果一个线性电路满足叠加原理,以下哪项陈述是不正确的?(　　)。

A. 电路的总响应是每个独立电源单独作用时产生响应的总和

B. 当一个电源被关闭(理想电压源短路或理想电流源开路),其余电源的响应不会受到影响

C. 电路的总响应可以通过关闭所有电源然后逐个打开来获得

D. 电路的总响应与电源激励的顺序有关

六、 实验报告要求及实验结果分析题

实验步骤、数据必须手写在实验报告上,原始测量数据需在课堂上由老师确认并盖章。

(1) 根据表 B3-3 实验数据,通过求各支路电流和各电阻元件两端电压,验证线性电路的叠加性与齐次性。

表 B3-3　实验数据

测量项目 实验内容	U_{FE}/V	U_{BC}/V	I_1/mA	I_2/mA	I_3/mA	U_{FA}/V	U_{AD}/V	U_{DE}/V	U_{BA}/V	U_{DC}/V
U_{S_1}、U_{S_2}共同作用计算值										
U_{S_1}、U_{S_2}共同作用实测值										
是否符合叠加定理										
$2U_{S_2}$计算值										
$U'_{S_2}=2U_{S_2}$实测值										
是否符合齐次性										

（2）用表 B3-4 中的几组数据验证非线性电路的叠加性或齐次性是否成立。

表 B3-4　测量项目实验数据

测量项目实验内容	I_1/mA	I_2/mA	U_{FA}/V	U_{AD}/V	U_{BA}/V	U_{DC}/V
U_{S1}、U_{S2}共同作用计算值						
U_{S1}、U_{S2}共同作用实测值						
是否符合叠加定理						
$2U_{S2}$计算值						
$U'_{S2}=2U_{S2}$实测值						
是否符合齐次性						

（3）各电阻所消耗的功率是否也符合叠加定理？试用表 B3-1 中的一个电阻的电压、电流数据进行计算并作出结论。

实验4 戴维南定理和诺顿定理

未完成 预习	**实 验 报 告**	完成 预习

专业班级______________姓名______________班内序号______________

实验日期：___年_月_日第_至_节；指导老师(现场签章)：______________

一、 实验目的

(1) 通过实验加深对戴维南定理和诺顿定理的理解。

(2) 掌握测量有源二端网络等效参数的一般方法。

二、 实验原理

(1) 线性有源二端网络也称为线性含源一端口网络，是指线性的含有电源的且具有两个出线端的电路。

(2) 戴维南定理：线性含源二端网络的对外作用可以用一个等效电压源串联电阻的电路来等效代替。

(3) 诺顿定理：线性含源二端网络的对外作用可以用一个等效电流源并联电阻的电路来等效代替。

三、 实验设备与器材

QS-NDG3 型现代电工技术实验台，手持式万用表，导线若干。

四、 实验步骤和测量数据表格

1. 用开路电压、短路电流法测定线性有源二端网络的等效参数

实验电路：

接入恒压源 U_S=__________V 和恒流源 I_S=__________mA

(1) 开路电压法测 U_{OC}。

(2) 短路电流法测 I_{SC}。

(3) 用直测法测量内阻 R_0。

线性有源二端网络的等效参数测量数据如表 B4-1 所示。

表 B4-1　线性有源二端网络的等效参数测量数据

U_{OC}/V	I_{SC}/mA	R_0/Ω(计算值)	R_0/Ω(直测法)

2. 负载实验

负载实验测量数据如表 B4-2 所示。

表 B4-2　负载实验测量数据

R_L/Ω									
U_L/V									
I_L/mA									

3. 戴维南定理

实验电路：

戴维南等效电路实验测量数据如表 B4-3 所示。

表 B4-3　戴维南等效电路实验测量数据

R_L/Ω									
U_L/V									
I_L/mA									

4. 诺顿定理

实验电路：

诺顿等效电路实验测量数据如表 B4-4 所示。

表 B4-4　诺顿等效电路实验测量数据

R_L/Ω									
U_L/V									
I_L/mA									

五、 预习思考题

（1）关于测量有源二端网络等效内阻 R_0 的方法，正确的有（　　）。

A. 伏安法　　　　B. 开路电压、短路电流法

C. 直测法　　　　D. 以上都是

（2）根据有源二端网络原理，以下哪个说法是正确的？（　　）。

A. 开路电压等于短路电压

B. 等效内阻等于开路电压除以短路电流

C. 等效内阻等于短路电流除以开路电压

D. 等效内阻等于网络的总电阻

六、 实验报告要求及实验结果分析题

实验步骤、数据必需手写在实验报告上，原始测量数据需在课堂上由老师确认并盖章。

（1）根据表 B4-1、B4-2、B4-3 的实验数据，绘出本实验的线性有源二端网络及其戴维南等效电路、诺顿等效电路三条伏安特性曲线，用实验数据以及三条伏安特性曲线作比较，验证戴维南定理和诺顿定理的正确性。

线性有源二端网络伏安特性曲线：

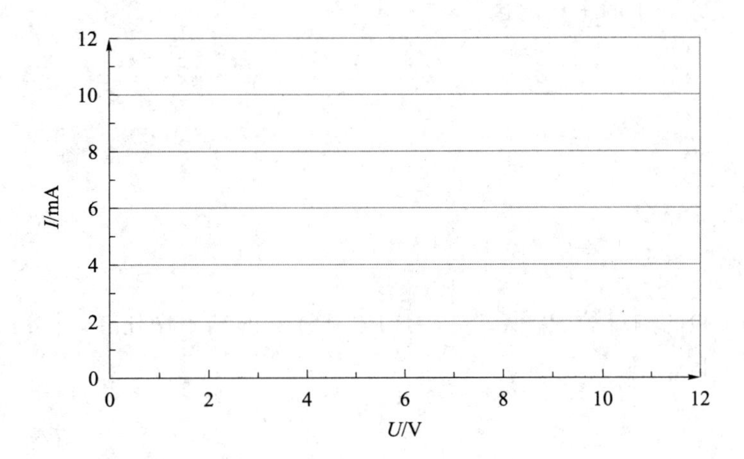

戴维南等效电路伏安特性曲线：

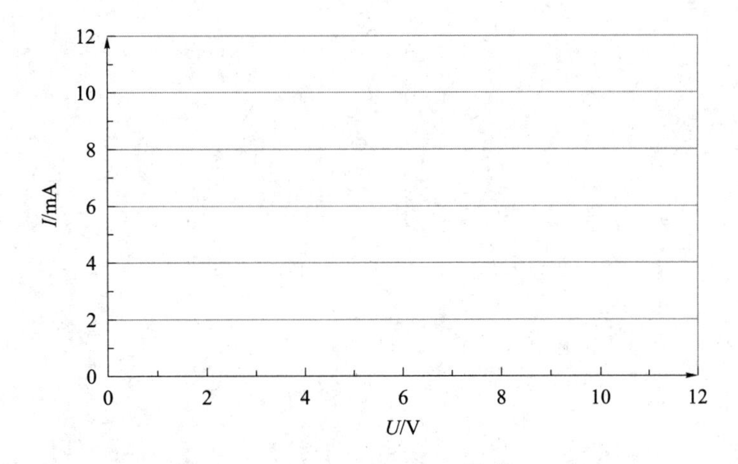

诺顿等效电路伏安特性曲线：

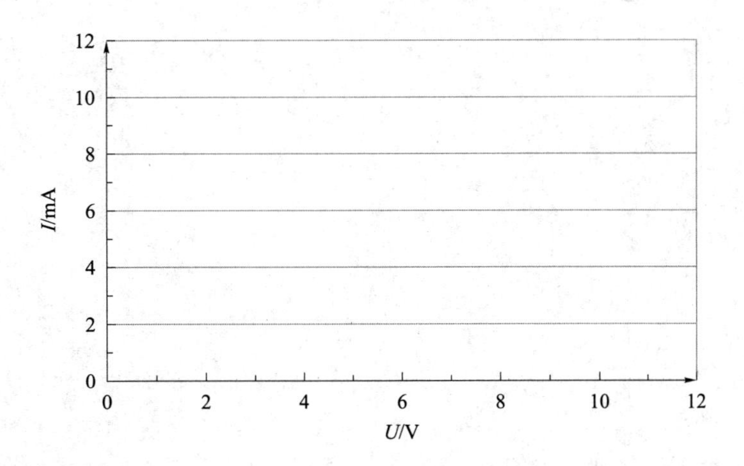

(2) 将用开路电压、短路电流法测得的 U_{OC}、I_{SC} 与预习时电路计算的结果做比较,计算误差并分析误差产生的主要原因。

(3) 根据实验的测得的 R_0 值,与预习时电路计算的结果做比较,计算误差并分析误差产生的主要原因。

实验 5　交流电路的认识实验

未完成 预习	**实验报告**	完成 预习

专业班级________________姓名________________班内序号________________

实验日期：____年__月__日第__至__节；指导老师（现场签章）：________________

一、实验目的

（1）练习使用试电笔和三相自耦调压器。

（2）练习使用交流电流表、电压表和功率表。

（3）研究同频率正弦量有效值的关系。

二、实验原理

（1）QS-NDG3 型现代电工技术实验台的使用。

（2）试电笔的使用。

三、实验设备与器材

QS-NDG3 型现代电工技术实验台，试电笔、导线若干。

四、实验步骤和测量数据表格

1. 开启三相电源

2. 了解实验室电源

（1）练习使用电笔测试

单相三线插座：测火线时氖泡____________，测中线时氖泡____________。

单相两孔插座：测火线时氖泡____________，测零线时氖泡____________，测地线时氖泡____________。

三相电压输出端子：测 U 相时氖泡____________，测 V 相时氖泡____________，测 W 相时氖泡____________，测 N 相时氖泡____________。

用试电笔测量三相电压输出端子中的 U 相，同时顺时针调节实验台左侧自耦调压旋钮，使输出电压缓慢增加。当试电笔氖泡开始发光，撤出试电笔，用交流电压表测量 U_{UN}。

三相电压输出端子 U：当氖泡发光时 U_{UN} 为____________。

（2）练习使用三相自耦调压器

① 用交流电压表测量输出电压

三相调压输出测量数据如表 B5-1 所示。

表 B5-1　三相调压输出测量数据

被测项	线电压			相电压		
	U_{UV}	U_{VW}	U_{WU}	U_{UN}	U_{VN}	U_{WN}
测量值/V						
三相电源线电压指示	指示表 1	指示表 2	指示表 3	—		
测量值/V						

② 测量调压范围

三相调压输出范围的测量如表 B5-2 所示。

表 B5-2　三相调压输出范围的测量

被测项	U_{UNmin}	U_{UNmax}
测量值/V		

3. 交流仪表综合运用——同频率正弦量有效值的关系

（1）RC 串联电路

实验电路：

保持三相输出电压 $U_{UN}=$__________V 保持不变。

RC 串联电路测量数据如表 B5-3 所示。

表 B5-3　RC 串联电路测量数据

被测项	U_{UN}/V	U_R/V	U_C/V	I/A	P_R/W
测量值					

(2) RC 并联电路

实验电路：

保持三相输出电压 $U_{UN}=$__________V 保持不变。

RC 并联电路测量数据如表 B5-4 所示。

表 B5-4　RC 并联电路测量数据

被测项	U_{UN}/V	I/A	I_R/A	I_C/A	P_R/W
测量值					

五、预习思考题

(1) 三相电路中的线电压是相电压的多少倍？(　　)。

A. 1 倍　　　　B. 3 倍

C. $\sqrt{3}$ 倍　　　　D. 2 倍

(2) 使用测电笔测量三相电路的相线时，如果测电笔不亮，可能的原因是(　　)。

A. 测电笔故障　　　　B. 电路断路

C. 测量的是零线　　　　D. 所有以上情况都有可能

(3) 画向量图说明 RLC 串联电路中 U、U_R、U_L、U_C 之间的关系。

(4) 画向量图说明 RLC 并联电路中 I、I_R、I_L、I_C 之间的关系。

六、实验报告要求

(1) 表 B5-3 中,$U_{UN}=U_R+U_C$ 成立吗?为什么?

※(2) 表 B5-4 中,$I=I_R+I_C$ 吗?为什么?

实验6　日光灯电路及功率因数的提高

未完成预习	实验报告	完成预习

专业班级________________姓名________________班内序号________________

实验日期：____年__月__日第__至__节；指导老师（现场签章）：________________

一、实验目的

（1）进一步理解交流电路中电压、电流的向量关系。

（2）掌握日光灯电路的连线及测量方法，熟悉日光灯的工作原理和有功功率表的使用。

（3）通过实验掌握提高感性负载电路功率因数的方法。

二、实验原理

（1）日光灯电路由灯管、镇流器和启辉器三部分组成，共同串联构成RL串联电路。

（2）日光灯电路的功率因数的提高，一般采用将电路中的感性负载并联电容器的方法。

三、实验设备与器材

QS-NDG3型现代电工技术实验台，导线若干。

四、实验步骤和测量数据表格

1. 日光灯电路接线

实验电路：

注意：经指导教师检查后，接通电源，缓慢调节三相自耦调压旋钮，使实验台的输出电压缓慢增大，当电压大于某一值时日光灯启辉点亮。此时可以拆除全部连线，进行下一步实验。

2. 日光灯电路的测量

实验电路：

日光灯电路参数测量如表 B6-1 所示。

表 B6-1　日光灯电路参数测量

测量值						计算值
P/W	cos φ	I/A	U_{UN}/V	U_L/V	U_D/V	cos φ

3. 并联补偿电容器提高功率因数

在步骤 2 的基础上，保持输出电压 $U_{UN}=220$ V。

并联电容电路参数测量如表 B6-2 所示。

表 B6-2　并联电容电路参数测量

电容 C/μF	测量数据						计算
	P/W	cos φ	U_{UN}/V	I/A	I_D/A	I_C/A	cos φ
0							
1							
2.2							
3.2							
4.3							
5.3							
6.5							
7.5							

五、预习思考题

（1）日光灯电路中的镇流器起到了什么作用？（　　）。

A. 限制电流　　　　B. 增加电流

C. 减少电压　　　　D. 增加电压

（2）启辉器在日光灯启动时的作用是什么？（　　）。

A. 提供启动电流　　　　B. 限制电流

C. 提供高电压　　　　D. 维持电流

（3）并联电容器提高功率因数的原因是什么？（　　）。

A. 电容器提供了额外的有功功率

B. 电容器吸收了电路的无功功率

C. 电容器提供了额外的无功功率，与电感器的无功功率相抵消

D. 电容器减少了电路的电阻

六、实验报告要求

（1）讨论改善电路功率因数的意义和方法。

（2）根据实验数据，分别绘出 $\cos\varphi=f(C)$ 和 $I=f(C)$ 的曲线。用实验数据说明所并联的电容器的电容量是否越大越好？

$\cos\varphi=f(C)$ 曲线

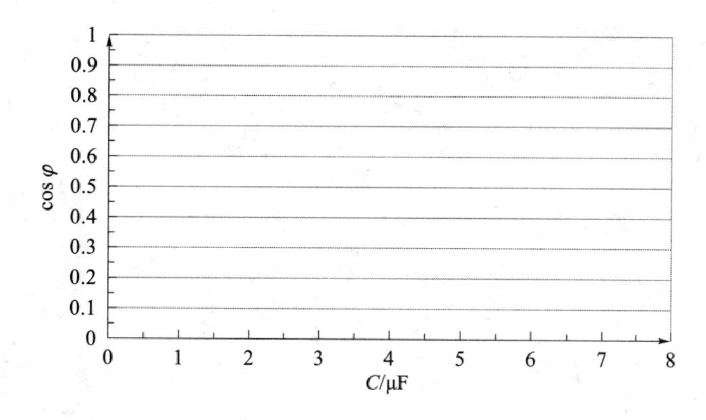

$I=f(C)$曲线

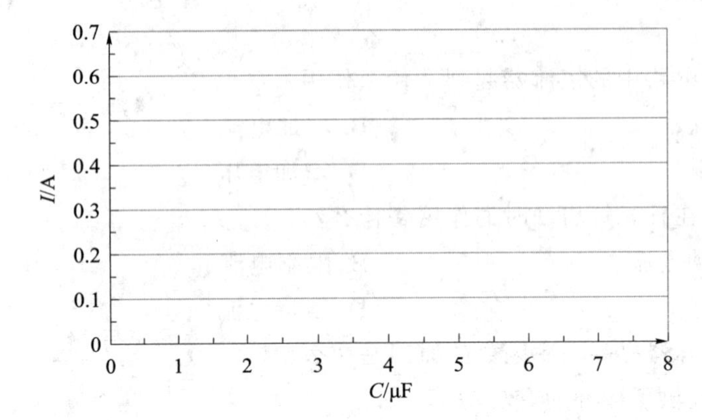

实验7 三相电路

未完成预习

实验报告

完成预习

专业班级________________姓名________________班内序号________________

实验日期：____年__月__日第__至__节；指导老师(现场签章)：________________

一、实验目的

(1) 握掌三相负载的星形、三角形两种连接方式。

(2) 了解并验证三相电路中电压、电流的线值和相值之间的关系。

(3) 通过实验掌握三相四线制中性线的作用。

二、实验原理

(1) 通常三相四线制供电系统可输送两种电压，端线与中线之间的电压称为相电压；端线与端线之间的电压称为线电压。

(2) 三相负载可接成星形(Y形接法)和三角形(△接法)。

三、实验设备与器材

QS-NDG3型现代电工技术实验台，导线若干。

四、实验步骤和测量数据表格

(1) 负载星形连接

实验电路：

将输出线电压调至__________(即$U_{UV}=$__________)，测量并记录相关数据。

负载星形连接实验数据如表 B7-1 所示。

表 B7-1　负载星形连接实验数据

负载情况	各相灯泡数			U_{AB}/V	U_{BC}/V	U_{CA}/V	U_{Ax}/V	U_{By}/V	U_{Cz}/V	$U_{NN'}$/V	I_A/A	I_B/A	I_C/A	I_N/A	各相灯泡亮度			各相亮度是否一致
	A	B	C												A	B	C	
对称	3	3	3															
不对称	1	2	3															

（2）负载三角形连接

实验电路：

将输出线电压调至______（即 $U_{UV}=$______），测量并记录相关数据。

负载三角形连接实验数据如表 B7-2 所示。

表 B7-2　负载三角形连接实验数据

负载情况	各相灯泡数			U_{AB}/V	U_{BC}/V	U_{CA}/V	I_A/A	I_B/A	I_C/A	I_{AB}/A	I_{BC}/A	I_{CA}/A	各相灯泡亮度			各相亮度是否一致
	A	B	C										A	B	C	
对称	3	3	3													
不对称	1	2	3													

五、 预习思考题

（1）在三相电路中，3 个相之间的电压相位差是多少度？（　　）。

A. 30°　　　　B. 60°

C. 90°　　　　D. 120°

（2）在三相电路中，线电流与相电流的关系是（　　）。

A. 线电流总是等于相电流　　　　B. 线电流总是大于相电流

C. 星形接法中线电流等于相电流　　　　D. 三角形接法中线电流等于相电流

(3) 三相电路的负载平衡意味着(　　)。

A. 所有 3 个负载的阻抗相等　　B. 所有 3 个负载的功率相等

C. 所有 3 个负载的电流相等　　D. 以上都是

(4) 在三相电路中,如果一相发生断线,剩余两相将(　　)。

A. 继续正常工作　　B. 停止工作

C. 以单相模式工作　　D. 以两倍的电流工作

六、实验报告要求

(1) 星形连接时,分析比较对称负载无中性线和有中性线的区别。每相负载都开两个灯泡时,N 和 N′之间中性线的存在是否对电路有影响?

(2) 根据实验结果,说明本应三角形连接的负载,如误接成星形会产生什么后果?本应星形连接的负载,如误接成三角形又会产生什么后果?

实验 8　单相铁心变压器特性的测试

未完成预习	实验报告	完成预习

专业班级________________姓名________________班内序号________________

实验日期：____年__月__日第__至__节；指导老师(现场签章)：________________

一、实验目的

（1）掌握单相变压器的原理和运行特性。

（2）通过实验学会测定变压器的空载特性与外特性。

二、实验原理

（1）变压器的空载特性是指变压器在无负载时的一次侧电压与电流的关系。

（2）变压器的外特性是指通过改变负载条件来测量变压器的二次侧电压与电流的关系。

三、实验设备与器材

电工技术综合实验装置 1 台，粗导线若干。

四、实验电路和测量数据

1. 用交流法判别变压器绕组的同名端

（1）实验电路

(2) N_1 两端的电压 $U_{12}=$ 10 V 时，测量 U_{13}、U_{34}。

交流法判别变压器绕组同名端的实验测量数据如表 B8-1 所示。

表 B8-1　交流法判别变压器绕组同名端的实验测量数据

U_{13}/V	U_{12}/V	U_{34}/V	结论
	10		___和___是同名端

2. 空载实验

(1) 实验电路

(2) 逐次降低电源电压，在(1.2～0.5)U_N 的范围内，测取变压器的 U_o、I_o、P_o，共取6～7组数据。

单相变压器空载特性的测量数据如表 B8-2 所示。

表 B8-2　单相变压器空载特性的测量数据

序　号	实验数据				计算数据
	U_o/V	I_o/A	P_o/W	$U_{1U1,1U2}$	$\cos\varphi_0$
1	43.2				
2	40				
3	36				
4	32				
5	28				
6	24				
7	18				

3. 负载实验

（1）实验电路

（2）改变负载的连接方式，共取6组数据，测取U_2、I_2。

单相变压器外特性的测量数据如表B8-3所示。

表B8-3　单相变压器外特性的测量数据

序号	负载链接方式	U_1/V	U_2/V	I_2/A
1	空载	36		
2	IN_1、IN_4、IN_7 三个灯泡串联	36		
3	IN_1、IN_4 两个灯泡串联	36		
4	IN_1 和 IN_2 并联再与 IN_4 串联	36		
5	IN_1 一个灯泡负载	36		
6	IN_1 和 IN_2 两个灯泡并联	36		

五、预习题

1.（单选）单相变压器的主要组成部分包括哪些？（　　）。

A. 铁心和绕组　　B. 绝缘材料和冷却系统

C. 调压器和保护装置　　D. 以上都是

2.（单选）在变压器的空载特性曲线中，空载电流随电压的增加而如何变化？（　　）。

A. 增加　　B. 减少

C. 不变　　D. 先增加后减少

3.（单选）单相变压器的变压原理是基于什么物理现象？（　　）。

A. 电磁感应　　B. 静电感应　　C. 光电效应　　D. 热电效应

4.（单选）变压器的负载损耗主要来源于什么？（　　）。

A. 铁心的磁滞损耗　　B. 绕组的电阻损耗

C. 变压器的机械损耗　　D. 变压器的绝缘损耗

5.(单选)在变压器的负载特性测试中,负载电阻减小,变压器的输出电压将如何变化?(　　)。

A. 增加　　B. 减少

C. 不变　　D. 先增加后减少

六、 实验结果分析

(1) 根据表 B8-2 的实验数据,绘制出变压器空载特性曲线 $U_o=f(I_o)$。

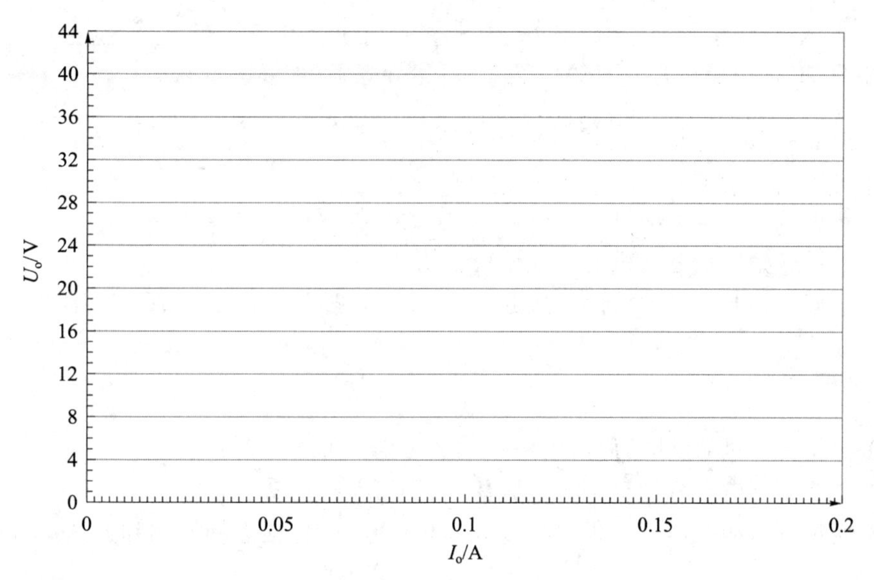

(2) 根据表 B8-3 的实验数据,绘制出变压器外特性曲线 $U_2=f(I_2)$。

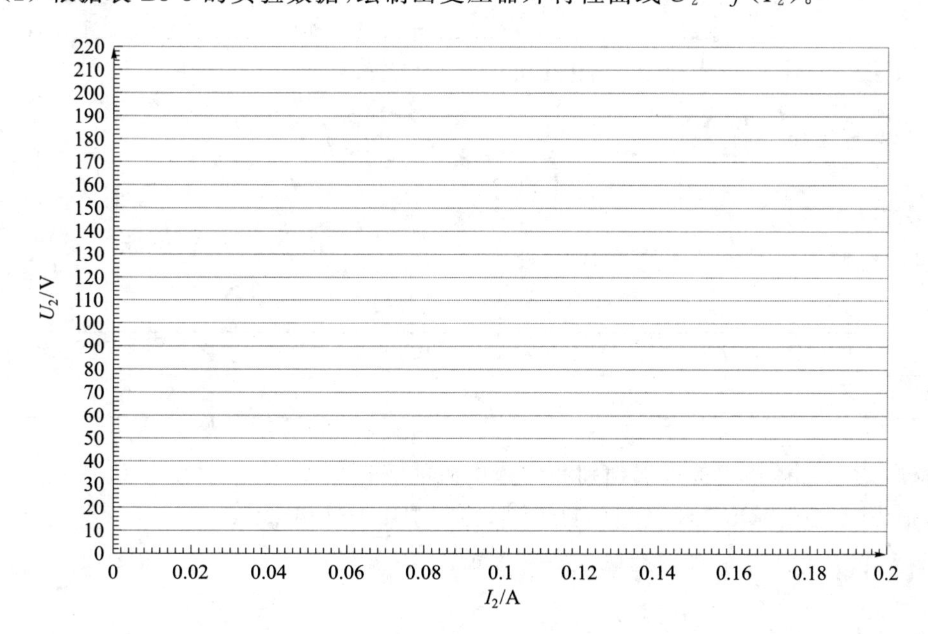

实验9　三相异步电动机的认识实验

未完成
预习

实验报告

完成
预习

专业班级________________姓名________________班内序号________________

实验日期：____年__月__日第__至__节；指导老师(现场签章)：________________

一、 实验目的

(1) 熟悉三相异步电动机的结构，了解它的铭牌数据。

(2) 学习三相异步电动机的一般检验方法。

(3) 掌握三相异步电动机的直接起动、继电接触器控制的工作原理和接线方法。

二、 实验原理

(1) 异步电动机启动时，启动电流可达额定电流的4～7倍。

(2) 调换异步电动机任意两根电源相线，即可实现反转。

(3) 通过继电接触器可实现对异步电动机的控制，包括点动控制和连续运行控制。

三、 实验设备与器材

电工技术综合实验装置1台、电动机1台、粗导线若干。

四、 实验电路和测量数据表格

1. 铭牌数据记录

电动机铭牌数据记录表如表B9-1所示。

表B9-1　电动机铭牌数据记录表

电动机型号	额定功率	额定电压	额定电流	频率	转速

※2. 定子三相绕组首末端判别和绝缘电阻的测量

(1) 用方法判断出三相绕组的首末端，在图中用线连出来。

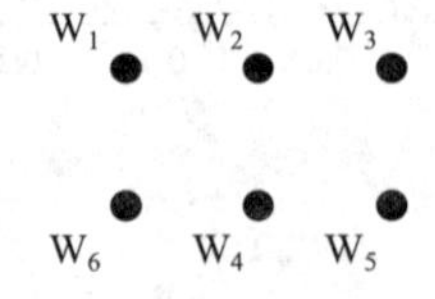

(2) 用绝缘电阻测试仪测量绝缘电阻，把结果填于表 B9-2。

绝缘电阻数据记录表如表 B9-2 所示。

表 B9-2　绝缘电阻数据记录表

相间绝缘	绝缘电阻/MΩ	相与机壳间绝缘	绝缘电阻/MΩ
U 相与 V 相		U 相与机壳	
V 相与 W 相		V 相与机壳	
W 相与 U 相		W 相与机壳	

3. 三相异步电动机的直接起动和正向运行、反转运行、断相启动及断相运行

(1) 实验电路

(2) 记录三相异步电动机每种运行情况的数据，填入表 B9-3。

三相异步电动机各种状态运行数据记录表如表 B9-3 所示。

表 B9-3　三相异步电动机各种状态运行数据记录表

观测项目	正转空载运行	反转空载运行	断相启动	断相运行
启动电流/A				—
运行电流/A			—	
转向	□顺时针 □逆时针	□顺时针 □逆时针	—	—
转动声音	□正常 □稍大	□正常 □稍大	□正常 □稍大	□正常 □稍大

4. 继电接触器点动控制

(1) 实验电路

(2) 观察电动机的运行状态

点动控制时电动机运行状态如表 B9-4 所示。

表 B9-4 点动控制时电动机运行状态

按钮动作	电动机运行状态
SB 按下(不松手)	□运行 □停止运行
SB 松开	□运行 □停止运行

5. 继电接触器连续运行控制

(1) 实验电路

(2) 观察电动机的运行状态

连续运行时电动机运行状态如表 B9-5 所示。

表 B9-5 连续运行时电动机运行状态

按钮动作	电动机运行状态
SB_2 按下(不松手)	□运行 □停止运行
SB_2 松手	□运行 □停止运行
SB_1 按下	□运行 □停止运行

五、 预习题

1. (单选)三相异步电动机在运行时,如果电源相序发生错误,将会导致什么后果?(　　)。

A. 电动机无法启动　　B. 电动机过热

C. 电动机反转　　D. 电动机效率降低

2.（单选）三相异步电动机的额定电流是指什么？（　　）。

A. 电动机空载时的电流　　　　B. 电动机满载时的电流

C. 电动机短路时的电流　　　　D. 电动机起动时的电流

3. 三相异步电动机的星形(Y)连接和三角形(△)连接的主要区别是什么？

六、实验结果分析

1. 在继电接触器连续控制电路中，当按下 SB_2 后再放开它，为什么电动机能继续运行？

2. 通过本实验，谈谈你对异步电动机的认识与体会。

实验10　异步电动机的正/反转控制电路

未完成预习

实 验 报 告

完成预习

专业班级________________姓名________________班内序号________________

实验日期：____年__月__日第__至__节；指导老师（现场签章）：________________

一、实验目的

（1）学习异步电动机继电接触正反转控制电路的连接及操作方法，加深对继电接触器控制电路基本环节所起作用的理解。

（2）学习使用万用表检查继电接触器控制线路的方法。

二、实验原理

（1）电动机的正反转控制电路是一种常见的电气控制方式，用于实现电动机的正转、反转以及停止操作。

（2）"启保停"电路是电动机正/反转控制电路中的一种基本形式，它具备启动、保持（连续运行）和停止的功能。

三、实验设备与器材

电工技术综合实验装置1台、电动机1台、粗导线若干。

四、实验电路和测量数据

1. 实验电路

2. 控制回路测试

连接好控制回路，单独对控制回路进行通电检查，观察各器件的工作状态是否正常，工作程序是否满足设计要求，填入表 B10-1。

控制回路的状态测试如表 B10-1 所示。

表 B10-1　控制回路的状态测试

按钮动作	继电接触器状态		是否正常
	KM_1	KM_2	
按下 SB_1			
按下 SB_2			
按下 SB_3			

注：接触器状态可填“吸合”或“释放”，下同。

3. 主电路测试

把主电路也连接好，并和控制电路一起通电检查，再次观察各器件的工作状态是否正常，工作程序是否满足设计要求，填入表 B10-2。

主电路的状态测试如表 B10-2 所示。

表 B10-2　主电路的状态测试

按钮动作	继电接触器状态		电动机状态
	KM_1	KM_2	
按下 SB_1			
按下 SB_2			
按下 SB_3			

注：电动机状态可填“正转”“反转”或“停止运行”，下同。

4. 其他测试

(1) 互锁测试

互锁实验测试如表 B10-3 所示。

表 B10-3　互锁实验测试

按钮动作	电动机运行状态
SB_1、SB_2 同时按下(不松手)	

(2) 自锁测试

拆除并联在 SB_1 按钮上的自锁常开触点 KM_1，实验结果填入表 B10-4。

自锁实验测试如表 B10-4 所示。

表 B10-4　自锁实验测试

按钮动作	电动机运行状态
SB_1 按下(不松手)	
SB_1 松开	

五、预习题

1.(单选)正反转控制电路中,为了防止两个正反转接触器同时吸合,通常采用什么措施?(　　)。

A. 过载保护　　B. 短路保护　　C. 互锁　　D. 欠压保护

2.(单选)异步电动机的正反转控制电路中,哪个元件用于检测电动机过载?(　　)。

A. 接触器　　B. 继电器　　C. 热继电器　　D. 断路器

3. 异步电动机在正/反转控制中,为什么通常需要设置过载保护?

六、实验结果分析

1. 进行异步电动机正/反转控制时,在切换方向前是否需要确保电动机完全停止?为什么?

2. 通过本实验,谈谈你对异步电动机正/反转的认识与体会。

实验 11　电子仪器的认识实验

未完成 预习	实验报告	完成 预习

专业班级＿＿＿＿＿＿＿＿姓名＿＿＿＿＿＿＿＿班内序号＿＿＿＿＿＿＿＿

实验日期：＿＿年＿月＿日第＿至＿节；指导老师(现场签章)：＿＿＿＿＿＿＿

一、 实验目的

(1) 了解台式数字万用表、直流稳压电源、函数信号发生器、示波器和交流毫伏表的主要性能和使用方法。

(2) 初步掌握用直流稳压电源输出电源、用函数信号发生器产生信号、用台式数字万用表进行相关测量和用示波器测量信号波形及信号参数的方法。

二、 实验原理

在模拟电子电路实验中，经常使用的电子仪器有数字万用表、直流稳压电源、函数信号发生器、示波器及交流毫伏表等，利用这些仪器可以完成对模拟电子电路的静态和动态工作情况的各种测试。

三、 实验设备与器材

电子技术综合实验箱 1 套、数字示波器 1 台、函数信号发生器 1 台、直流稳压电源 1 台、数字万用表 1 台、交流毫伏表 1 台、导线若干。

四、 实验电路和测量数据

1. 用数字万用表测量直流稳压电源的输出电压

(1) 用数字万用表测量直流稳压电源的第三组固定 5 V 输出电压，将结果记录于表 B11-1。

(2) 调节直流稳压电源的第一组输出，使其分别输出 1.5 V、6 V、12 V，然后用数字万用表测量。

实验记录表如表 B11-1 所示。

表 B11-1　实验记录表

项目	CH_3 输出	CH_1 输出		
设定值/V	5.0	1.5	6.0	12.0
实测值/V				

※2. 用数字万用表进行常规测量

(1) 测量变压器的输出电压。

(2) 测量电阻。

实验记录表如表 B11-2 所示。

表 B11-2　实验记录表

项目	变压器		电阻			
			R_{21}	R_{45}	R_{44}	R_{43}
标准值	14 V	16 V	200 Ω	10 kΩ	100 kΩ	1 MΩ
实测值						

(3) 测二极管:使用万用表的二极管挡测量实验箱里面的 D_1 1N4148 二极管的极性,左边是(　　),右边是(　　)。

A. 正极　　　　B. 负极

(4) 测按钮:利用万用表测量实验箱中的按钮的特性,如右图所示。当按钮未按下时,左、右端子(　　),中间端子和右边端子(　　)。

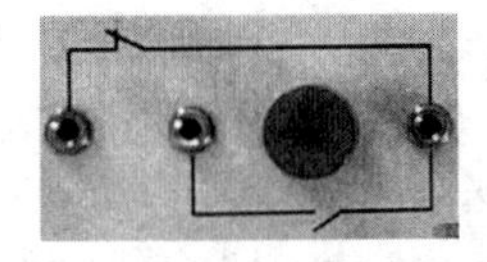

A. 相通　　　　B. 不相通

当按钮按下时,左、右端子(　　),中间端子和右边端子(　　)。

A. 相通　　　　B. 不相通

3. 用机内校正信号对示波器进行自检

GDS-1102B 数字示波器自带了一个 $V_{PP}=2$ V、$f=1$ kHz 的方波信号,专门用于校准示波器的时基和垂直偏转因数。

实验记录表如表 B11-3 所示。

表 B11-3　实验记录表

测量项目	峰峰值/V	有效值/V	频率/kHz	周期/ms
实测值				

※4. 用函数信号发生器产生信号,并用示波器和交流毫伏表测量其参数

实验记录表如表 B11-4 所示。

表 B11-4　实验记录表

信号参数	毫伏表测量		示波器测量			
	有效值/V	峰峰值/V	周期/ms	频率/Hz	峰峰值/V	有效值/V
$f=100$ Hz $V_{RMS}=2$ V						
$f=1$ kHz $V_{PP}=2$ V						

五、预习题

1. (单选)在使用 GDM-8341 型数字万用表测量电流时,应将红色测试表笔连接到哪个端口?(　　)。

A. "V.Ω"端口　　B. "COM"端口

C. "0.5A"端口或"12A"端口　　D. 以上都可以

2. (单选)MPS-3003H-3 型直流稳压电源的电压分辨率是多少?(　　)。

A. 1 V　　B. 10 mV　　C. 100 mV　　D. 1 mV

3. (单选)在 GDS-1102B 型数字示波器上,哪个键用于设置和运行自动测量项目?(　　)。

A. Measure 键　　B. Cursor 键　　C. APP 键　　D. Acquire 键

4. (单选)在 AFG-2225 型函数信号发生器中,哪个按键用于设置波形幅度?(　　)。

A. Waveform 键　　B. FREQ/Rate 键　　C. MOD 键　　D. Sweep 键

5. 数字万用表也能测量交流电压,那为何在电子技术测量中还要使用交流毫伏表?

六、实验结果分析

(1) 整理和计算实验数据。

(2) 总结直流稳压电源、数字万用表、数字示波器、函数信号发生器和交流毫伏的使用心得。

实验 12　电子仪器的应用

未完成 预习	实 验 报 告	完成 预习

专业班级________________姓名________________班内序号________________

实验日期：____年__月__日第__至__节；指导老师(现场签章)：________________

一、 实验目的

(1) 进一步了解数字示波器、函数信号发生器、交流毫伏表的主要性能和使用方法。

(2) 进一步掌握用函数信号发生器产生信号，用数字示波器、交流毫伏表测量信号波形及测量信号参数的方法。

二、 实验原理

在模拟电子电路实验中，要对各种电子仪器进行综合使用，可按照信号流向，以连线简捷、调节顺手、观察与读数方便等原则进行合理布局。为防止外界干扰，各仪器的公共接地端应连接在一起，称共地。

三、 实验设备与器材

电子技术综合实验箱 1 套、数字示波器 1 台、函数信号发生器 1 台、交流毫伏表 1 台、导线若干。

四、 实验电路和测量数据

1. 模拟电子电路中常用电子仪器布局图

※2. 用示波器测量一阶 RC 积分电路

(1) 实验电路

(2) u_i、u_o 的波形图：

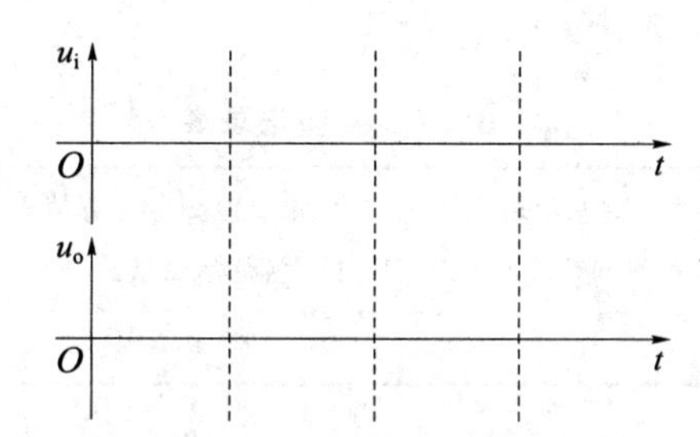

※3. 用示波器测量一阶 RC 微分电路

(1) 实验电路

(2) u_i、u_o 的波形图：

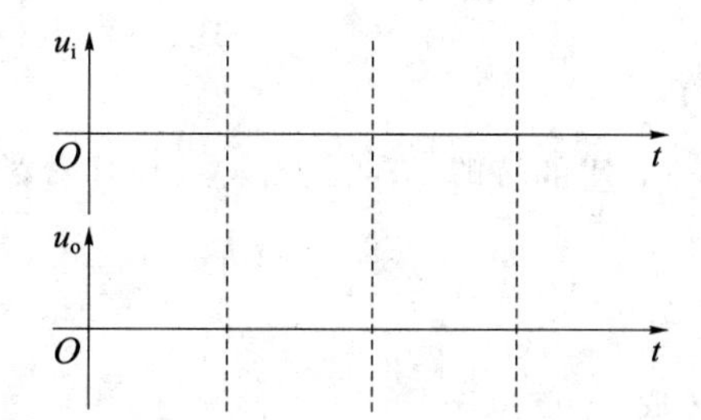

4. 用数字示波器测量两正弦波间的相位差

（1）实验电路

（2）实验数据

实验记录表如表 B12-1 所示。

表 B12-1　实验记录表

一周期格数（或者时间长度）	两波形 X 轴差距格数（或者时间长度）	相位差测量计算值（游标测量法）	相位差实测值（示波器直接测量法）
$X_T=$	$X=$	$\theta=$	$\theta=$

五、预习题

1.（单选）RC 微分电路和积分电路分别从哪两端输出？（　　）。

A. 都是从电容两端输出

B. 都是从电阻两端输出

C. 微分电路是从电阻两端输出，积分电路是从电容两端输出

D. 微分电路是从电容两端输出，积分电路是从电阻两端输出

2.（单选）下面哪种仪表最适合测量高频正弦交流小信号电压有效值（　　）。

A. 数字交流毫伏表　　B. 数字万用表

C. 数字示波器　　D. 以上都可以，差别不大

3.（单选）将数字示波器的扫描基线迅速归零位（即位于屏幕正中央），应按下哪个旋钮？（　　）。

A. 垂直位移调节旋钮　　B. 垂直坐标刻度调节旋钮

C. 水平位移调节旋钮

4. 测量得到正弦波信号电压的峰峰值 V_{PP} 为 4 V，则其有效值 V_{RMS} 是______V。

六、实验结果分析

（1）整理和计算实验数据。

（2）如何判断信号发生器输出信号的波形、幅值、频率正确与否？

实验13　晶体管电压放大电路

未完成预习	**实验报告**	完成预习

专业班级＿＿＿＿＿＿＿＿姓名＿＿＿＿＿＿＿＿班内序号＿＿＿＿＿＿＿＿

实验日期：＿＿年＿月＿日第＿至＿节；指导老师(现场签章)：＿＿＿＿＿＿＿

一、 实验目的

(1) 掌握放大电路静态工作点的测量与调试方法，了解静态工作点对放大电路性能的影响。

(2) 掌握放大电路电压放大倍数、输入电阻、输出电阻及最大不失真输出电压的测试方法。

(3) 熟悉常用电子仪器及模拟电子技术实验设备的使用。

二、 实验原理

晶体管电压放大电路的最典型电路是共射级分压偏置式交流电压放大电路。晶体管为非线性元件，要使放大器不产生非线性失真，就必须建立一个合适的静态工作点。通过调节基极电阻 R_W 即可调整静态工作点。

三、 实验设备与器材

电子技术综合实验箱1套、数字示波器1台、函数信号发生器1台、直流稳压电源1台、数字万用表1台、交流毫伏表1台、导线若干。

四、 实验电路和测量数据

1. 实验电路

2. 调试静态工作点

按原理图连接实验电路，并接通+12 V直流电源，用万用表测量U_E、调节R_{W1}，使得$U_E=2.2$ V(即$I_C=2$ mA)，测量并记录以下数据。

实验记录表如表B13-1所示。

表B13-1　实验记录表

实测值			实测计算值		
U_B/V	U_E/V	U_C/V	U_{BE}/V	U_{CE}/V	I_C/mA
	2.2				2

3. 放大器主要技术指标(A_u、R_i、R_o)的测量

实验记录表如表B13-2所示。

表B13-2　实验记录表

R_C/kΩ	R_L/kΩ	U_o/mV	A_u	观察记录一组u_o和u_i波形
2.4	∞	$U_\infty=$		u_i O t; u_o O t
2.4	2.4	$U_L=$		
1.2	∞			
$r_o=\left(\frac{U_\infty}{U_L}-1\right)R_L=$				

实验记录表如表B13-3所示。

表B13-3　实验记录表

U_s/mV	U_i/mV	$r_i=\frac{U_i}{U_S-U_i}R$
	10	

※4. 观察静态工作点对电压放大倍数的影响

实验记录表如表B13-4。

表B13-4　实验记录表

U_{CE}/V	6	4	3
U_o/mV			
A_u			

5. 观察静态工作点对输出波形失真的影响

实验记录表如表 B13-5 所示。

表 B13-5　实验记录表

U_{CE}/V	u_o 波形	失真情况	管子工作状态
	u_o O t	□饱和失真 □没有失真 □截止失真	□饱和 □放大 □截止
6 V	u_o O t	□饱和失真 □没有失真 □截止失真	□饱和 □放大 □截止
	u_o O t	□饱和失真 □没有失真 □截止失真	□饱和 □放大 □截止

※6. 测量最大不失真输出电压

实验记录表如表 B13-6 所示。

表 B13-6　实验记录表

U_{CE}/V	U_{im}/mV	U_{om}/mV	U_{opp}/V

※7. 测量幅频特性曲线

实验记录表如表 B13-7 所示。

表 B13-7　实验记录表

信号源频率		f_L			f_0			f_H	
f/Hz					1000				
U_o/mV									
A_u									

五、 预习题

1. (单选)在晶体管共射级放大电路中,发射极电阻的作用是什么?(　　)。

A. 提供偏置电压　　　　B. 稳定工作点

C. 限制电流　　　　D. 以上都是

2.(单选)在晶体管共射级放大电路中,为什么需要耦合电容?(　　)。

A. 阻止直流分量通过　　B. 允许交流信号通过

C. 滤除噪声　　D. 以上都是

3. 测量静态工作点应该用＿＿＿＿＿＿＿＿(仪表名称),选择＿＿＿＿＿＿＿＿挡位/按键。测量输入、输出交流电压应该用＿＿＿＿＿＿＿＿＿＿(仪表名称)。

4. 什么是饱和失真?什么是截止失真?它们的输出波形分别有什么特点?

六、 实验结果分析

(1) 整理、计算各步骤所得的实验数据,把各个表格完成好。

(2) 通过本实验,谈谈你对晶体管电压放大电路的实验体会。

实验 14　两级阻容耦合放大电路与负反馈

未完成
预习

实 验 报 告

完成
预习

专业班级________________姓名________________班内序号________________

实验日期：____年__月__日第__至__节；指导老师(现场签章)：________________

一、 实验目的

(1) 掌握多级放大电路及负反馈放大电路性能指标的测试方法。

(2) 理解多级阻容耦合放大电路总电压放大倍数与各级电压放大倍数之间的关系。

(3) 理解负反馈放大电路的工作原理及负反馈对放大电路性能的影响。

二、 实验原理

(1) 当电压放大倍数用一级电路不能满足要求时，就要采用多级放大电路。多级放大电路由多个单级放大电路组成，它们之间的连接称为耦合。

(2) 在晶体管放大电路中引入负反馈，可以改善放大器的性能指标，提高放大电路的稳定性。

三、 实验设备与器材

电子技术综合实验箱 1 套、数字示波器 1 台、函数信号发生器 1 台、直流稳压电源 1 台、数字万用表 1 台、交流毫伏表 1 台、导线若干。

四、 实验电路和测量数据

1. 实验电路

2. 测量静态工作点

实验记录表如表 B14-1 所示。

表 B14-1　实验记录表

项目	U_B/V	U_E/V	U_C/V
第一级			7.5
第二级			6.5

3. 电压放大系数及输出电阻的测量

实验记录表如表 B14-2 所示。

表 B14-2　实验记录表

	设定值		实测值		测量计算值			
	R_L/kΩ	U_i/mV	U_{o1}/mV	U_{o2}/mV	A_{u1}	A_{u2}	A_u	r_o
无负反馈	∞	2						
	2.4	2						
有负反馈	∞	2						
	2.4	2						

4. 输入电阻的测量

实验记录表如表 B14-3 所示。

表 B14-3　实验记录表

	U_s/mV	U_i/mV	r_i
无负反馈			
有负反馈			

5. 观察负反馈对输出失真波形的改善

实验记录表如表 B14-4 所示。

表 B14-4　实验记录表

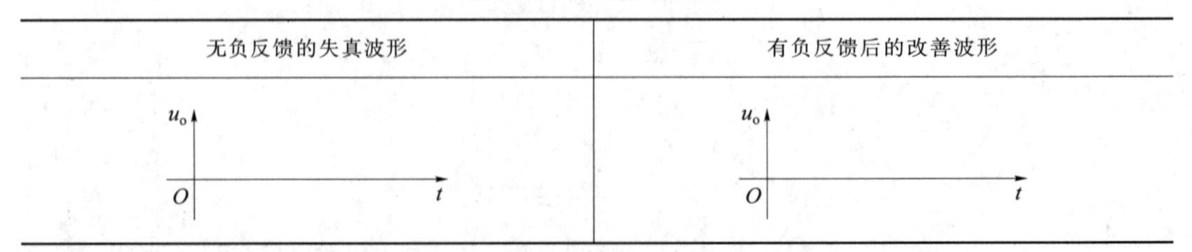

无负反馈的失真波形	有负反馈后的改善波形

※6. 测量通频带

实验记录表如表 B14-5 所示。

表 B14-5　实验记录表

电路类型	两级放大电路	负反馈放大电路
f_L/Hz		
f_H/Hz		
Δf/Hz		

五、 预习题

1.(单选)在两级放大电路中,如果第一级放大电路的输出信号幅度过大,可能会导致什么现象?(　　)。

A. 饱和失真　　B. 截止失真　　C. 交越失真　　D. 互调失真

2.(单选)引入电压串联负反馈会使两级放大电路输入电阻(　　),输出电阻(　　)。

A. 变大　　B. 变小　　C. 无影响

3. 两级放大电路的总增益 A_u 和第一级放大电路增益 A_{u1}、第二级放大电路增益 A_{u2} 的代数关系是________________。

4. 简述两级放大电路中引入电压串联负反馈的目的。

六、 实验结果分析

(1) 整理、计算各步骤所得的实验数据,把各个表格完成好。

(2) 根据实验数据,总结分析电压串联负反馈电路的特点以及对放大器性能的影响,哪些指标得到了改善?

(3) 通过本实验,谈谈你对两级放大电路与负反馈的实验体会。

实验 15　射极输出器

未完成预习

实 验 报 告

完成预习

专业班级________________姓名________________班内序号________________

实验日期：____年__月__日第__至__节；指导老师（现场签章）：______________

一、 实验目的

（1）掌握射极输出器的特性及测试方法。

（2）进一步熟悉放大电路各项参数的测试方法。

二、 实验原理

射极跟随器的信号是从基极输入，从发射极输出的放大器。其特点为输入阻抗高，输出阻抗低，因而从信号源索取的电流小而且带负载能力强，所以常用于多级放大电路的输入级和输出级；也可用它连接两电路，减少电路间直接相连所带来的影响，起缓冲作用。

射极跟随器是一个电压串联负反馈放大电路，具有输入电阻高、输出电阻低，电压放大倍数接近于1，输出电压能够在较大范围内跟随输入电压作线性变化，以及输入、输出信号同相等特点。

三、 实验设备与器材

函数信号发生器、交流毫伏表、双踪示波器、数字万用表、直流稳压电源、电子技术综合实验箱。

四、 实验电路和测量数据表格

1. 静态工作点的调整

实验记录表如表 B15-1 所示。

表 B15-1　实验记录表

U_E/V	U_B/V	U_C/V

2. 测量计算电压放大倍数 A_u

实验记录表如表 B15-2 所示。

表 B15-2　实验记录表

U_i/V	U_L/V	A_U

3. 测量计算输出电阻 r_o

实验记录表如表 B15-3 所示。

表 B15-3　实验记录表

U_o/V	U_L/V	r_o/kΩ

4. 测量计算输出电阻 r_i

实验记录表如表 B15-4 所示。

表 B15-4　实验记录表

U_S/V	U_i/V	r_i/kΩ

5. 测试电压跟随特性

实验记录表如表 B15-5 所示。

表 B15-5　实验记录表

U_i/V	0.2	0.4	0.6	0.8	1.0	1.2	1.4	
U_L/V								

6. 测试幅频跟随特性

实验记录表如表 B15-6 所示。

表 B15-6　实验记录表(保持 U_i＝____V)

f/kHz			1	10	20	100	200	
U_L/V								

五、 预习思考题

（1）射极跟随器具有电压放大功能吗？（是/否）输出信号与输入信号反相吗？（是/否）

(2) 根据射极跟随器的特点,说明它在多级放大电路中的作用。

____

(3) 射极跟随器引入了什么反馈? ______________________

反馈的作用是什么? ______________________

六、 实验结果分析

(1) 根据表 B15-5 数据,绘制电压跟随特性曲线 $U_L = f(U_i)$。

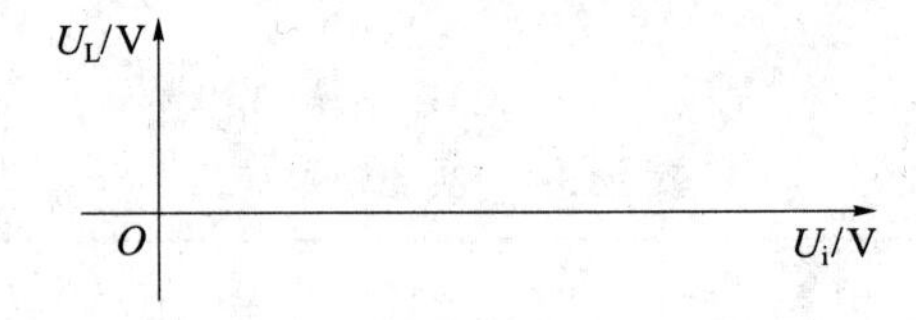

(2) 根据表 B15-6 数据,绘制幅频特性曲线 $U_L = f(f)$。

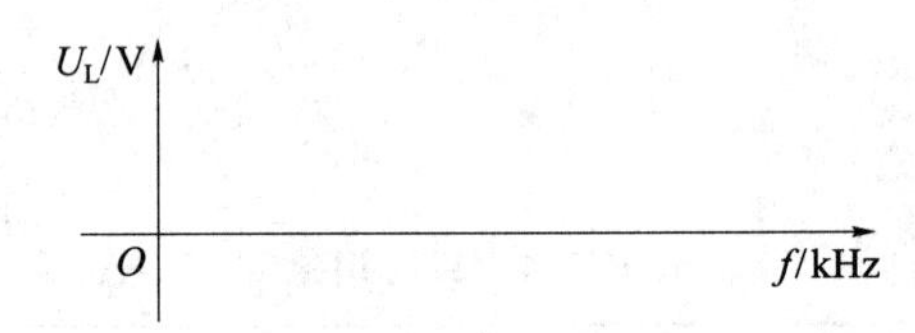

实验 16　正弦波振荡器

未完成预习

实 验 报 告

完成预习

专业班级＿＿＿＿＿＿＿＿姓名＿＿＿＿＿＿＿＿班内序号＿＿＿＿＿＿＿＿

实验日期：＿＿年＿月＿日第＿至＿节；指导老师(现场签章)：＿＿＿＿＿＿＿

一、 实验目的

(1) 进一步学习正弦波振荡器的组成及其振荡条件。

(2) 学会测量、测试振荡器。

二、 实验原理

(1) 正弦波振荡器是指不需要输入信号控制就能自动地将直流电转换为特定频率和振幅的正弦交变电压(电流)的电路。常用的正弦波振荡器有电容反馈振荡器和电感反馈振荡器两种。后者输出功率小，频率较低；而前者可以输出大功率，频率也较高。

(2) 从结构上看，正弦波振荡器是没有输入信号的、带选频网络的正反馈放大器。若用 R、C 元件组成选频网络，就称为 RC 振荡器，一般用来产生 1 Hz～1 MHz 的低频信号。

三、 实验设备与器材

函数信号发生器、交流毫伏表、双踪示波器、数字万用表、直流稳压电源、电子技术综合实验箱。

四、 实验电路和测量数据表格

1. RC 串并联选频网络振荡器

1) 实验电路

2）实验数据测量

（1）测量放大电路静态工作点及电压放大倍数

实验记录表如表 B16-1 所示。

表 B16-1 实验记录表

V_{B1}	V_{C1}	V_{E1}	V_{B2}	V_{C2}	V_{E2}	U_i	U_o	A_u

（2）测量输出波形参数

测量输出波形参数如表 B16-2 所示。

表 B16-2 $R_1=R_2=16\ k\Omega, C_1=C_2=0.01\ \mu F$ 时的波形参数

输出波形频率/Hz	输出电压 U_o/V

（3）改变 R 或 C 值，记录振荡频率变化

实验记录表如表 B16-3 所示。

表 B16-3 实验记录表

电路参数的改变	输出波形频率/Hz	
	实测值	计算值
R_1、R_2 各并联一个 16 kΩ 电阻 C_1、C_2 保持为 0.01 μF 电容		
R_1、R_2 各并联一个 16 kΩ 电阻 C_1、C_2 各并联一个 0.01 μF 电容		
R_1、R_2 保持为 16 kΩ 电阻 C_1、C_2 各并联一个 0.01 μF 电容		

（4）幅频特性

实验记录表如表 B16-4 所示。

表 B16-4 实验记录表

频率/Hz	100	300	500	700	900		
输出 U_A/V							

※2. 双 T 选频网络振荡器

1）实验电路

2）实验数据测量

测量输出波形振荡频率如表 B16-5 所示。

表 B16-5　测量输出波形振荡频率

实测值/Hz	理论值/Hz

五、预习思考题

（1）根据电路参数，计算表 B16-3、表 B16-5 实验电路的振荡频率的理论值（计算值），并填入表内。

（2）如何用示波器测量振荡电路的振荡频率。

六、实验报告要求

（1）根据振荡频率实测值与理论值的比较，分析误差产生的原因。

（2）总结 RC 串并联网络振荡器的特点。

（3）总结双 T 选频网络振荡器的特点，比较它和 RC 串并联网络振荡器的不同点。

实验 17　集成运算放大器线性运算电路

未完成预习	实验报告	完成预习

专业班级________________姓名________________班内序号________________

实验日期：____年__月__日第__至__节；指导老师（现场签章）：________________

一、 实验目的

（1）熟悉集成运算放大器的基本性能，掌握其基本使用方法。

（2）学习集成运算放大器线性运算电路的测试和设计方法。

二、 实验原理

集成运算放大器是一种具有高电压放大倍数的直接耦合多级放大电路。当外部接入不同的线性或非线性元器件组成输入和负反馈电路时，可以灵活地实现各种特定的函数关系。在线性应用方面，可组成比例、加法、减法、积分、微分、对数等模拟运算电路。

三、 实验设备与器材

函数信号发生器、双踪示波器、数字万用表、直流稳压电源、电子技术综合实验箱。

四、 实验电路和测量数据表格

1. 反相比例运算电路

（1）实验电路图

（2）实验数据测量

实验记录表如表 B17-1 所示。

表 B17-1　实验记录表

U_i/V	0.50	−0.50	2.00
U_o/V(测量值)			
U_o/V(计算值)			

2. 同相比例运算电路

（1）实验电路图

（2）实验数据测量

实验记录表如表 B17-2 所示。

表 B17-2　实验记录表

U_i/V	0.50	−0.50	2.00
U_o/V(测量值)			
U_o/V(计算值)			

3. 反相加法运算电路

（1）实验电路图

(2) 实验数据测量

实验记录表如表 B17-3 所示。

表 B17-3　实验记录表

U_{i1}/V	-2.00	-2.50	0.50
U_{i2}/V	2.50	2.00	-0.50
U_o(测量值)/V			
U_o(计算值)/V			

4. 减法运算电路

(1) 实验电路图

(2) 实验数据测量

实验记录表如表 B17-4 所示。

表 B17-4　实验记录表

U_{i1}/V	2.00	-2.50	0.50
U_{i2}/V	2.50	-1.00	0
U_o(测量值)/V			
U_o(计算值)/V			

5. 积分运算电路

(1) 实验电路图

（2）实验数据测量

实验记录图如图 B17-1 所示。

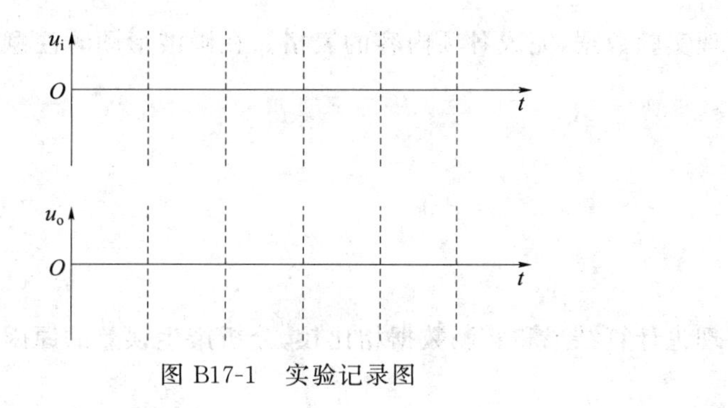

图 B17-1　实验记录图

五、 预习思考题

（1）集成运算放大器工作时，输出值会随着输入值一直增大吗？其最大的输出电压接近何值？

（2）为了不损坏集成块，实验中应注意什么问题？

（3）根据实验电路参数，对输出电压值进行理论计算，将理论计算值填入表格中。

六、 实验结果分析

（1）整理实验数据，完成各项内容的表格。在画波形图时注意波形间的相位关系。

（2）将理论计算结果和实测数据相比较，分析产生误差的原因。

（3）根据表 B17-1 和表 B17-2 的实验数据，分析反相和同相比例运算电路在输入电压 U_i 为 2 V 时运放的工作状态，并解释出现这种状态的原因。

实验 18　集成运算放大器电压比较电路

未完成预习	实验报告	完成预习

专业班级______________姓名______________班内序号______________
实验日期：___年__月__日第__至__节；指导老师(现场签章)：____________

一、实验目的

(1) 掌握集成运算放大器电压比较电路的构成及特点。
(2) 学会集成运算放大电路电压比较器的测试方法。

二、实验原理

电压比较器是集成运放非线性应用电路，它将一个模拟量电压信号和一个参考电压相比较，在两者幅度相等的附近，输出电压将产生跃变，相应输出高电平或低电平。比较器可以组成非正弦波形变换电路及应用于模拟与数字信号转换等领域。

三、实验设备与器材

函数信号发生器、双踪示波器、数字万用表、直流稳压电源、电子技术综合实验箱。

四、实验电路和测量数据表格

1. 过零比较器

1) 实验电路图

2) 实验数据测量

(1) 令输入电压 u_i 悬空，测量 u_o= ________V。

(2) 记录输入电压 u_i 为 100 Hz，峰峰值为 20 V 时的输入电压 u_i 和输出电压 u_o 的波形于图 B18-1 中。

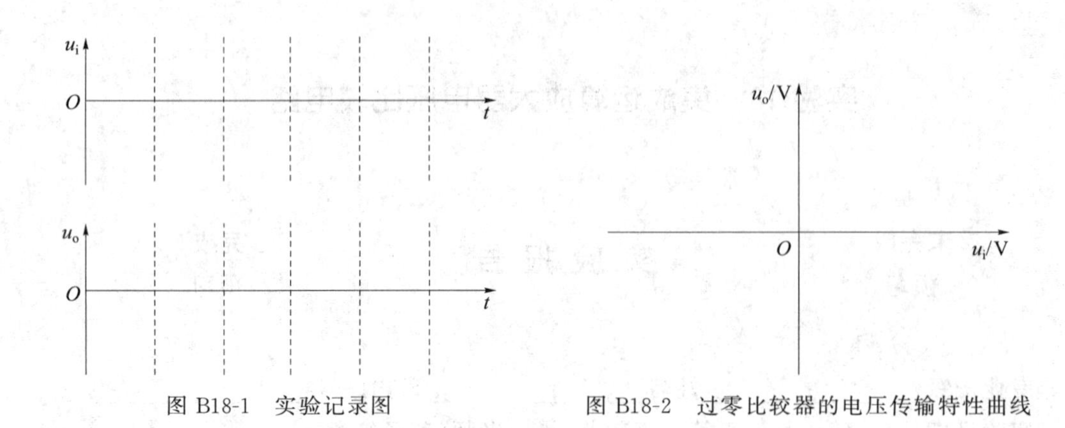

图 B18-1　实验记录图　　　　图 B18-2　过零比较器的电压传输特性曲线

(3) 测量$+U_{om}$、$-U_{om}$

实验记录表如表 B18-1 所示。

表 B18-1　实验记录表

$+U_{om}$/V	$-U_{om}$/V

(4) 测量U_i、U_o值，绘制反相滞回比较器的电压传输特性曲线

用万用表直流电压挡测量U_i、U_o值，记录于表 B18-2，并根据数据绘制过零比较器的电压传输特性曲线于图 B18-2 中。

实验记录表如表 B18-2 所示。

表 B18-2　实验记录表

U_i/V			0		
U_o/V					

2. 反相滞回比较器(分压支路带电阻 R_F=100 kΩ)

1) 实验电路

2）实验数据测量

(1) 记录 u_i、u_o 波形于图 B18-3 中

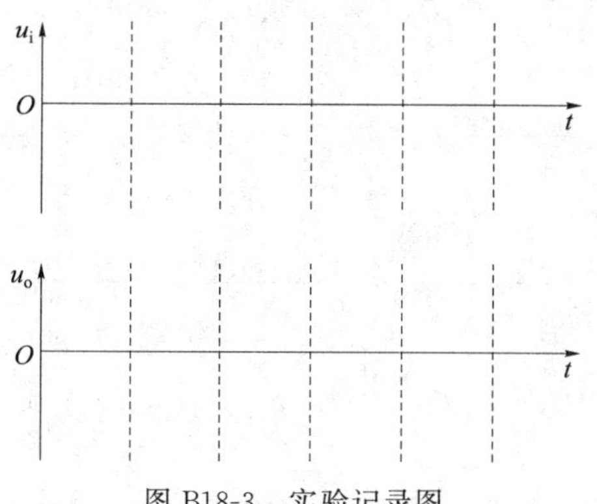

图 B18-3　实验记录图

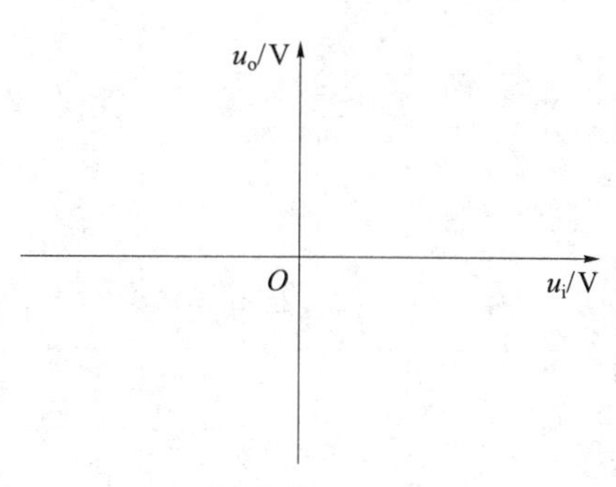

图 B18-4　电压传输特性曲线(R_F=100 kΩ)

(2) 测量 U_i、U_o 值,绘制反相滞回比较器的电压传输特性曲线

用万用表直流电压挡测量 U_i、U_o 值,记录于表 B18-3,并根据数据绘制反相滞回比较器的电压传输特性曲线于图 B18-4 中。

实验记录表如表 B18-3 所示。

表 B18-3　实验记录表

U_i/V	-1	0	0.5	($+U_\Sigma$)	0.6
U_o/V					
U_i/V	1	0	-0.5	($-U_\Sigma$)	-0.6
U_o/V					

3. 反相滞回比较器(分压支路电阻 R_F=200 kΩ)

1）实验电路

2）实验数据测量

（1）记录 u_i、u_o 波形于图 B18-5 中

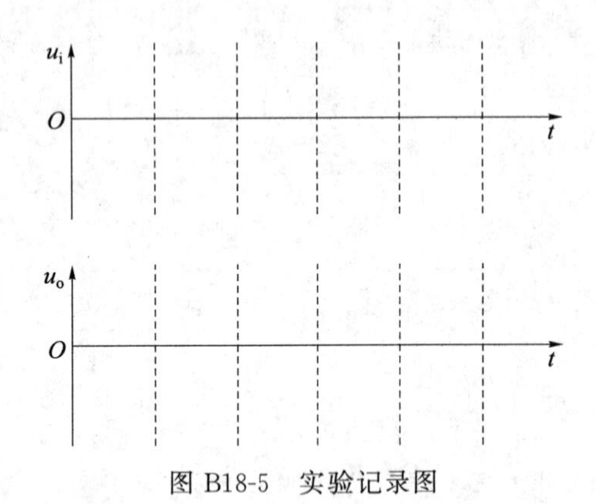

图 B18-5　实验记录图

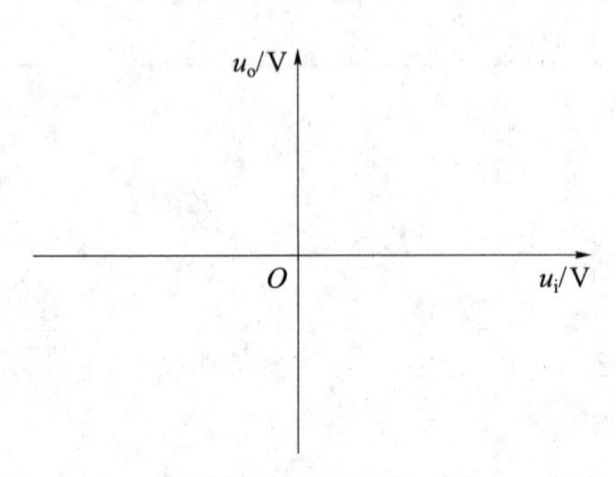

图 B18-6　电压传输特性曲线（$R_F=200$ kΩ）

（2）测量 u_i、u_o 值，绘制反相滞回比较器的电压传输特性曲线

用万用表直流电压挡测量 u_i、u_o 值，记录于表 B18-4，并根据数据绘制反相滞回比较器的电压传输特性曲线于图 B18-6 中。

表 B18-4　实验记录表

U_i/V	-1	0	0.27	($+U_\Sigma$)	0.4
U_o/V					
U_i/V	1	0	-0.27	($-U_\Sigma$)	-0.4
U_o/V					

4. 同相滞回比较器(表格自拟)

5. 窗口比较器(表格自拟)

五、预习思考题

（1）若把图 B18-2 过零比较器的输入电压 u_i 改为由同相输入端输入，反相输入端接地，其输出波形和原来有什么不同？

（2）分析反相滞回比较器电路，计算：

① 使 u_o 由 $+U_{om}\rightarrow -U_{om}$ 时，u_i 的临界值 $+U_\Sigma=$ ____________。

② 使 u_o 由 $-U_{om}\rightarrow +U_{om}$ 时，u_i 的临界值 $-U_\Sigma=$ ____________。

六、实验结果分析

（1）反相滞回比较器中，R_F 的不同（从 100 kΩ 改为 200 kΩ）会引起传输特性曲线的哪些不同？说明滞回特性曲线和元件之间的关系。

（2）通过实验总结电压比较器有哪些特点？

（3）总结窗口比较器与滞回比较器的传输特性曲线的不同之处。

实验19　功率放大器

未完成 预习	**实 验 报 告**	完成 预习

专业班级＿＿＿＿＿＿＿＿姓名＿＿＿＿＿＿＿＿班内序号＿＿＿＿＿＿＿＿

实验日期：＿＿年＿月＿日第＿至＿节；指导老师(现场签章)：＿＿＿＿＿＿＿

一、实验目的

(1) 进一步理解由分立元件组成的 OTL 低频功率放大器的工作原理。

(2) 学会 OTL 电路的调试及主要性能指标的测试方法。

二、实验原理

功率放大器的作用是为负载提供足够大的输出功率。对于功率放大器的要求是输出功率足够大、效率尽量高、非线性失真尽可能小。按照输出级晶体管导通的情况，功率放大器可以分为甲类、乙类、甲乙类、丙类、丁类等，从理论上说，甲类功率放大器的效率最高能达到 50%，乙类功率放大器的最大工作效率可达 78.5%，而甲乙类功率放大器的最大工作效率介于甲类和乙类之间；丙类和丁类高频功率放大器由于晶体管的导通角小，其工作效率能够超过 80%，甚至 95%以上。

三、实验设备与器材

函数信号发生器、双踪示波器、数字万用表、直流稳压电源、电子技术综合实验箱。

四、实验电路和测量数据表格

1. 实验电路

2. 实验数据测量

（1）测量放大电路静态工作点

静态工作点的测量如表 B19-1 所示。

表 B19-1　静态工作点的测量（$I_{C2}=I_{C3}=$ _ mA，$U_A=2.5$ V）

	晶体管		
	V_1	V_2	V_3
U_B/V			
U_C/V			
U_E/V			

（2）最大输出功率 P_{om} 和效率 η 的测量

最大输出功率 $P_{om}=$__________。

效率 $\eta=$________________。

（3）自举电路的测试

根据自举电路的实验电路，测量计算电路的电压增益：

$A_u=U_{OM}/U_i=$ ________。

去掉自举电路，测量计算电路的电压增益：

$A_u=U_{OM}/U_i=$ ________。

五、 预习思考题

（1）交越失真产生的原因是什么？怎样克服交越失真？

（2）在图 19-1 所示的实验电路中，如果 R_{w2} 开路或短路，对电路工作有何影响？

（3）为了不损坏输出管，调试中应注意什么问题？

(4) 为什么引入自举电路能够扩大输出电压的动态范围?

(5) 如电路有自激现象,应如何消除?

六、 实验结果分析

(1) 整理实验数据,计算静态工作点、最大不失真输出功率 P_{om}、效率 η 等,并与理论值进行比较。

(2) 分析自举电路的作用。

(3) 讨论实验中发生的问题及解决办法。

实验 20　直流稳压电源

未完成预习

实 验 报 告

完成预习

专业班级________________姓名________________班内序号________________

实验日期：____年__月__日第__至__节；指导老师(现场签章)：________________

一、实验目的

(1) 熟悉整流、滤波及稳压电路的功能，加深对直流稳压电源工作原理的理解。

(2) 学会测量直流稳压电源的各项指标，进一步了解直流稳压电源的性能。

二、实验原理

直流稳压电源由电源变压器、整流、滤波和稳压电路四部分组成。电网供给的交流电压 u_1 经电源变压器降压后，得到电路需要的交流电压 u_2，经整流电路得到脉动电压 u_3，用滤波器滤去其交流分量，得到直流电压 u_1，使用稳压电路，可以保证输出直流电压更加稳定。

三、实验设备与器材

函数信号发生器、双踪示波器、数字万用表、直流稳压电源、电子技术综合实验箱。

四、实验电路和测量数据表格

1. 整流滤波电路的测试

(1) 实验电路。

(2) 实验数据测量。

实验记录表如表 B20-1 所示。

2. 串联型稳压电源性能的测试

(1) 实验电路

表 B20-1　实验记录表($U_2=14$ V)

电路形式		输入电压 U_2	输出电压 U_o		输出电压 u_o 波形
		实测值	实测值	计算值	
$R_L=240\ \Omega$	~ 整流				u_o O t
$R_L=240\ \Omega$ $C=470\ \mu F$	~ 整流滤波				u_o O t
$R_L=120\ \Omega$ $C=470\ \mu F$	~ 整流滤波				u_o O t

(2) 测量输出电阻 r_o(U_2 接入 14 V 工频电源)

实验记录表如表 B20-2 所示。

表 B20-2　实验记录表(U_2 接入 14 V 工频电源)

测试值		计算值
R_L	U_o/V	r_o/Ω
∞(空载)		
120 Ω		

(3) 测量稳压系数 S(U_2 分别接入 14 V、16 V 工频电源)

实验记录表如表 B20-3 所示。

表 B20-3　实验记录表(U_2 分别接入 14 V、16 V 工频电源)

测试值				计算值
工频电源	U_2/V	U_i/V	U_o/V	S(计算值)
14 V				
16 V				

五、预习思考题

(1) 计算表 B20-1 中各整流、整流滤波电路输出电压 U_o 的理论值(即计算值),并填入表内。

(2) 说明表 B20-3 电路中 U_2、U_i、U_o 的物理意义

U_2________________、U_i__________________、U_o________________。

(3) 实验中,U_2、U_i、U_o 应该用实验设备中的什么仪器、什么挡位进行测量?

U_2__________________、U_i__________________、U_o________________。

(4) 在桥式整流滤波电路实验中,能否用双踪示波器同时观察交流输入 U_2 和整流输出 U_o 的波形?为什么?

六、实验结果分析

(1) 将整流滤波电路测试的实测值与理论值进行比较,分析误差产生的原因。

(2) 在桥式整流电路实验中,如果某个二极管分别发生开路、短路、反接 3 种情况,各种情况将会出现什么问题?

(3) 试分析你在实验中出现的故障及所采用的排除方法。

实验 21　简单组合逻辑电路的设计

未完成预习	实验报告	完成预习

专业班级＿＿＿＿＿＿＿＿＿姓名＿＿＿＿＿＿＿＿＿班内序号＿＿＿＿＿＿＿＿＿

实验日期：＿＿年＿月＿日第＿至＿节；指导老师(现场签章)：＿＿＿＿＿＿＿＿

一、实验目的

(1) 学习组合逻辑电路的分析和设计方法。

(2) 通过对一些简单电路的设计，掌握组合逻辑电路的测试与验证方法。

二、实验原理

组合逻辑电路是最常见的逻辑电路之一，其特点是任意时刻的输出信号仅取决于该时刻的输入信号，而与信号作用前电路的状态无关。组合逻辑电路的设计任务是根据实际的逻辑问题，定义逻辑状态的含义，再根据所给定事件的因果关系列出逻辑真值表，然后由逻辑真值表写出逻辑表达式，再用卡诺图或代数法化简以得到最简逻辑表达式，最后用给定的逻辑器件实现该表达式，画出逻辑电路图。所谓最简是指电路所用器件的数量最少元器件的种类最少，而且元器件之间的连线也最少。

三、实验设备与器材

电子技术综合实验箱 1 个，集成电路 74LS00、74LS04、74LS20 各 1 个。

四、实验电路和测量数据

1. 验证 TTL 集成电路的逻辑功能

(1) 验证 74LS00 的逻辑功能

① 画出与非门 74LS00 引脚排列图。

② 实验记录表如表 B21-1 所示。

表 B21-1　实验记录表

输入		输出	输入		输出	输入		输出	输入		输出
A_1	B_1	Y_1	A_2	B_2	Y_2	A_3	B_3	Y_3	A_4	B_4	Y_4
0	0		0	0		0	0		0	0	
0	1		0	1		0	1		0	1	
1	0		1	0		1	0		1	0	
1	1		1	1		1	1		1	1	

（2）验证 74LS04 的逻辑功能

① 画出非门 74LS04 引脚排列图。

② 实验记录表如表 B21-2 所示。

表 B21-2　实验记录表

序号	1 脚	2 脚	3 脚	4 脚	5 脚	6 脚	9 脚	8 脚	11 脚	10 脚	13 脚	12 脚
1	0		0		0		0		0		0	
2	1		1		1		1		1		1	

（3）验证 74LS20 的逻辑功能

① 画出四输入与非门 74LS20 引脚排列图。

② 实验记录表如表 B21-3 所示。

表 B21-3 实验记录表

序号	输入				输出	
	A_n	B_n	C_n	D_n	Y_1	Y_2
1	1	1	1	1		
2	1	1	1	0		
3	1	1	0	1		
4	1	1	0	0		
5	1	0	1	1		
6	1	0	1	0		
7	1	0	0	1		
8	1	0	0	0		
9	0	1	1	1		
10	0	1	1	0		
11	0	1	0	1		
12	0	1	0	0		
13	0	0	1	1		
14	0	0	1	0		
15	0	0	0	1		
16	0	0	0	0		

2. 裁判表决电路

(1) 根据题意填写真值表 B21-4(预习报告完成此步骤)。

表 B21-4 真值表

A	B	C	Y	Y(测试数据)

(2) 写出 Y 的逻辑表达式并用卡诺图化简(预习报告完成此步骤)。

(3) 将表达式变为与非表达式,并画出用与非门实现的实验电路图(预习报告完成此步骤)。

(4) 按实验电路图接线,测试数据填入表 B21-4。

3. 数值比较器

(1) 根据题意填写真值表 B21-5(预习报告完成此步骤)。

表 B21-5　真值表

输入		输出			输出(测试数据)		
A	B	L_1	L_2	L_3	L_1	L_2	L_3

(2) 写出逻辑 L_1、L_2、L_3 表达式并用卡诺图化简(预习报告完成此步骤)。

(3) 将表达式变换成可以用非门、与非门实现的形式,并画出实验电路图(预习报告完成此步骤)。

（4）按实验电路图接线，测试数据填入表 B21-5。

五、预习思考题

（1）复习组合逻辑电路的分析和设计方法。在以上相应空位上，正确画出集成电路 74LS00、74LS04 和 74LS20 的外引线排列图。

（2）完成实验内容里要求在预习报告中完成的步骤；画出各步骤相应的详细电路图，位于以上相应实验电路图空白处。

六、实验结果分析

（1）根据实验测试数据验证 74LS00、74LS04 和 74LS20 的逻辑功能是否正确。

（2）分析实验结果，判断对实验内容 2、实验内容 3 的设计是否正确。

（3）通过本实验，谈谈你对设计组合逻辑电路的体会。

实验22　加　法　器

未完成预习

实验报告

完成预习

专业班级＿＿＿＿＿＿＿＿姓名＿＿＿＿＿＿＿＿班内序号＿＿＿＿＿＿＿＿

实验日期：＿＿年＿月＿日第＿至＿节；指导老师（现场签章）：＿＿＿＿＿＿＿

一、实验目的

（1）熟悉半加器和全加器的逻辑功能。

（2）掌握半加器和全加器的测试方法。

二、实验原理

在数字系统中，经常需要进行算术运算、逻辑操作及数字大小比较等操作，实现这些运算功能的电路是加法器。加法器是一般组合逻辑电路，主要功能是实现二进制数的算术加法运算。

（1）半加器

半加器完成两个一位二进制数相加，而不考虑由低位来的进位。

（2）全加器

全加器是带有进位的二进制加法器。

三、实验设备与器材

电子技术综合实验箱1个，集成电路74LS08、74LS32、74LS86各1个。

四、实验电路和测量数据

1. 检查74LS08、74LS32、74LS86的逻辑功能。

（1）画出二输入四与门74LS08引脚排列图并记录数据。

实验记录表如表 B22-1 所示。

表 B22-1　实验记录表

输入		输出	输入		输出	输入		输出	输入		输出
A_1	B_1	Y_1	A_2	B_2	Y_2	A_3	B_3	Y_3	A_4	B_4	Y_4
0	0		0	0		0	0		0	0	
0	1		0	1		0	1		0	1	
1	0		1	0		1	0		1	0	
1	1		1	1		1	1		1	1	

(2) 画出二输入四或门 74LS32 引脚排列图并记录数据。

实验记录表如表 B22-2 所示。

表 B22-2　实验记录表

输入		输出	输入		输出	输入		输出	输入		输出
A_1	B_1	Y_1	A_2	B_2	Y_2	A_3	B_3	Y_3	A_4	B_4	Y_4
0	0		0	0		0	0		0	0	
0	1		0	1		0	1		0	1	
1	0		1	0		1	0		1	0	
1	1		1	1		1	1		1	1	

(3) 画出二输入四异或门 74LS86 引脚排列图并记录数据。

实验记录表如表 B22-3 所示。

表 B22-3　实验记录表

输入		输出	输入		输出	输入		输出	输入		输出
A_1	B_1	Y_1	A_2	B_2	Y_2	A_3	B_3	Y_3	A_4	B_4	Y_4
0	0		0	0		0	0		0	0	
0	1		0	1		0	1		0	1	
1	0		1	0		1	0		1	0	
1	1		1	1		1	1		1	1	

2. 用 74LS08 及 74LS86 构成一位半加器

实验电路图(参考实验 22 的图 22-8)：

实验记录表如表 B22-4 所示。

表 B22-4　实验记录表

输入		输出	
A_n	B_n	S_n	C_n
0	0		
0	1		
1	0		
1	1		

3. 用 74LS08、74LS86 及 74LS32 构成一位全加器

实验电路图(参考实验 22 的图 22-4)：

实验记录表如表 B22-5 所示。

表 B22-5　实验记录表

输入			输出	
A_n	B_n	C_{n-1}	S_n	C_n
0	0	0		
0	0	1		
0	1	0		
0	1	1		
1	0	0		
1	0	1		
1	1	0		
1	1	1		

五、 预习思考题

（1）画出各步骤相应的详细电路图，位于相应实验电路图空白处。

（2）什么叫半加器？什么叫全加器？

六、 实验结果分析

（1）整理半加器、全加器实验结果，总结逻辑功能。

（2）通过本实验，谈谈你对加法器及其应用的体会。

实验23　数据选择器

未完成预习

实 验 报 告

完成预习

专业班级＿＿＿＿＿＿＿＿姓名＿＿＿＿＿＿＿＿班内序号＿＿＿＿＿＿＿＿

实验日期：＿＿年＿月＿日第＿至＿节;指导老师(现场签章)：＿＿＿＿＿＿＿

一、 实验目的

(1) 掌握中规模集成数据选择器的逻辑功能及使用方法。

(2) 学习用数据选择器构成组合逻辑电路的方法。

二、 实验原理

数据选择器是常用的组合逻辑部件之一。它由组合逻辑电路对数字信号进行控制来完成较复杂的逻辑功能。它有若干个数据输入端 $D_0,D_1,\cdots$,若干个控制输入端 A_0,$A_1,\cdots$,一个输出端 Y_0。在控制输入端加上适当的信号,即可从多个输入数据源中将所需的数据信号选择出来,送到输出端。使用时也可以在控制输入端加上一组二进制编码程序的信号,使电路按要求输出一串信号,所以它也是一种可编程序的逻辑器件。

(1) 双 4 选 1 数据选择器 74LS153

中规模集成芯片 74LS153 为双 4 选 1 数据选择器。所谓双 4 选 1 数据选择器,就是在一块集成芯片上有两个 4 选 1 数据选择器。

(2) 8 选 1 数据选择器 74LS15

中规模集成芯片 74LS151 为互补输出的 8 选 1 数据选择器。

三、 实验设备与器材

电子技术综合实验箱 1 个,集成电路 74LS151、74LS153 各 1 个。

四、 实验电路和测量数据

1. 测试 74LS153 双 4 选 1 数据选择器的逻辑功能并记录数据

实验电路图(参考实验 23 的图 23-1)：

实验记录表如表 B23-1 所示。

表 B23-1　实验记录表

输入			输出
$\overline{S}$	A_1	A_0	Q
1	×	×	
0	0	0	
0	0	1	
0	1	0	
0	1	1	

2. 用 74LS153 实现 3 人表决电路

实验电路图(自行设计,预习完成):

实验记录表如表 B23-2 所示。

表 B23-2　实验记录表

序号	A	B	C	Q	Q(测试数据)
1					
2					
3					
4					
5					
6					
7					
8					

3. 测试数据选择器 74LS151 的逻辑功能并记录数据

实验电路图(参考实验 23 图 23-3)：

实验记录表如表 B23-3 所示。

表 B23-3　实验记录表

输入				输出	
$\overline{S}$	A_2	A_1	A_0	Q	$\overline{Q}$
1	×	×	×		
0	0	0	0		
0	0	0	1		
0	0	1	0		
0	0	1	1		
0	1	0	0		
0	1	0	1		
0	1	1	0		
0	1	1	1		

4. 用 74LS151 实现 3 人表决电路

实验电路图(自行设计,预习完成)：

实验记录表如表 B23-4 所示。

表 B23-4 实验记录表

序号	A	B	C	Q	Q(测试数据)
1					
2					
3					
4					
5					
6					
7					
8					

五、 预习思考题

(1) 复习并简要写出有关数据选择器的逻辑功能及使用方法。

(2) 完成实验内容里要求预习报告完成的步骤;画出各步骤相应的详细电路图,位于相应实验电路图空白处。

六、 实验结果分析

(1) 总结并简要写出 74LS153 和 74LS151 的逻辑功能。

(2) 通过本实验,谈谈你对数据选择器及其应用的体会。

实验24 触 发 器

未完成预习

实 验 报 告

完成预习

专业班级________________姓名________________班内序号________________

实验日期：____年__月__日第__至__节；指导老师(现场签章)：________________

一、 实验目的

(1) 掌握基本 RS 触发器、JK 触发器、D 触发器和 T 触发器的逻辑功能。

(2) 熟悉各触发器之间逻辑功能的相互转换的方法。

二、 实验原理

触发器是具有记忆功能的二进制信息存储器件，是时序逻辑电路的基本单元之一。触发器按逻辑功能分 RS、JK、D、T 触发器；按电路触发方式可分为主从型触发器和边沿型触发器两大类。

(1) 基本 RS 触发器

基本 RS 触发器是无时钟控制低电平直接触发的触发器。基本 RS 触发器具有置“0”、置“1”和“保持”3 种功能。

(2) JK 触发器

在输入信导为双端的情况下，JK 触发器是功能完善、使用灵活和通用性较强的一种触发器。本实验采用 74LS112 双 JK 触发器，是下降边沿触发的边沿触发器。

(3) D 触发器

在输入信号为单端的情况下，D 触发器使用起来最为方便。其状态方程为 $Q^{n+1}=D^{n}$，其输出状态的更新发生在 CP 脉冲的上升沿，故又称为上升沿触发的边沿触发器。

(4) 触发器之间的相互转换

在集成触发器的产品中，每一种触发器都有自己固定的逻辑功能，但可以利用转换的方法获得具有其他功能的触发器。

三、 实验设备与器材

电子技术综合实验箱 1 个，集成电路 74LS00、74LS112、74LS74 各 1 个。

四、 实验电路和测量数据

1. 测试基本 RS 触发器的逻辑功能

实验电路图(参考实验 24 的图 24-1)：

实验记录表如表 B24-1 所示。

表 B24-1 实验记录表

$\overline{R}$	$\overline{S}$	Q	$\overline{Q}$
1	1→0		
	0→1		
1→0	1		
0→1			
0	0		

2. 测试双 JK 触发器 74LS112 的逻辑功能

(1) 测试$\overline{R}_D$、$\overline{S}_D$ 的复位、置位功能

实验电路图(参考实验 24 的图 24-2)：

实验记录表如表 B24-2 所示。

表 B24-2 实验记录表

输入					输出	
$\overline{S}_D$	$\overline{R}_D$	CP	J	K	Q	$\overline{Q}$
0	1	×	×	×		
1	0	×	×	×		
0	0	×	×	×		

(2) 测试 JK 触发器的逻辑功能

实验电路图(参考实验 24 的图 24-2):

实验记录表如表 B24-3 所示。

表 B24-3　实验记录表

序号	输入					输出 Q^{n+1}	
	$\overline{S}_D$	$\overline{R}_D$	CP	J	K	$Q^n=0$ ($\overline{R}_D \to 0 \to 1$)	$Q^n=1$ ($\overline{S}_D \to 0 \to 1$)
1	1	1	0→1	0	0		
2	1	1	1→0				
3	1	1	0→1	0	1		
4	1	1	1→0				
5	1	1	0→1	1	0		
6	1	1	1→0				
7	1	1	0→1	1	1		
8	1	1	1→0				

(3) 将 JK 触发器的 J、K 端连在一起,构成 T、T′触发器。

实验电路图(参考实验 24 的图 24-4):

实验记录表如表 B24-4 所示。

表 B24-4　实验记录表

序号	输入				输出 Q^{n+1}	
	$\overline{S}_D$	$\overline{R}_D$	CP	J、K 端连在一起构成 T、T′触发器	$Q^n=0$ ($\overline{R}_D\to 0\to 1$)	$Q^n=1$ ($\overline{S}_D\to 0\to 1$)
1	1	1	0→1	$T=1$ 即 $J=K=1$ 翻转功能		
2	1	1	1→0			
3	1	1	0→1	$T=0$ 即 $J=K=0$ 保持功能		
4	1	1	1→0			

3. 测试双 D 触发器 74LS74 的逻辑功能

(1) 测试$\overline{R}_D$、$\overline{S}_D$ 的复位、置位功能

实验电路图(参考实验 24 的图 24-3)：

实验记录表如表 B24-5 所示。

表 B24-5　实验记录表

输入				输出	
$\overline{S}_D$	$\overline{R}_D$	CP	D	Q	$\overline{Q}$
0	1	×	×		
1	0	×	×		
0	0	×	×		

(2) 测试 D 触发器的逻辑功能

实验电路图(参考实验 24 的图 24-3)：

实验记录表如表 B24-6 所示。

表 B24-6　实验记录表

序号	输入				输出 Q^{n+1}	
	$\overline{S}_D$	$\overline{R}_D$	CP	D	$Q^n=0$ ($\overline{R}_D$→0→1)	$Q^n=1$ ($\overline{S}_D$→0→1)
1	1	1	0→1	0		
2	1	1	1→0			
3	1	1	0→1	1		
4	1	1	1→0			

(3) 将 D 触发器的$\overline{Q}$端与 D 端相连接，构成 T′触发器

实验电路图(参考实验 24 的图 24-5)：

实验记录表如表 B24-7 所示。

表 B24-7　实验记录表

序号	输入				输出 Q^{n+1}	
	$\overline{S}_D$	$\overline{R}_D$	CP	$D=\overline{Q}$	$Q^n=0$ ($\overline{R}_D$→0→1)	$Q^n=1$ ($\overline{S}_D$→0→1)
1	1	1	0→1	—		
2	1	1	1→0			

五、 预习思考题

(1) 画出各步骤相应的详细电路图，位于相应实验电路图空白处。

(2) 复习并简要写出有关触发器内容。

六、 实验结果分析

(1) 试由实验结果比较基本 RS 触发器、74LS112 双 JK 触发器、74LS74 双 D 触发器的触发方式有什么不同。

(2) 通过本实验,谈谈你对触发器及其应用的体会。

实验25　译　码　器

未完成预习	实验报告	完成预习

专业班级________________姓名________________班内序号________________

实验日期：____年__月__日第__至__节；指导老师(现场签章)：________________

一、实验目的

(1) 掌握中规模集成译码器的逻辑功能和使用方法。

(2) 熟悉数码管的使用。

二、实验原理

译码器是一种多输入、多输出的组合逻辑电路器件，作用是把给定的代码按既定规则进行“翻译”，使输出通道中相应的一路有信号输出。译码器在数字系统中有广泛的应用，不仅用于代码的转换、终端的数字显示，还用于数据分配，存储器寻址和组合控制信号等，不同的需求可选用不同种类的译码器。

译码器可分为变量译码器和显示译码器两大类。变量译码器一般是一种较少输入变为较多输出的器件，常见的有 n 线-2^n 线译码和 8421BCD 码译码两类；显示译码器用来将二进制数转换成对应的七段码，一般可分为驱动 LED 和驱动 LCD 两类。

(1) 变量译码器(又称二进制译码器)

二进制译码器用于表示输入变量的状态，如 2 线-4 线、3 线-8 线和 4 线-16 线译码器。若有 n 个输入变量，则有 2^n 个不同的组合状态，即有 2^n 个输出端可供使用，而每一个输出所代表的函数对应于 n 个输入变量的最小项。

(2) 显示译码器

① 七段 LED 数码管

② BCD 码七段译码驱动器

BCD 码七段译码驱动器型号有 74LS47(共阳)、74LS48(共阴)、CD4511(共阴)等。本实验采用 CD4511 型号的 BCD 码锁存/七段译码/驱动器，驱动共阴极 LED 数码管。

三、实验设备与器材

电子技术综合实验箱 1 个，集成电路 74LS138，CD4511 各 1 个，LED 数码管 1 个，330 Ω 电阻 7 个。

四、实验电路和测量数据

1. 测试译码器 74LS138 的逻辑功能

实验电路图(参考实验 25 的图 25-1(b))：

实验记录表如表 B25-1 所示。

表 B25-1　实验记录表

序号	输入					输出							
	S_1	$\overline{S}_2+\overline{S}_3$	A_2	A_1	A_0	$\overline{Y}_0$	$\overline{Y}_1$	$\overline{Y}_2$	$\overline{Y}_3$	$\overline{Y}_4$	$\overline{Y}_5$	$\overline{Y}_6$	$\overline{Y}_7$
1	1	0	0	0	0								
2	1	0	0	0	1								
3	1	0	0	1	0								
4	1	0	0	1	1								
5	1	0	1	0	0								
6	1	0	1	0	1								
7	1	0	1	1	0								
8	1	0	1	1	1								
9	0	×	×	×	×								
10	×	1	×	×	×								

2. 显示译码器 CD4511 驱动 LED 数码管

实验电路图(参考实验 25 的图 25-5)：

实验记录表如表 B25-2 所示。

表 B25-2　实验记录表

序号	输入							输出							
	LE	$\overline{\mathrm{BI}}$	$\overline{\mathrm{LT}}$	D	C	B	A	a	b	c	d	e	f	g	显示字型
1	0	1	1	0	0	0	0								
2	0	1	1	0	0	0	1								
3	0	1	1	0	0	1	0								
4	0	1	1	0	0	1	1								
5	0	1	1	0	1	0	0								
6	0	1	1	0	1	0	1								
7	0	1	1	0	1	1	0								
8	0	1	1	0	1	1	1								
9	0	1	1	1	0	0	0								
10	0	1	1	1	0	0	1								
11	0	1	1	1	0	1	0								
12	0	1	1	1	0	1	1								
13	0	1	1	1	1	0	0								
14	0	1	1	1	1	0	1								
15	0	1	1	1	1	1	0								
16	0	1	1	1	1	1	1								

五、 预习思考题

(1) 复习并简要写出变量译码器和显示译码器的原理。

(2) 画出各步骤相应的详细电路图,位于相应实验电路图空白处。

六、 实验结果分析

(1) 根据实验记录的数据及结果,验证相关芯片的逻辑功能,并对芯片的应用进行总结。

(2) 通过本实验,谈谈你对译码器及其应用的实验体会。

实验26 移位寄存器

未完成
预习

实 验 报 告

完成
预习

专业班级________________姓名________________班内序号________________

实验日期：____年__月__日第__至__节；指导老师(现场签章)：________________

一、实验目的

(1) 掌握移位寄存器逻辑功能及使用方法。

(2) 熟悉8位移位寄存器的应用——实现串行数据转并行数据。

二、实验原理

寄存器是数字系统中用来存储二进制数据的逻辑部件。1个触发器可存储1位二进制数据，存储n位二进制数据的寄存器需要用n个触发器组成。寄存器是脉冲边沿敏感电路，只有寄存数据或代码的功能。

移位寄存器是一个具有移位功能的寄存器，是指寄存器中所存的代码能够在移位脉冲的作用下依次左移或右移。既能左移又能右移的称为双向移位寄存器，只需要改变左、右移的控制信号就可实现双向移位要求。移位寄存器根据其存取信息的方式不同可分为串入串出、串入并出、并入串出、并入并出4种形式。

三、实验设备与器材

电子技术综合实验箱1个，集成电路74HC164芯片1个，LED数码管1个，330 Ω电阻8个。

四、实验电路和测量数据

1. 测试移位寄存器74HC164的逻辑功能

实验电路图(参考实验26的图26-2)：

实验记录表如表 B26-1 所示。

表 B26-1 实验记录表

序号	输入			输出							
	$\overline{CR}$	CP	$D_{SI}=D_{SA}\cdot D_{SB}$	Q_A	Q_B	Q_C	Q_D	Q_E	Q_F	Q_G	Q_H
1	1	第一个 CP 脉冲之前	×	×	×	×	×	×	×	×	×
2	1	1	1								
3	1	2	1								
4	1	3	1								
5	1	4	0								
6	1	5	1								
7	1	6	0								
8	1	7	1								
9	1	8	1								
10	0	×	×								

2. 74HC164 驱动共阴极数码管显示

实验电路图(参考实验 25 的图 25-3(c)左图和实验 26 的图 26-4)：

实验记录表如表 B26-2 所示。

表 B26-2　实验记录表

序号	输入			输出								显示字形
	$\overline{CR}$	CP	$D_{SI}=D_{SA}\cdot D_{SB}$	Q_A	Q_B	Q_C	Q_D	Q_E	Q_F	Q_G	Q_H	
1	1	↑（8 次）	从左到右依次 0011 1111	×	×	×	×	×	×	×	×	
2	1	↑（8 次）	从左到右依次 0000 0110									
3	1	↑（8 次）	从左到右依次 0101 1011									
4	1	↑（8 次）	从左到右依次 0110 0110									
5	1	↑（8 次）	从左到右依次 0110 1101									
6	1	↑（8 次）	从左到右依次 0111 1101									
7	1	↑（8 次）	从左到右依次 0000 0111									
8	1	↑（8 次）	从左到右依次 0111 1111									
9	1	↑（8 次）	从左到右依次 0110 1111									
10	0	×	×									

五、 预习思考题

（1）复习并简要写出寄存器和移位寄存器的有关内容。

（2）画出各步骤相应的详细电路图，位于相应实验电路图空白处。

六、 实验结果分析

（1）验证移位寄存器74HC164的逻辑功能，并对芯片的应用进行总结。

（2）通过本实验，谈谈你对移位寄存器及其应用的体会。

实验 27　计　数　器

未完成 预习	实 验 报 告	完成 预习

专业班级＿＿＿＿＿＿＿＿姓名＿＿＿＿＿＿＿＿班内序号＿＿＿＿＿＿＿＿

实验日期：＿＿年＿月＿日第＿至＿节；指导老师(现场签章)：＿＿＿＿＿＿＿＿

一、 实验目的

(1) 掌握译码器的基本功能和七段数码显示器的工作原理。

(2) 掌握中规模集成计数器的使用及功能测试方法。

(3) 学会阅读计数器的波形图、计数器和译码器的功能表。

二、 实验原理

1. 译码及显示

计数器将时钟脉冲个数按 4 位二进制输出，必须通过译码器把这个二进制数码译成适用于七段数码管显示的代码。

2. 计数器

本实验采用中规模集成计数器 74LS192，它是同步十进制可逆计数器，具有双时钟输入以及清除和置数等功能。

3. 用复位法实现任意进制计数器

假定已有 N 进制计数器，而需要得到一个 M 进制计数器时，只要 $M<N$，用复位法使计数器计数到 M 时置“0”，即获得 M 进制计数器。

4. 计数器的级联使用

一个十进制计数器只能表示 0～9 十个数，为了扩大计数器计数范围，常将多个十进制计数器级联使用。

同步计数器往往设有进位(或借位)输出端，故可选用其进位(或借位)输出信号驱动下一级计数器。

三、 实验设备与器材

电子技术综合实验箱 1 个，集成电路 74LS192 芯片 2 个，74LS00、74LS04、74LS20 各 1 个。

四、实验电路和测量数据

1. 测试译码、显示功能

实验电路图（D、C、B、A 分别接二进制逻辑电平）：

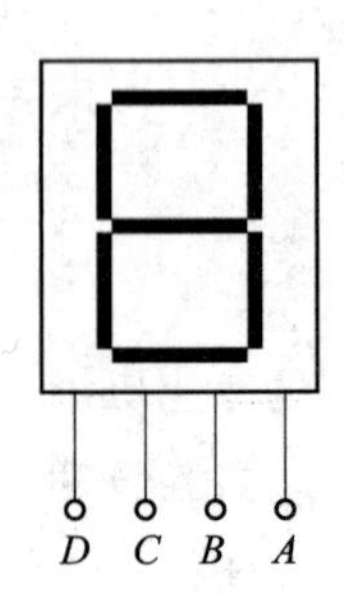

实验记录表如表 B27-1 所示。

表 B27-1　实验记录表

序号	译码器输入				显示字形	序号	译码器输入				显示字形
	D	C	B	A			D	C	B	A	
0						8					
1						9					
2						10					
3						11					
4						12					
5						13					
6						14					
7						15					

2. 测试 74LS192 同步十进制可逆计数器的逻辑功能

实验电路图（参考实验 27 的图 27-2）：

实验记录表如表 B27-2 所示。

表 B27-2 实验记录表

序号	输入								输出			
	CR	$\overline{\mathrm{LD}}$	CP_U	CP_D	D_3	D_2	D_1	D_0	Q_3	Q_2	Q_1	Q_0
1	1	×	×	×	×	×	×	×				
2	0	0	×	×	d	c	b	a				
3	0	1	↑	1	×	×	×	×	______计数			
4	0	1	1	↑	×	×	×	×	______计数			

（1）清除结论：

（2）置数结论：

（3）加计数结论：

（4）减计数结论：

3. 八进制计数器

一片 74LS192 和一片 74LS00 构成八进制计数器实验电路图(参考实验 27 的图 27-3)：

实验效果及结论：

4. 两位十进制加法计数器

两片 74LS192 组成两位十进制加法计数器实验电路图(参考实验 27 的图 27-4)：

实验效果及结论：

5. 两位十进制减法计数器

两片 74LS192 组成两位十进制减法计数器实验电路图(参考实验 27 的图 27-4)：

实验效果及结论：

五、 预习思考题

（1）复习并写出有关计数器部分内容。

（2）画出各步骤相应的详细电路图，位于相应实验电路图空白处。

（3）画出实验所用各集成块（74LS192、74LS00）的引脚排列图。

六、 实验结果分析

（1）由实验结果，分别总结用74LS192集成计数器组成 N 位十进制加法器和减法器的方法。

（2）通过本实验，谈谈你对计数器及其应用的体会。

实验 28　集成定时器

未完成预习

实 验 报 告

完成预习

专业班级________________姓名________________班内序号________________
实验日期：____年__月__日第__至__节；指导老师(现场签章)：________________

一、 实验目的

(1) 了解集成定时器的电路结构和引脚功能。

(2) 熟悉 555 集成时基电路的典型应用。

二、 实验原理

集成时基电路又称为集成定时器或 555 电路，是一种数字、模拟混合型的中规模集成电路，应用十分广泛。它是一种产生时间延迟和多种脉冲信号的电路，由于内部电压标准使用了 3 个 5 kΩ 电阻，故取名 555 电路。

555 定时器的典型应用：

(1) 构成单稳态触发器。

(2) 构成多谐振荡器。

(3) 组成施密特触发器。

三、 实验设备与器材

电子技术综合实验箱 1 个，数字示波器 1 台，信号发生器 1 台，集成电路 NE555 芯片 1 个，二极管、电位器、电阻、电容若干。

四、 实验电路和测量数据

1. 单稳态触发器及其应用

(1) 由单稳态触发器实现触摸延时开关

实验电路图(参考实验 28 的图 28-7)：

实验效果：____

※(2) 单稳态触发器测试

实验电路图(参考实验 28 的图 28-2)：

$R=100\ \text{k}\Omega$,$C=47\ \mu\text{F}$,输入信号 u_i 是________________。

实验测试波形：

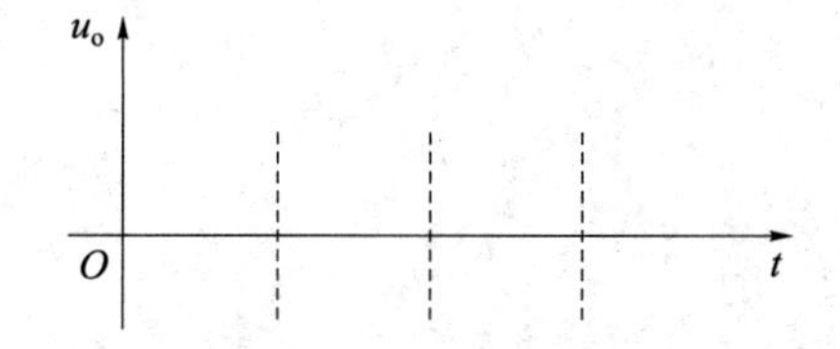

幅度：________________ 暂稳时间：________________

2. 多谐振荡器及其应用

(1) 由多谐振荡器实现闪烁灯

实验电路图(参考实验 28 的图 28-3，NE555 的 3 引脚 u_o 接到逻辑电平显示电路)：

(2) 多谐振荡器测试

实验电路图(参考实验 28 的图 28-3)：

实验测试波形：

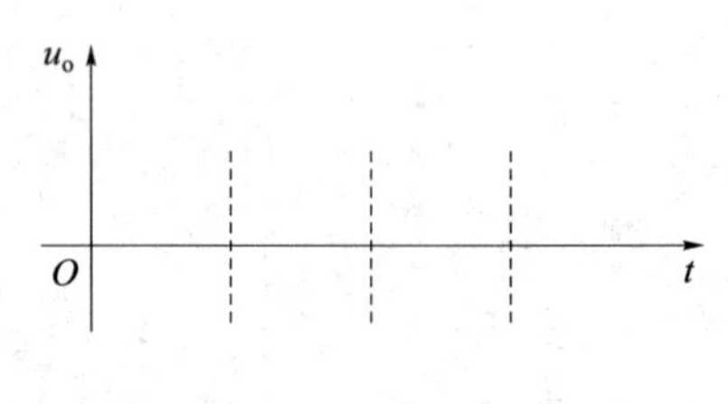

频率 $f=$ ______________

3. 施密特触发器及其应用

由施密特触发器实现按键延时开关

实验电路图(参考实验 28 的图 28-8)：

实验效果：____

五、预习思考题

（1）复习并简要写出 NE555 定时器的工作原理及其应用。

（2）画出各步骤详细电路图，位于相应实验电路图的空白处。

六、实验结果分析

（1）总结并简要写出单稳态触发器、多谐振荡器及施密特触发器的功能和各自的特点。

（2）通过本实验，谈谈你对 555 定时器应用的体会。

实验29 电子秒表

未完成
预习

实验报告

完成
预习

专业班级________________**姓名**________________**班内序号**________________

实验日期：____年__月__日第__至__节；指导老师(现场签章)：________________

一、 实验目的

(1) 学习数字电路中基本 RS 触发器、单稳态触发器、时钟发生器及计数、译码显示等单元电路的综合应用。

(2) 学习电子秒表的调试方法。

二、 实验原理

电子秒表按功能分成 4 个单元电路进行分析。

(1) 基本 RS 触发器

图 29-1 中单元Ⅰ为用集成与非门构成的基本 RS 触发器，属低电平直接触发的触发器，有直接置位、复位的功能。

(2) 单稳态触发器

图 29-1 中单元Ⅱ为用集成与非门构成的微分型单稳态触发器。

(3) 时钟发生器

图 29-1 中单元Ⅲ为用 555 定时器构成的多谐振荡器，是一种性能较好的时钟源。

(4) 计数及译码显示

计数器 74LS192 构成电子秒表的计数单元，如图 29-1 中单元Ⅳ所示。计数器①及计数器②接成 8421 码十进制形式，其输出端与实验装置上译码显示单元的相应输入端连接，可显示 0.1～0.9 s、1～9.9 s 计时。

三、 实验设备与器材

电子技术综合实验箱 1 个，数字示波器 1 台，集成电路 74LS00、74LS192 各 2 个，NE555 芯片 1 个，电位器、电阻、电容若干。

四、 实验电路和测量数据

1. 基本 RS 触发器的测试

实验电路图(参考实验 29 的图 29-1 中单元Ⅰ):

实验记录表如表 B29-1 所示。

表 B29-1 实验记录表

序号	按键	Q	$\overline{Q}$
1	按下 S_1		
2	按下 S_2		

2. 单稳态触发器的静态测试

实验电路图(参考实验 29 的图 29-1 中单元Ⅱ):

直流数字电压表测量并记录 74LS00 相关引脚电压。

实验记录表如表 B29-2 所示。

表 B29-2 实验记录表

序号	引脚	电压	引脚	电压	引脚	电压
1	7 脚		2 脚		5 脚	
2	14 脚		3 脚		6 脚	

3. 时钟发生器的测试

实验电路图(参考实验 29 的图 29-1 中单元Ⅲ)：

调节 R_W 使 $f=10$ Hz,用示波器观察芯片 NE555 的 3 脚输出电压波形并记录。

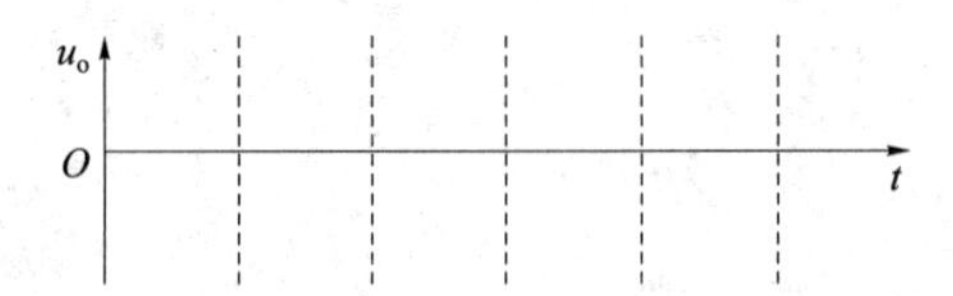

4. 计数器的测试

(1) 分别画出计数器①及计数器②接成 8421 码十进制实验电路图(参考实验 29 的图 29-1 中单元Ⅳ)：

(2) 计数器①、②级连实验电路图(参考实验 29 的图 29-1 中单元Ⅳ,可只画出级联相关引脚部分):

实验记录表如表 B29-3 所示。

表 B29-3　实验记录表

序号	输入								十位输出				个位输出			
	CR	$\overline{LD}$	CP_U	CP_D	D_3	D_2	D_1	D_0	Q_3	Q_2	Q_1	Q_0	Q_3	Q_2	Q_1	Q_0
1	1	×	×	×	×	×	×	×								
2	0	0	×	×	d	c	b	a								
3	0	1	↑	1	×	×	×	×	______计数				______计数			
4	0	1	1	↑	×	×	×	×	______计数				______计数			

5. 电子秒表的整体测试

实验效果:______________________________

按键 S_1 作用:______________________________

按键 S_2 作用:______________________________

五、 预习思考题

(1) 复习并简要写出数字电路中RS触发器、单稳态触发器、时钟发生器及计数器等部分的相关内容。

(2) 画出各步骤相应的详细电路图,位于相应实验电路图空白处。

(3) 列出调试电子秒表的步骤。

六、 实验结果分析

(1) 总结并简要写出调试电子秒表的方法。

(2) 通过本实验,谈谈你对电子秒表的实验体会。

参 考 文 献

[1] 陈崇辉,邓筠,郭志雄,等.电工电子技术实验指导[M].广州:华南理工大学出版社,2016.

[2] 毕满清.电子技术实验与课程设计[M].6 版.北京:机械工业出版社,2024.

[3] 陈惠英,高妍.电工电子技术[M].4 版.北京:高等教育出版社,2023.

[4] 高玄怡.电工和电子技术实验教程[M].3 版.北京:高等教育出版社,2023.

[5] 曾建唐,蓝波.电工电子基础实践教程:实验·课程设计[M].4 版.北京:机械工业出版社,2022.

[6] 刘红平,杨飒.模拟电子电路分析与实践[M].北京:西北工业大学出版社,2015.

[7] 王幼林.电工电子技术实验与实践指导[M].北京:机械工业出版社,2023.

[8] 林雪健.电工电子技术实验教程[M].北京:机械工业出版社,2023.

[9] 古良玲,王玉菡.电子技术实验与 multisim14 仿真[M].北京:机械工业出版社,2023.

[10] 龚晶.模拟电子技术实验[M].北京:机械工业出版社,2023.

[11] 吴霞,潘岚.电路与电子技术实验教程[M].2 版.北京:高等教育出版社,2022.